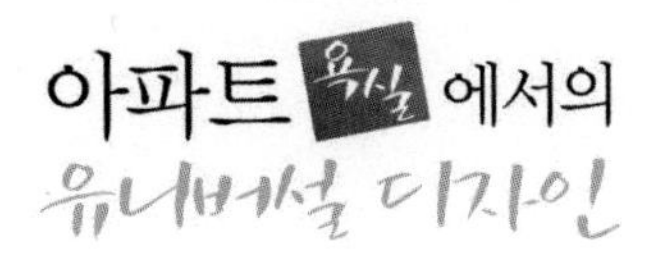
아파트 욕실에서의
유니버설 디자인

아파트 욕실 에서의 유니버설 디자인

강경연 지음

KCSi 한국학술정보[주]

To my parents

Kang, Chang–Hong and Kim, Jeong–Sook

머리말

모두가, 편안하게, 오랫동안, 함께 거주할 수 있는 주거환경을 생각하며

우리가 보다 나은 주거생활을 영위할 수 있도록 하기 위하여 건축계획분야에서 할 수 있는 일은 무엇일까?

필자가 건축계획연구를 시작하게 된 이유이자, 늘 염두에 두고 있는 질문이다. 이처럼 광범위하고 조금은 막연한 질문에 대해서는 관점에 따라 다양하게 대답할 수도 있으나, 건축구조적인 결함을 제외한 가장 우선이 되는 기본적인 조건은 모든 가족 구성원들이 가능한 한 불편함 없이, 추가로 비용을 들여 크게 고칠 일 없이, 혹은 쉽게 고칠 수 없어 불편함을 감수한 채 살아가거나 다른 집으로 이주하는 일 없이, 모두가 편안하게 오랫동안 함께 거주할 수 있도록 주거환경을 제공하는 일일 것이다.

대부분의 사람들은 자신이 거주하던 생활환경 내에서 가족과 이웃, 커뮤니티와의 관계를 지속적으로 유지하며 살아가기를 원한다. 인생의 각 단계는 개인의 운동, 지각 능력에 변화를 가져오는데, 생활환경이 이러한 능력의 변화를 지원하지 못할 경우에는 늘 편안했던 집이 불편하게 느껴질 것이며, 그러한 환경 내에서의 개인은 일시적인 장애인이 될 수도 있다. 개인이 스스로 주거생활을 영위할 수 있는지의 여부는 주방과 욕실을 독립적으로 사용할 수 있는가에 가장 큰 영향을 받는데, 특히 욕실을 혼자 사용할 수 없어 타인의 도움을 받아야 하는 상태가 되면 개인의 자립감이나 자존심이 크게 손상되거나 침해 받을 수 있다.

욕실의 불편한 건축적 요소를 개조하여 장애를 줄일 수는 있으나, 일반적으로 욕실의 벽체는 건축구조나 설비적인 측면의 이유로 개조가 곤란하거나 매우 어려우며, 공사비용의 부담도 작지 않아 불편함을 감수한 채 살아가는 경우가 많다. 또한 보다 편리한 주택

을 위해 이주를 한다는 것은 경제적인 부담의 측면과 거주해오던 친숙한 주택과 커뮤니티를 떠나야 한다는 심리적인 부담의 측면에서 더욱 쉽지 않은 일이다. 이와 관련하여 우리나라에서는 다양한 정책과 연구를 통해 장애인과 노인이 있는 세대를 위한 주택모형 및 디자인 가이드라인이 제안되고 있으나, 특별하게 계획된 주택이라는 인상을 주어 거주자나 건설사에서는 거부감을 느끼고 있어 적극적으로 도입하지는 못하고 있다.

그렇다면, 장애인이나 노인 세대를 별도로 구분하지 않고 일반주택의 건축계획 과정에서 조금만 더 고려하고 배려한다면, 가능한 한 많은 사람이 최소한의 개조를 통해 지속적으로 살아갈 수 있는 욕실을 제공할 수 있지 않을까?

본서의 주제는 위와 같은 유니버설 디자인 관점의 의문에서 시작되었으며, 현재의 욕실배치와 크게 다르지 않으나 휠체어사용자를 포함한 다양한 사용자가 함께 사용할 수 있는 치수 및 가구배치계획, 그리고 현재 욕실배색의 느낌과 크게 다르지 않으나 노인을 포함한 많은 사람들이 쉽게 식별할 수 있는 색채계획에 대해 세부적인 내용의 의미를 설명하고 디자인 가이드라인을 제안하고자 하였다.

본서는 필자의 박사학위 논문 내용을 관련 전공자나 실무자 그리고 비전공자와 공유하여 욕실 계획 및 개조 시에 고려할 사항을 함께 생각해보려는 의도로 정리한 것이다. 가능한 한 이해를 돕기 위해 쉽게 서술하려고 노력하였으나, 치수기준이 형성되고 배색의 변별특성이 나타나는 과정에 대한 설명이 포함되어, 딱딱하고 분석적인 문체를 보다 쉽게 전달되도록 다듬지 못한 점이 아쉬움으로 남는다.

결국 본서의 내용은 필자의 연구 결과에 의한 주장이며, 국내의 관련 법규와는 내용이나 원칙이 일치하지 않는 부분도 있어 수정이나 보완이 필요한 부분도 존재하리라 생각한다. 다만 본서를 통해, 특별하지 않은 계획을 통해서도 보다 더 많은 사람들이 편리하고 안전하게 지속적으로 사용할 수 있는 공간을 제공할 수 있다는 의식을 공유하고, 건축계획에 있어서 단순하게 법규의 준수여부를 판단하기보다는 공간의 사용패턴에 영향을 주는 설계원칙과 치수의 의미를 이해하는 것이 매우 중요하며 아주 작은 차이, 아주 작은 배려가 실제 사용자가 욕실을 스스로 사용할 수 있는지 없는지의 여부를 결정할 수 있다는 사실을 확인하는 기회를 가질 수 있길 바란다.

2011년 5월 강경연

:: 목차 Contents

머리말 / 7

Part 1 이론적 배경

1장 배경 ■ 15

1. 유니버설 디자인(Universal Design)의 필요성 / 15
2. 주거 내 욕실 계획의 중요성 / 16
3. 욕실에서의 치수 및 가구배치 계획과 색채계획의 중요성 / 17
4. 본서의 목적 및 구성 / 18

2장 이론적 고찰 ■ 21

1. 생활약자와 환경 사이의 관계에 대한 이론 / 21
2. 생활약자를 고려한 디자인 접근방향 / 34
3. 국내의 연구동향 및 법제도 / 51

Part 2 디자인 적용

3장 치수 및 가구배치 계획에서의 유니버설 디자인 ■ 81

1. 욕실 치수 및 가구배치의 유니버설 디자인 분석기준 / 81
2. 아파트 단위평면의 유형 분류 / 107
3. 평형별 욕실 분류 / 109
4. 사례분석 / 117
5. 대안제시 / 127
6. 소결 / 144

4장 색채계획에서의 유니버설 디자인 ■ 147
1. 색채 체계(Color System) / 147
2. 노인의 색채지각 특성 / 154
3. 노인의 색채지각을 고려한 배색기준 / 163
4. 욕실 사례조사 및 결과분석 / 166
5. 대안제시 / 173
6. 대안의 실효성 검증 실험 / 179
7. 소결 / 197

5장 결론 ■ 199
1. 실태조사 / 200
2. 개선안 제시 / 200
3. 아파트 욕실계획 방향에 대한 제안 / 202
4. 관련 규정 및 가이드라인 개선에 대한 제안 / 202
5. 제안의 활성화를 위한 정책적 제안 / 203
6. 본서의 한계 및 차후 진행방향 / 204

부록: 아파트 욕실에서의 유니버설 디자인 적용을 위한 가이드라인 제안 ■ 207
1. 원칙 / 207
2. 치수 및 가구배치 계획 / 207
3. 색채계획 / 223

참고문헌 / 231

Part 1

이론적 배경

1장 배경

1. 유니버설 디자인(Universal Design)의 필요성

현재 우리나라는 경제성장과 의료기술의 발달, 그리고 사회복지측면의 지속적인 노력에 의해 국민의 평균수명이 연장되고, 이로 인해 전체 인구 중 노인과 장애인이 차지하는 비율이 점차 증가하고 있다. 특히 노인인구의 증가비율은 외국에 비해 매우 빠른 편이며, 노인 단독가구의 수도 급속히 증가하고 있다.[1)]

건축계획 분야에서는 노화와 장애에 따른 운동능력, 감각능력의 변화를 수용하고 지원하는 환경디자인이 절실한 실정이며, 이에 부응하여 장애인, 노인, 임산부 등의 생활약자[2)]의 거주환경을 개선하고, 각종 시설과 정보로의 이동 및 접근, 그리고 실질적인 사용측면에서의 불편 및 장애요인, 개선요구 등을 조사하며, 그에 따른 해결방안을 제시하려는 노력이 정부, 학계, 사회단체 등의 다양한 분야에서 활발히 이루어져 왔다.

---

1) 2005년 우리나라 인구의 평균수명은 1971년 62.3세에서 15.6세 증가한 77.9세이고 향후 2030년에는 81.9세, 2050년에는 83.3세로 지속적으로 늘어날 전망이다. 2005년 65세 이상 노인인구는 4,383천명으로 1970년 991천명에 비해 4.4배 증가했고 2050년에는 2005년의 3.6배인 15,793천명이 될 것으로 전망되며, 등록 장애인 인구는 2007년 12월 현재 2,105천명으로 2000년 958천명에 비해 119.7% 급증하였다. 인구 구성비를 기준으로 살펴보면, 전체 인구 중 65세 이상 인구가 차지하는 비율은 2000년에 7.2%로 이미 고령화 사회에 진입하였고, 2018년에는 14.3%로 고령사회에 진입할 것으로 예측되며, 2026년에는 20.8%로 초고령사회에 진입할 전망이다. 또한 65세 이상 노인인구 중에 가족과 떨어져 혼자 사는 노인비율은 1990년 8.9%에서 2005년 18.0%로 15년 사이에 2배 이상 증가하였고, 2020년에는 20.2%로 늘어날 전망이다. 인구의 고령화 속도를 외국과 비교하면, 우리나라 65세 이상 인구의 비율이 7%(고령화 사회)에서 14%(고령사회)까지 도달하는데 걸리는 기간은 18년이며, 14%에서 20%(초고령사회)까지 도달하는 기간은 8년인데 반해, 미국은 각각 72년, 16년, 일본은 24년, 12년, 독일은 40년, 38년으로 나타나 해외 선진국에 비해 고령화 속도가 매우 빠름을 알 수 있다(통계청, 2005a; 통계청, 2005b; 한국장애인고용촉진공단, 2008).

2) 생활약자는 개인의 신체적, 정신적인 요인과 물리적, 사회적 환경, 그리고 자신이 처한 상황에 의해 영구적이거나 일시적으로 업무수행이나 사회참여에 제한을 받는 사람을 의미한다. 본서 pp.30~32. 참고

이러한 학문적, 정책적 노력들은 주로 장애인, 노인 등의 특정 사용자 집단을 고려한 것이었다. 특정 계층을 고려하여 그들의 상태와 요구를 지원하는 별도의 환경과 제품을 디자인하고 제공하는 것도 충분히 가치 있고 의미 있는 일이나, 사회복지와 평등의 개념, 그리고 미래의 잠재적인 노인과 장애인 등의 사용자를 고려했을 때, 가능한 한 개조나 추가적인 설치 없이, 되도록 많은 사용자가 동등하게 사용할 수 있도록 환경과 제품을 디자인하는 유니버설 디자인(Universal Design)[3)]의 개념을 도입하여, 별도의 디자인이 아닌 장애인, 비장애인이 모두 안전하고 편리하게 사용할 수 있는 디자인이 되도록 계획하는 것이 보다 바람직하다고 할 수 있을 것이다.

2. 주거 내 욕실 계획의 중요성

주거는 인간의 기본적인 안식처이자 개인의 삶의 바탕을 이루는 가장 기본적이고 중요한 생활환경이기에, 노인이나 장애인 등의 생활약자가 스스로 독립적인 주거생활을 영위할 수 있도록 환경을 계획하는 것이 중요하다. 또한 노인들은 자신이 거주하는 커뮤니티 안에서 평생을 살아가기를 희망하며, 이처럼 생을 마감할 때까지 친숙한 환경과 커뮤니티를 유지하는 것은 심리적, 육체적으로 양질의 삶을 영위하는 데 큰 도움이 된다.[4)] 이에 부응하여 최근의 노인주거복지는 노인들이 거주지를 옮기거나 시설로 입주하지 않고 생활하던 커뮤니티 안에서 지속적으로 삶을 영위할 수 있도록 하는 재가복지(在家福祉, Aging in Place)의 개념을 중심으로 이루어지고 있다.

주거 내의 욕실은 가족구성원 모두가 사용할 수 있어야 하는 중요한 공간 중 하나로, 다른 실과는 달리 폐쇄된 공간 내에서 타인의 보호 없이 혼자 사용하는 공간이다. 개인이 스스로 욕실을 사용하지 못하는 경우에는 프라이버시와 자립감이 손상 받게 되며, 이러한 이유로 현대사회에서는 욕실의 독립적인 사용을 자립적 삶의 기본조건으로 보고 있다 (Mullick, 2001).

욕실은 노인과 장애인뿐만 아니라 비장애인에게도 개선요구가 높게 나타나는 공간이

---

3) 본서 pp.34~38. 참고

4) Pratt(1998)에 의하면, 친숙한 커뮤니티를 유지하며 생활하는 노인이 시설로 이주한 노인에 비해 수명이 약 2~3년 길며, 사고 발생률이 낮고 일반적인 건강상태도 좋게 행복한 삶을 영위하는 것으로 나타났다 (Balandin 외, 2001).

며, 주거 내의 노인 안전사고가 많이 발생하는 장소 중 하나이다(권오정 외, 2001; 문희정, 2003; 안소미, 1998; 오찬옥, 2001; 한영호 외, 2000). 우리나라의 대표적인 주거유형 중 하나인 아파트에 있어, 욕실은 단위세대 중 가장 협소한 면적의 실로 계획되고 있으며, 입주 후 필요에 의해 개조를 원하더라도 공사비용의 부담과 건축구조 및 설비의 문제로 인해 욕실의 면적을 확장하거나 출입문과 욕실가구의 위치를 변경하는 등의 개조가 용이하지 않아 일상생활의 불편함을 감수한 채 거주해야 하는 경우가 많은 실정이다.

따라서 건축계획단계에서부터 다양한 사용자의 운동능력, 지각능력을 고려하여 차후에 필요에 의한 개조나 추가적인 설치를 최소화할 수 있도록 유니버설 디자인의 관점에서 욕실을 디자인하는 것이 중요하며, 특히 주택을 개조하거나 보다 넓은 욕실을 갖춘 주택으로 이주하기에 경제적으로 여유가 없는 서민, 그리고 현재의 친숙한 주거환경을 새롭게 변경하거나 새로운 주거지로 이동하기를 꺼려하는 노인의 주거에서는 더욱 중요하다고 할 수 있다.

3. 욕실에서의 치수 및 가구배치 계획과 색채계획의 중요성

욕실은 그 특성 상 출입문을 닫고 외부의 관찰이나 보호 없이 변기에 앉거나 욕조로 들어가거나 탈의를 하는 등 개인의 생리적 요구와 관련된 많은 작업을 혼자 수행하는 공간으로, 미끄러짐, 화상, 부딪힘 등에 의한 사고의 위험성을 항상 내포하고 있다. 노인의 경우 이러한 작업을 수행하는 데 가장 큰 영향을 주는 것은 개인의 건강상태와 운동능력이고, 그 다음으로 영향을 주는 것은 시각의 노화이다. 특히, 시각의 노화에 있어서는 공간과 사물의 형태, 거리 등을 정확히 지각하는 시력의 저하보다는 배색의 대비에 의해 형상과 배경을 구분하는 색채변별력의 저하가 일상생활에 큰 영향을 준다(Burmedi 외, 2002).

이러한 관점에서 봤을 때, 사용자가 불필요한 동작 없이 안전하고 편리하게 사용할 수 있도록 욕실의 공간규모 및 형상, 출입문 위치 및 욕실 가구의 배치, 편의시설 설치 등을 계획하는 것이 중요하며, 이와 더불어 욕실의 각 부분을 시각적으로 변별이 쉽고 인식이 용이하도록 계획하여 욕실의 각 부분을 식별하는 어려움을 줄이고 작업 자체에 집중할 수 있도록 하는 것 또한 중요하다고 할 수 있다.

4. 본서의 목적 및 구성

가. 목적

본서에서는 유니버설 디자인의 관점에서 노인, 장애인 등의 생활약자의 운동능력과 지각능력을 고려하여 가능한 한 많은 사용자가 사용할 수 있으며, 차후에 필요한 경우에는 최소한의 개조로 지속적으로 사용할 수 있는 아파트 욕실의 치수 및 가구배치계획, 그리고 색채계획 측면에서의 유니버설 디자인 적용방안을 고찰하는 것을 목적으로 하였으며, 구체적인 내용은 다음과 같다.

첫째, 휠체어사용자를 포함한 다양한 사용자의 운동능력을 수용하고 지원할 수 있는 아파트 욕실의 치수 및 가구배치계획의 분석항목 및 기준을 도출한다.

둘째, 시계 황변화(視界 黃變化, yellowed eye-sight)[5]를 겪는 노인을 포함한 다양한 사용자의 색채지각능력을 수용하고 지원할 수 있는 색채계획의 분석항목 및 기준을 도출한다.

셋째, 실제 아파트 욕실의 치수 및 가구배치계획과 색채계획의 실태를 조사, 분석하여 예측되는 문제점을 파악한다.

넷째, 기존 아파트 욕실의 면적, 형상, 가구배치를 유지한 채, 휠체어사용자를 포함한 다양한 사용자가 보다 편리하게 사용할 수 있는 치수 및 가구배치의 대안을 제시한다.

다섯째, 기존 아파트 욕실 배색의 느낌을 유지하는 범위에서 정안(正眼, normal color vision)과 노안(老眼, elderly color vision) 모두에게 변별이 용이한 배색의 대안을 제시하고, 그 실효성을 검증한다.

여섯째, 현재 공급되는 아파트 단위세대 평면의 구성을 크게 변화시키지 않는 범위 내에서 적용 가능한 욕실의 치수 및 가구배치계획과 색채계획 측면의 유니버설 디자인 가이드라인을 제안한다.

나. 범위

주거시설 내의 욕실에 적용할 수 있는 유니버설 디자인의 원리나 요소는 매우 다양하

---

5) 본 서, pp.154~163 참고.

게 많으나, 본서에서는 이러한 요소 중 치수 및 가구배치계획과 색채계획 측면만을 다루었으며, 대상공간은 우리나라의 대표적인 주거유형인 아파트의 단위세대 내 공용욕실로 한정하고 가장 일반적인 욕실 구성인 변기, 욕조, 세면대가 포함된 형태를 기준으로 설정하였다.

아파트 단위세대의 면적은 우리나라의 서민과 중산층, 노인 등이 주로 거주하고 있는 규모라 판단되는 25~42평의 중소규모로 설정하고, 이 규모 이상의 대형평형은 대상에서 제외하였다. 이 규모의 단위세대 내에 장애인전용화장실과 같이 넓은 면적의 욕실을 제공하려면 다른 실의 면적을 축소시켜야 하는데, 이는 건설사나 거주자 모두에게 설득력이 떨어진다. 또한 사용 중 불편한 점이 생기더라도 주택을 개조하거나 욕실의 면적을 넓히기에는 건축구조적인 이유로 곤란한 경우가 많고, 더 넓은 면적의 욕실을 갖춘 주택을 새로 구입하기에는 경제적인 부담이 크다.

이러한 이유로 본서에서는 서민과 중산층의 주거에 초점을 맞추어 25~42평형의 중소규모 단위세대를 대상으로 선정하고, 현재의 욕실면적 및 배색이미지와 크게 다르지 않으며 차후에 필요한 경우에는 작은 개조만으로도 지속적으로 사용할 수 있는 유니버설 디자인의 적용방안을 모색하고자 하였다.

욕실의 분석 및 계획의 기준을 검토함에 있어서는, 최대한의 많은 사용자의 능력과 요구를 수용할 수 있도록 하는 유니버설 디자인의 관점에서 욕실 사용자의 능력수준을 보다 넓게 고려하였으며, 그 결과 치수계획은 다른 사용자에 비해 비교적 이동과 활동에 제약이 많고 보다 넓은 면적이 필요한 휠체어사용자를 기준으로, 그리고 색채계획은 시계 황변화 등으로 인해 시력과 색채변별력이 저하된 노인을 기준으로 분석하였다.

다. 구성

본서는 크게 두 개의 부분으로 구성되는데, Part 1에서는 욕실에서의 유니버설 디자인 적용의 필요성에 대해 설명하고 관련된 이론, 디자인 접근방향, 국내의 관련 연구동향 및 법제도 등을 고찰하였으며, Part 2에서는 실제 아파트 욕실의 치수 및 가구배치 계획과 색채계획 측면의 유니버설 디자인 적용방안을 고찰하였다. 각 장의 구성과 내용을 자세히 서술하면 다음과 같다.

1장에서는 우리나라의 노인과 장애인의 증가에 따른 유니버설 디자인의 필요성, 주택 및 주택 내에서의 욕실의 중요성, 생활약자와 관련한 치수계획 및 색채계획의 중요성의 측면에서 본서의 목적과 범위를 밝혔다.

2장에서는 본서의 주제와 관련이 있는 생활약자와 환경 사이의 관계에 대한 이론 및 디자인 접근방향의 내용을 고찰하여, 개인의 독립적인 주거생활 영위에 환경이 주는 영향의 중요성을 설명하고 본서의 공간 계획 상에 있어 욕실의 주된 사용자로 휠체어사용자와 시계 황변화를 겪는 노인을 설정한 배경과 이유를 설명하였다. 더불어, 주택 욕실의 유니버설 디자인과 관련이 있는 우리나라의 규정과 가이드라인을 검토하고 본서의 주제와 관련된 연구문헌의 내용을 고찰하여, 규정과 매뉴얼의 개선이 필요한 부분과 관련 연구문헌에서 다루지 못한 부분에 대해 서술하였다. 이를 통해 본서에서 다루고자 하는 내용을 설명하고 그것이 필요한 이유와 다른 연구문헌과 차별되는 점을 설명하였다.

3장에서는 주택 욕실의 치수 및 가구배치 계획에서의 유니버설 디자인과 관련된 속성을 도출하고 각 속성별로 계획 및 분석기준을 정리하였으며, 실제 아파트 욕실의 평면치수와 가구배치 계획의 실태를 조사하기 위해 각 평형별로 대표적인 평면유형을 추출하고 각 평면유형의 실시설계도면을 이용하여 본서에서 제시한 계획 및 분석기준의 세부내용을 욕실의 이용방법과 동선을 중심으로 측정, 평가하여 현재 상태의 욕실을 사용할 경우에 예측되는 불편함과 문제점을 설명하였으며, 현재 상태의 욕실 면적의 변화를 최소화하는 범위 내에서 욕실의 형상과 가구배치에 대한 대안을 제시하였다.

4장에서는 색채계획에서의 유니버설 디자인과 관련하여 시계 황변화를 겪는 노인의 색채혼동구간을 도출하고 이를 반영한 배색기준을 제안하였으며, 실제 아파트 욕실에 적용된 배색의 상태를 파악하기 위하여 아파트 모델하우스의 욕실을 대상으로 벽, 바닥, 출입문, 위생도기의 색채를 측정하고 변별정도를 분석하여 예측되는 문제점을 설명하였다. 대안을 제시함에 있어서는 현재의 욕실과 동일한 느낌과 이미지를 유지한 채로 노인에게 보다 변별이 용이한 배색을 제안하는 것을 원칙으로 하였고, 대안을 제시한 후에는 실험을 통해 대안의 실효성을 검증하고 제시한 배색기준을 보다 정교하게 보완하였다.

5장에서는 본서의 내용과 의의를 간략히 요약하고, 아파트 욕실의 치수 및 가구배치계획과 색채계획에서의 유니버설 디자인 적용을 위한 가이드라인을 제안하였으며, 본서가 갖는 한계점과 차후의 개선방향을 제시하였다.

2장 이론적 고찰

1. 생활약자와 환경 사이의 관계에 대한 이론

가. 로튼의 환경압력－개인능력모델(Environmental Press－Competence Model)

인간과 환경 사이의 관계는 르윈(Lewin, 1951)이 고안한 생태학적 방정식 *B= f(P, E)*에서 처음으로 개념화되었는데, 인간의 행동(B)은 개인의 능력수준(P)과 환경의 요구수준(E)의 사이의 상호작용에 의한 결과로서 나타난다는 의미이다. 이에 대해, 로튼과 나헤모우(Lawton and Nahemow, 1973)는 르윈의 방정식을 수정하여 B= f(P, E, P×E)로 표현하였는데, 여기서 P×E는 인간과 환경 사이의 경계에서 나타나는 상호작용으로, 예를 들어 개인의 주관적인 경험이나 기억과 같이 외부의 환경이 개인의 내부에 특정한 형태로 형성되어 행동에 영향을 주는 것과 같은 것이다(Lawton, 1986, pp.11～17).

로튼과 나헤모우는 제안한 방정식의 개념과 인간－환경사이의 경계를 보다 명확히 하기 위하여 인간 측면의 개인적 능력과 환경 측면의 환경적 압력을 구분하여 정의하고, 그 결과로서 나타나는 개인의 긍정적, 부정적 행동과 정서를 다음과 같이 설명하였다(Lawton, 1982, pp.33～59).

(1) 개인능력(Competences)

로튼은 인간이라는 용어를 1) 생물학적 건강상태, 2) 감각기능, 3) 운동기능, 4) 지적 기술, 5) 자아의 저항력 측면에서의 능력(Competences)의 집합체로 정의하였는데, 이러한 능력들은 인간이 가지고 있는 다른 모든 능력에 비해 보다 근본적인 것이며, 비교적 지속적이고, 어느 정도 측정이 가능한 것이다.

(2) 환경압력(Environmental Press)

로튼은 개인이나 집단이 행동하는 주변의 환경과 상황이 내포하고 있는 요구특성(Demand Character)으로 환경을 정의하였다. 즉, 각각의 환경은 인간에 대한 행동적 요구특성의 크기와 정도에 차이가 있으며, 또한 동일한 환경의 요구특성은 인간(P) 혹은 인간과 환경 사이의 경계에서 나타나는 상호작용(P×E)의 특성에 따라 환경압력으로 작용할 수도, 그렇지 않을 수도 있다.

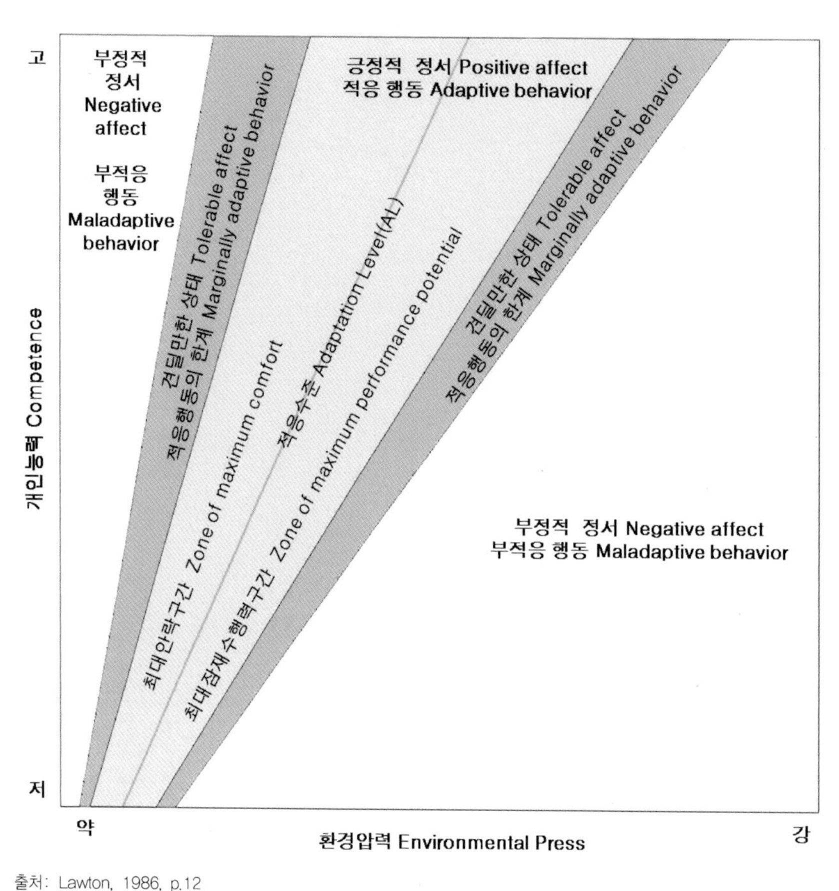

출처: Lawton, 1986, p.12

그림 2.1 로튼과 나헤모우(Lawton & Nahemow)의 생태학적 모델

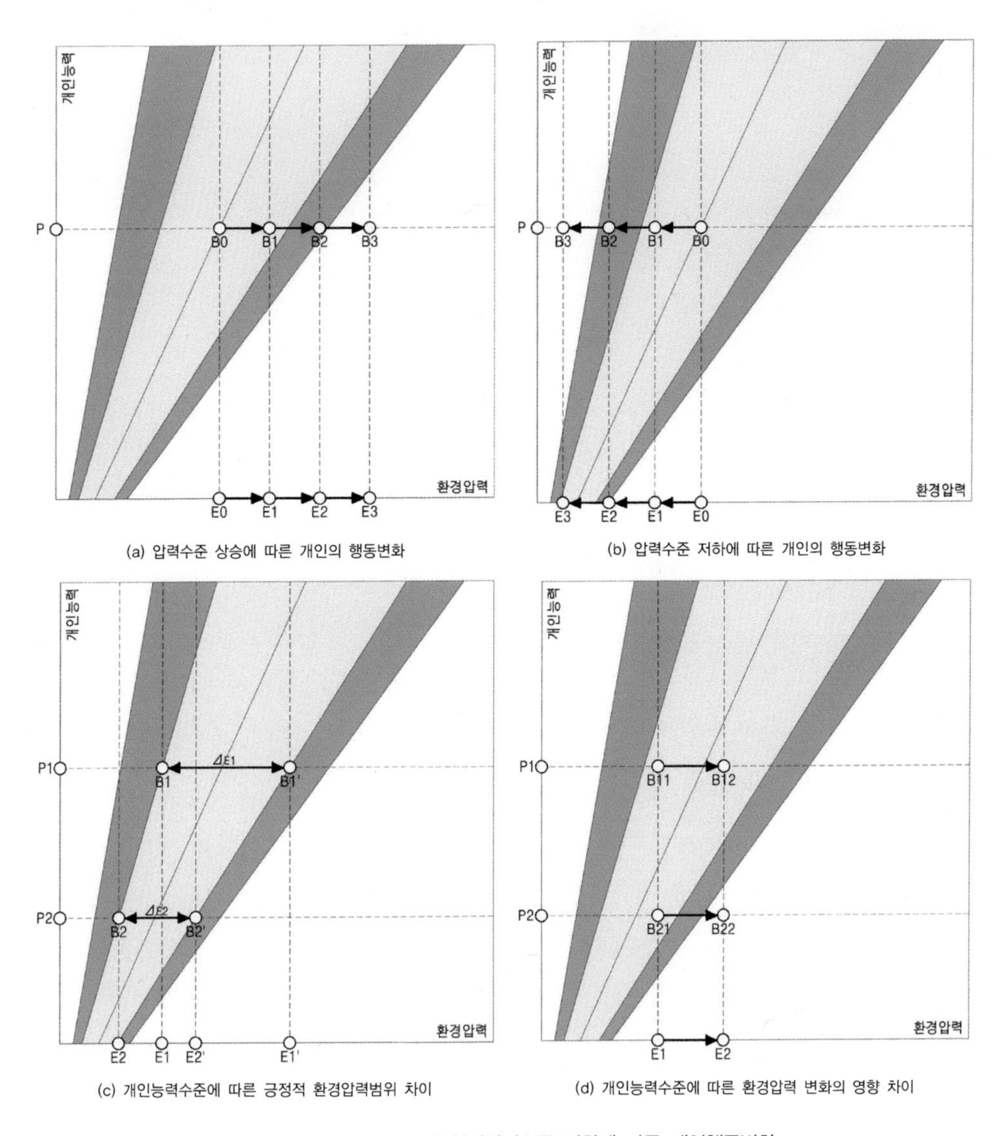

그림 2.2 개인능력수준과 환경압력수준 변화에 따른 개인행동변화

(3) 행동(Behavior)

로튼이 제안한 생태학적 모델에서는, 능력수준이 정해진 개인이 특정 수준의 환경압력 내에서 보이는 행동과 정서는 긍정적인 것에서부터 부정적인 것까지 연속적으로 나타나며, [그림 2.1]과 같이 개인능력과 환경압력을 두 축으로 하는 도식으로 표현할 수 있다.

그림 안의 모든 지점은 인간과 환경 사이의 상호작용의 결과, 즉 행동과 정서의 상태를 나타낸다. 중앙의 대각선 양측의 음영으로 표시된 부분은 긍정적 행동과 정서의 범위를 나타내는데, 이 범위에 속하는 모든 지점의 환경 요구수준은 이에 반응하는 개인의 능력수준과 균형을 이룬다. 즉, 개인능력과 환경압력의 다양한 조합을 통해 긍정적 정서와 행동이 나올 수 있음을 의미한다.

적응수준(Adaptation Level)으로 표기된 가운데 선에서의 환경압력은 개인의 능력수준과 평형을 이루어 거의 인식되지 않는 상태이나, 환경압력의 수준이 강해지거나 약해져 어느 정도 적합한 수준을 넘어서면 자극은 인식되기 시작한다. 압력수준이 적정한 수준 내에서 상승하면 적응적 행동과 긍정적 정서가 유지되나, 압력수준이 특정 수준 이상으로 상승하면 개인능력의 한계를 넘어서게 되고, 행동과 감정의 결과는 더 이상 긍정적이지 않으며, 스트레스의 경계(그림의 맨 오른쪽의 대각선)를 넘어서게 된다([그림 2.2]의 (a)). 또한 환경압력이 낮아져도 자극에 대한 인식은 증가하는데, 환경압력이 적절하게 감소하면 그 결과는 이번에도 대체로 긍정적이나, 더 크게 감소하면 지루한 경험이 발생하고, 결국 감각상실의 불안과 무질서한 행동(맨 왼쪽 대각선의 왼쪽 부분)으로까지 이어진다([그림 2.2]의 (b)).

긍정적 정서와 행동을 나타내는 범위 내에서도, 압력수준의 변화가 개인의 행동에 미치는 영향은 압력수준이 높아지거나 낮아짐에 따라 달라진다. 그림의 적응수준의 바로 오른쪽의 영역은 최대잠재수행력구간(Zone of Maximum Performance Potential)인데, 이 구간 내에서는 증가된 환경압력이 개인의 능력을 최대한 사용하려는 동기로 작용한다. 반대로 적응수준의 바로 왼쪽 영역으로 자극수준이 적당량 감소하면 개인은 최대안락구간(Zone of Maximum Comfort)에 속하게 되는데, 이 구간에서는 동기부여가 감소하고 약간은 의존적이 되며 수동적으로 즐거움을 느끼는 상태로 최소한의 적정수준 행동을 유지한다.

(4) 환경적 순응 가설(Environmental Docility Hypothesis)

[그림 2.1]을 좀 더 자세히 살펴보면, 개인의 능력수준이 높아질수록 개인이 긍정적으로 대처할 수 있는 환경압력의 범위가 넓어지나, 개인의 능력수준에 관계없이 모든 개인에게는 자신이 견딜만한 한계를 벗어나 행동과 정서를 악화시키는 높거나 낮은 환경압력 수준이 항상 존재하며, 매우 낮은 능력수준의 개인일지라도 요구수준이 적당히 낮은 환경 내에서는 충분히 적응적인 행동과 긍정적인 정서를 나타낼 수 있다는 것을 알 수 있다([그림 2.2]의 (c)).

또한 환경압력이 동일하게 변하더라도 능력수준이 높은 사람과 낮은 사람에게 나타나는 변화는 심각하게 다를 수가 있다. 특정 수준의 환경압력의 증가는 능력수준이 높은 사람에게는 행동과 감정에 거의 아무런 변화를 주지 않을 수 있지만, 능력수준이 낮은 사람을 부정적인 상태에 처하게 하기에 충분할 수 있다([그림 2.2]의 (d)).

즉, 환경의 질을 조금만 개선하더라도 능력수준에 심각한 제약을 가지고 있는 개인에게는 전혀 다른 환경을 제공할 수 있으며, 마찬가지로 환경의 질을 조금만 낮추더라도 한 개인의 균형을 완전히 무너뜨릴 수도 있다. 이러한 원칙이 로튼의 환경적 순응 가설(Environmental Docility Hypothesis)로서 개인의 신체적, 정신적 능력수준이 낮을수록, 개인이 나타내는 행동과 정서는 개인능력의 특성보다는 환경압력의 특성에 의해 더욱 많은 부분이 영향을 받는다는 것을 의미한다.

따라서 장애요소를 최소한으로 감소시켜 누구나 안전하고 편리하게 사용할 수 있는 주거환경을 디자인한다면 생활약자의 행동과 삶의 질을 보다 균형 있게 향상시킬 수 있을 것이다.

나. 카하나의 개인-환경 조화모델(Person-Environment Congruence Model)

노인이나 장애인 등의 생활약자에게 도움이 되는 것으로 여겨지는 환경이 특정한 사용자들에게는 위험할 수도 있으며, 반대로 바람직하지 않게 보이는 환경이 다른 사용자들에게는 긍정적인 영향을 줄 수도 있다.

이와 관련하여 카하나(Kahana, 1975)는 인간의 요구는 그 종류와 상대적인 강도에 있어 다양하며, 환경 역시 그러한 요구를 만족시킬 수 있는 범위에 있어 다양하다는 내용의 개인의 요구와 환경적 특성 사이의 상호작용에 대한 조화모델을 제안하였다(Kahana, 1982, pp.97~121).

조화모델에 따르면, 특정한 요구를 가지고 있는 개인은 자신의 요구를 충족시키는 환경을 찾아 그 안에서 생활하며, 조화와 적합의 결과로서 만족감과 안락함을 느낀다. 또한 환경과 자신의 요구 사이에 부조화가 발생할 경우에는 환경의 과도한 압력을 조절하거나 그러한 환경을 벗어나 다른 환경으로 이동하는 등의 선택을 할 수 있다. 그러나 이러한 조절과 선택이 곤란하여 자신의 요구를 환경이 충족시켜주지 못하는 부조화된 환경 내에서 생활해야만 하는 상황에서는 스트레스와 불편함이 발생한다.

노년기에 나타나는 소득의 감소, 건강의 악화, 사회적 역할 상실 등의 불리한 상황은 노인이 자신이 필요로 하고 선호하는 환경을 지속적으로 유지, 조절하거나 새로운 환경을

표 2.1 개인-환경 조화의 환경적 · 개인적 차원

차원	환경적 측면	개인적 측면
분리	• 환경구성의 동질성. 거주자 특성(성별, 연령, 육체적 · 정신적 상태)의 유사성 • 변화와 유지. 일상적인 사건, 직원 및 환경의 변화 빈도 • 거주자의 이전 환경과의 연속성과 유사성	• 동질성에 대한 선호, 즉 자신과 비슷한 사람들과 어울리는 것에 대한 선호. • 일상에서의 변화나 유사에 대한 선호 • 과거와의 연속성에 대한 요구
집단	• 프라이버시의 확보 정도 • 집단적 대우와 개별적 대우. 거주자가 차별 없이 대우받는 정도. 음식 · 의복 등의 선택 가능성. 독특한 개성의 표현 기회 • 거주자들이 홀로, 혹은 타인과 함께 행동하거나 작업할 수 있는 정도	• 프라이버시에 대한 요구 • 개인적 표현 및 특성에 대한 요구 • 개별적 대우의 사회적 적절성에 대한 평가 • 홀로, 혹은 타인과 함께 행동하거나 작업하는 것에 대한 선호
시설적 통제	• 시설직원에 의한 행동 · 자원에 대한 통제 • 일탈에 대한 허용 · 구속의 정도 • 의존성 조성정도와 의존욕구의 충족정도	• 자율 및 통제에 대한 선호 • 규칙준수의 요구 • 타인의 보살핌에 대한 욕구와 자립심
조직 구성	• 기대 및 역할의 모호함와 명확함 • 질서와 무질서	• 모호함에 대한 내성과 조직구성에 대한 요구 • 타인 혹은 조직에 대한 요구
자극과 참여	• 환경의 자극 특성(물리적, 사회적 환경) • 거주자가 자극을 받아 활동적이 되도록 조장하는 정도	• 환경 자극에 대한 내성과 선호 • 활동 참여나 이탈에 대한 선호
정서	• 정서 표현에 대한 내성과 격려, 의례적인 정서표현에 대한 대비(예: 장례식) • 감정적 자극의 양, 환경 내 자극과 평온	• 긍정적이거나 부정적인 감정표현의 요구 • 감정의 강도(예: 갈등이나 흥분에 대한 요구나 회피)
충동 조절	• 충동적 행동의 수용과 제재 • 즉각적인 요구충족이나 충족의 지연 • 사리분별과 신중함에 대해 부여하는 가치	• 충동적인 요구의 정도 • 요구충족을 조절하는 능력 • 충동적인 폐쇄와 신중한 폐쇄

출처: Kahana, 1982, pp.104~106을 재구성함

찾아가는 과정에서의 선택의 폭을 축소시킨다. 개인의 요구와 환경 사이의 조화는 이처럼 환경 혹은 개인 측면의 선택의 기회가 제한된 장소나 상황에 처한 경우에 더욱 중요하며 그 영향이 극단적으로 나타난다.

카하나는 환경과 개인의 선호 · 요구와 환경 사이의 조화 및 적합을 주거복지 자체가 아닌 그에 선행하는 기본조건으로 보고, 주거환경의 평가에 있어 환경뿐만 아니라 개인의 요구 및 선호에 대한 자료를 항상 고려해야 함을 강조했으며, 특히 이러한 요구와 선호에 따른 선택의 기회가 크게 제한되는 특수요양시설에 입주한 노인의 복지, 만족, 그리고 적절한 생활 및 역할수행을 위해 환경과 개인 사이의 조화가 필요한 차원을 <표 2.1>과 같이 7가지로 제안하였다.

카하나의 조화모델에서는 개인의 주거복지는 환경과 개인의 특징만이 아니라 개인의 요구와 이를 충족시켜주는 환경의 역량 사이의 조화와 일치의 결과로 나타난다는 것을 강조하고 있다. 따라서 환경과 서비스를 계획함에 있어서는 노인이나 장애인 등의 생활약

자가 주변의 상황이나 환경특성을 자신의 요구와 필요에 따라 지속적으로 유지하거나 조절할 수 있도록 해야 할 것이다.

다. 카프의 보완/유사모델(Complementary/Congruence Model)

로튼의 모델에서는 환경을 개인과 집단에 대한 요구특성을 가진 압력과 자극으로, 개인은 그에 대응하는 근본적인 능력의 집합체로 다루고 있다. 이에 대해, 카프와 카프(Carp & Carp, 1984)는 자신의 능력을 증가시키기 위해서나, 혹은 단순히 즐기기 위해서 개인이 능동적으로 사용할 수 있는 환경요소의 특성에 관심을 가졌으며, 개인 내부의 욕구가 자신의 선호에 보다 가깝게 환경을 조성하도록 유도하는 자극으로도 작용할 수 있음을 강조하고, 환경을 자극과 압력의 근원뿐만 아니라 지원의 근원으로도 보아야 한다고 제안하였다(Carp, 1987, pp.335~336).

르윈이 환경의 요구에 부합하는 개인의 능력에 초점을 두고 $B=f(P, E)$, 즉 인간의 행동(B)을 개인(P)과 환경(E)의 함수로서 설명하고 있다면, 카프가 제시하고 있는 보완/유사모델(Complementary/Congruence Model)은 카하나의 조화모델과 로튼의 생태학적 모델에 대한 이론적 근거를 포함하여 개인의 요구에 대한 환경의 적합성에 초점을 두고 있으며, 르윈의 방정식을 수정하여 $B=f(P, E, PcE)$, 즉 인간의 행동(B)은 개인(P)과 환경(E), 그리고 인간과 환경 사이의 일치정도(PcE)의 함수로서 설명하고 있다.

보완/유사모델은 매슬로우(Maslow)의 욕구위계설(Hierarchy of Need)[6]에 근거하여 개인과 환경 사이의 관계유형과 요구수준에 따라 두 부분으로 구분되는데, 낮은 욕구와 관련된 부분은 보완모델이, 높은 욕구와 관련된 부분은 유사모델이 각각 대응하는 구조로 이루어져 있다.

(1) 보완모델(Complementary Model)

모델의 첫 번째 부분은 보완모델로서, 이 모델에서의 개인적 요구는 생명유지와 관련

6) 매슬로우는 자아실현 동기가 그 사람의 삶을 지배하기까지에는 몇 개의 단계를 거친다고 가정하고 각 단계의 욕구에 의해 인간이 동기화되는 것으로 보았다. 그 욕구들은 (1) 음식, 물, 성, 수면, 배설의 욕구 등을 포함하는 생리적 욕구(physiological needs), (2) 구조, 안전, 질서, 고통회피, 보호 등의 욕구를 포함하는 안전 욕구(safety needs), (3) 타인과 어울리고 특정 집단에 속하며 애정을 나누고 싶어 하는 소속과 사랑의 욕구(belongingness and love needs), (4) 남들로부터 존경받고 자신도 스스로를 능력 있고 가치 있는 사람이라고 느끼고 싶어 하는 존중 욕구(esteem needs), 그리고 (5) 자신의 잠재력을 발현시키고 자신의 강점과 제한점을 수용하며 독립적이고 자발적이 되고자 하는 자아실현 욕구(self-actualization needs)로 구분되며, 한 위계에 있는 욕구가 충족되면 상위의 위계에 있는 욕구를 만족시키고자 동기화된다(김정희 외, 1997, p.256).

된 낮은 단계의 욕구이다. 환경과 개인의 특성은 생명유지 측면의 요구에 대한 충족을 촉진하거나 방해하는 것으로, 이 수준에서의 조화는 개인과 환경 간의 상호보완정도를 의미한다. 즉, 개인의 능력은 자원으로 활용할 수 있거나 또는 방해물이 될 수도 있는 환경을 보완하고, 그리고 환경은 개인의 능력을 보완하여 일상생활이 원활하게 이루어질 수 있도록 한다.

생명유지와 관련된 생리적 욕구 등의 낮은 단계의 욕구는 독립적인 삶을 영위하고 일상생활을 수행하는 데 필수적이고 기본적인 것으로, 이 수준에서는 개인 간의 차이는 고려하지 않는다. 예를 들어, 수면의 질과 양을 고려하는 것이 아니라 수면 자체에 대한 기본적인 욕구를 고려하여 그에 적절한 환경을 제공하는 것이다.

(2) 유사모델(Congruence Model)

두 번째 부분은 유사모델로서, 보다 높은 단계의 욕구인 개인의 생리적, 심리적인 요구(예를 들어, 프라이버시, 친분관계)와 이러한 요구의 충족을 촉진하거나 방해하는 환경특성과 관련이 있다. 여기서, 조화의 개념은 개인적인 요구의 강도와 그것을 충족시키는 환경의 질적인 측면 사이의 유사성이다.

유사모델에서의 조화에 있어, 개인과 환경 측면의 변수 자체는 긍정적이지도 부정적이지도 않다. 예를 들어, 프라이버시에 대한 욕구가 큰 사람과 작은 사람 중 어느 사람이 더 바람직하다고 할 수 없고, 마찬가지로 프라이버시의 확보가 쉬운 환경과 어려운 환경 중 어느 환경이 더 낫다고 할 수 없다. 중요한 것은 개인적 요구와 환경자원이 일치하는 정도로, 이 수준에서의 적절한 일치는 상호보완의 정도가 아닌 상호유사의 정도를 의미한다. 즉, 환경은 사용자의 프라이버시에 대한 욕구의 정도에 따라 그에 부합하는 공간을 제공해야 한다.

(3) 보완/유사모델(Complementary/Congruence Model)

이러한 두 가지 모델을 하나로 종합하면 [그림 2.3]과 같이 정리할 수 있다. 개인 생활의 양상에 대한 예측요인은 앞서 설명한 유사모델과 보완모델의 구성요소이다. 즉, 보완모델에 있어서는 일상생활유지와 관련된 개인의 능력과 환경적 자원 및 장애물 사이의 상호보완성이며, 유사모델에 있어서는 개인의 높은 단계의 요구, 개성, 생활방식, 연령 등의 특성과 환경 사이의 상호유사성이다.

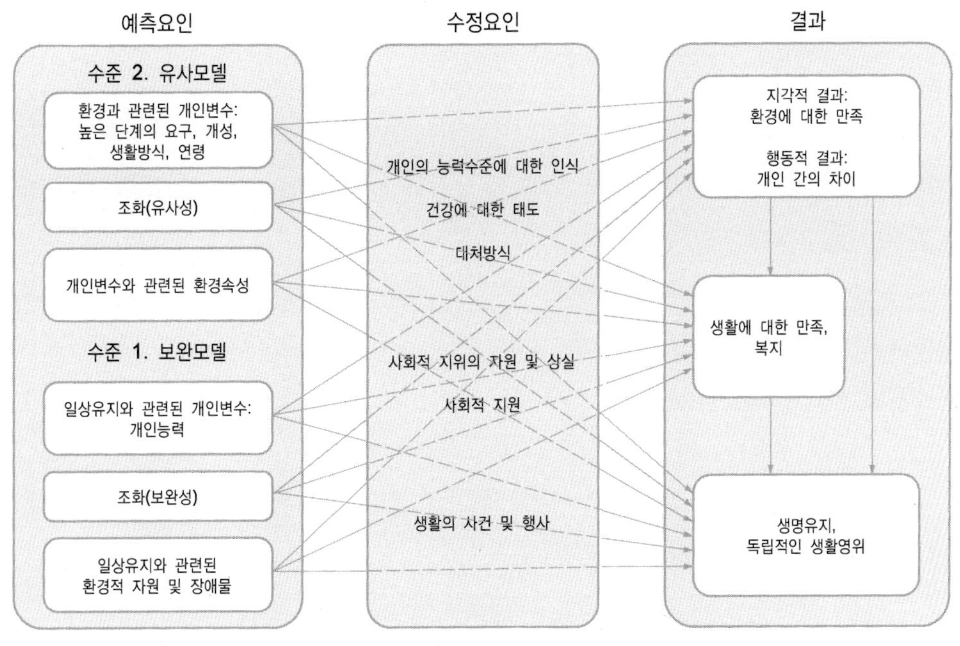

출처: Carp, 1987, p.336을 재구성함

그림 2.3 카프와 카프(Carp & Carp)의 보완/유사모델

이 모델에서 예측요인을 통해 나타나는 결과는 몇 가지 수정요인에 의해 중재, 변화될 수 있는데, 이러한 요인에는 (1) 사용자의 다양한 내적 특성(자신의 능력수준 및 건강에 대한 인식과 태도, 일상에서의 대처방식 등), (2) 외부의 상황(사회적인 역할 및 지위의 변화, 사회적 지원 등), (3) 일상의 사건이나 행사 등이 있다.

예측요인과 수정요인에 의해 나타나는 결과의 중간단계는 환경에 대한 만족, 환경 내에서의 개인 간의 행동 차이이며, 최종단계의 결과는 생활 전반에 대한 만족과 복지, 그리고 생명의 유지와 독립적인 생활의 영위로 나타난다.

결론적으로 보완/유사모델에 있어 기본적인 생활유지의 낮은 욕구와 관련된 조화는 환경과 개인능력 사이의 상호보완성, 그리고 높은 수준의 생리적, 심리적 욕구와 관련된 조화는 개인욕구와 환경자원 사이의 상호유사성이다. 즉, 생활약자를 위한 환경을 디자인함에 있어 그들의 신체적, 정서적 능력수준과 특성에 대한 보완의 측면뿐만 아니라, 개인의 다양한 요구에 따른 선택과 조절의 기회의 제공 측면도 충분히 고려할 필요가 있음을 강조하고 있다.

라. 세계보건기구(WHO)의 장애분류

장애인은 장애를 가진 사람을 의미한다. 그러나 장애의 개념은 절대적인 것이 아니라 상대적인 것으로, 그 사회의 문화적, 경제적, 정치적 상황에 따라 달라질 수 있어 단순하고 명확하게 정의하기가 쉽지 않다. 이와 관련하여, 1980년 세계보건기구(WHO: World Health Organization)에서는 ICIDH(International Classification of Impairments, Disabilities, and Handicaps)를 발표하여 개인의 상태 및 상황에 따른 장애의 개념을 다음의 3가지로 구분하여 정의하였다(손광훈, 2005, pp.31~34).

- 기능장애(Impairment): 심리적, 생리학적, 해부학적 구조나 기능이 상실되거나 비정상적인 상태
- 능력장애(Disability): 정상적인 활동을 수행하는 능력이 부족하거나 능력에 한계가 있는 상태
- 통합적 장애(Handicap): 기능장애와 능력장애의 결과로서 나타나는 연령, 성, 사회적인 요인에 의한 사회활동상의 불이익

이후 WHO에서는 ICIDH의 지속적인 수정을 거쳐 2001년 ICF(International Classification of Functioning, Disability, and Health)를 마련하여 개인의 건강 및 건강과 관련된 상태를 기술할 수 있는 통합적인 표준틀을 제공하였다. ICF에서는 장애인과 비장애인을 모두 포함하는 중립적인 관점을 취하고 신체적, 개인적, 사회적 측면을 포괄하여 장애의 개념을 다루었는데, 신체 기능과 구조(Body Functions and Structures), 활동과 참여(Activities and Participation)의 측면에서 긍정적인 상태를 기능(Function)으로, 부정적인 상태를 장애(Disability)로 구분하여 다음과 같이 개념을 정립하였다(WHO, 2001, pp.3~20).

- 기능(Function): 신체의 구조 및 기능의 원래상태가 보전되어 있고, 스스로 업무를 수행하고 활동하며, 일상생활에 참여하는 상태
- 장애(Disability): 신체의 구조 및 기능이 일시적으로나 영구적으로 심각하게 변형되거나 상실되어 있고, 개인이 업무를 수행하는 과정에 어려움이 있으며, 일상생활에 참여하는데 제한이 있는 상태

또한, 기능과 장애에 더하여 맥락적 요인(Contextual Factors)을 추가로 구성하였는데, 맥락적 요인은 주택, 직장, 학교, 커뮤니티 등의 환경자체와 그 조직구성 및 서비스, 관련 법률, 태도 등을 포함하는 환경적 요인(Environmental Factors)과 성별, 인종, 연령, 습관, 대처

표 2.2 WHO의 ICF 개요

	Part 1: 기능과 장애(Functioning and Disability)		Part 2: 맥락적 요인(Contextual Factors)	
구성요소	신체 기능과 구조 (Body Functions and Structures)	활동과 참여 (Activities and Participation)	환경적 요인 (Environmental factors)	개인적 요인 (Personal factors)
영역	신체기능 신체구조	생활영역(업무, 행동)	기능 및 장애에 대한 외부 영향	기능 및 장애에 대한 내부 영향
구성	신체기능변화(생리학적) 신체구조변화(해부학적)	역량: 표준 환경에서의 업무실행 수행: 현재 환경에서의 업무실행	물리적, 사회적, 태도적 속성에 의한 촉진 및 방해	개인특성의 영향
긍정적 측면	기능적, 구조적 보전	활동 참여	촉진자	적용불가
	기능(Functioning)			
부정적 측면	손상(Impairment)	활동의 제약 참여의 속박	장애물/방해	적용불가
	장애(Disability)			

출처: WHO, 2001, p.11

유형, 교육, 경험 등의 사회적 배경을 포함하는 개인적 요인(Personal Factors)으로 구분되며, 이 중 환경적 요인은 개인의 활동과 사회참여를 촉진하거나 방해하는 외부요소로서 작용한다.

개인의 활동수행 능력수준은 [그림 2.4]와 같이 개인의 건강상태와 다양한 환경적, 개인적, 맥락적 요인의 상호작용의 결과로 볼 수 있으며, 따라서 다음과 같은 다양한 상황을 예측할 수 있다.

- 손상은 있으나 능력에는 제약이 없는 경우: 나병(Leprosy)에 의한 신체손상은 개인능력에는 영향을 주지 않을 수 있다.
- 특별한 손상은 없으나 수행에 문제가 있거나 능력에 제한이 있는 경우: 각종 질병으로 인해 신체손상은 없으나 일상생활을 수행하는 능력은 저하될 수도 있다.
- 손상이 없고 능력에도 제한이 없으나 수행에 어려움이 있는 경우: AIDS에 양성반응을 보이거나, 정신질환의 병력이 있는 사람은 직업이나 대인관계에 있어 차별이나 비난을 받을 수 있다.
- 외부의 도움이 없이는 능력에 제약이 있으나, 현재의 환경에서는 수행에 문제가 없는 경우: 사회는 이동에 제약이 있는 개인에게 자유롭게 이동할 수 있는 기술적 해결책이나 지원을 제공할 수 있다.
- 상당한 역효과를 경험하는 경우: 팔다리를 사용하지 못함으로 인해 관련된 근육의 퇴화를 경험할 수 있으며, 시설에 입소함으로 인해 사회적응능력이나 사교의 기술을 상실할 수도 있다.

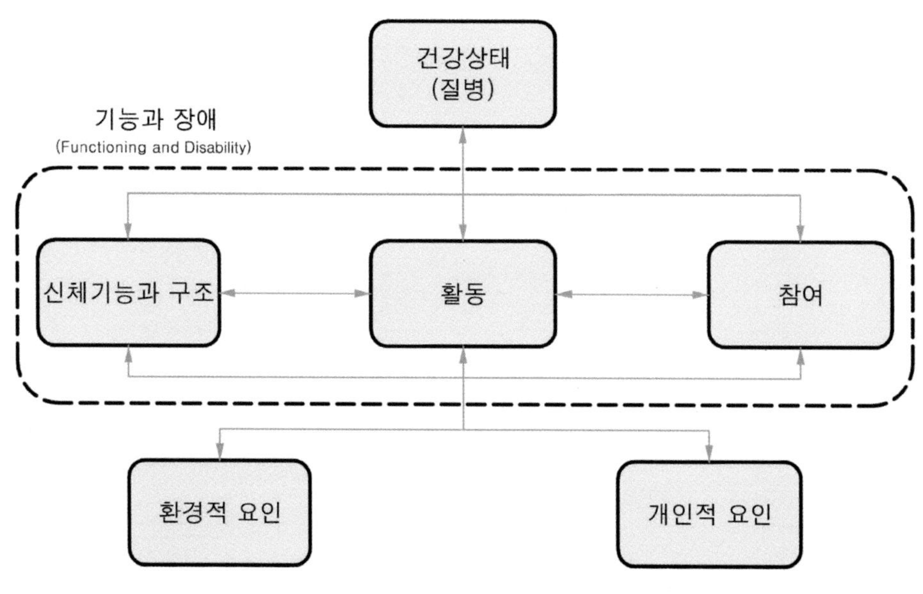

출처: WHO, 2001, p.18을 재구성함

그림 2.4 ICF 요소 사이의 상호작용

이상과 같이 개인의 생활능력은 개인의 건강상태와 상황적, 맥락적인 요인의 상호작용에 의해 그 수준과 범위가 결정된다고 할 수 있다. 즉, 장애는 신체상의 구조와 기능에 국한되는 개인적이고 의학적인 문제가 아니라 환경과 상황에 의해 야기되는 사회적 문제로 볼 수도 있다. 따라서 본서에서 다루는 생활약자는 생물학적, 심리적, 사회적 관점(Biopsychosocial Approach)에서 봤을 때, 개인의 신체기능 및 일상생활 수행, 사회참여에 있어 제한이나 속박을 쉽게 받을 수 있는 사람으로 규정할 수 있다.

마. 생활약자를 고려한 유니버설 디자인

로튼의 환경압력-개인능력모델, WHO의 장애분류에 대한 고찰을 통해 개인의 장애유무와 행동의 결과 및 범위는 환경에 의해 크게 달라질 수 있으며, 다른 사람에 비해 개인의 역량이 낮은 경우에는 그 영향력이 더 크다는 것을 확인하였다. 또한, 욕실과 같이 융통성이 그리 크지 않은 협소한 공간에서는 아주 작고, 미묘한 환경계획의 차이가 생활약자에게는 큰 변화를 줄 수 있음을 예측할 수 있다.

본서의 목적은 가능한 한 최대한의 많은 사용자의 능력수준을 수용하고 지원하는 욕실의 유니버설 디자인 적용방안을 제안함에 있다. 이와 관련하여 고려할 것은, 최대한의 많은 사용자를 고려한 계획방향을 수립한다고 해도 일부 사용자에 대해서는 그들의 능력수준과 요구를 수용할 수 없는 경우가 존재할 수 있다는 것이다. 따라서 특정 환경과 제품을 디자인함에 있어서는 제안한 디자인의 요구수준과 그 디자인이 수용하고 지원할 수 있는 사용자의 능력수준 범위를 충분히 검토할 필요가 있다. 예를 들어, 하부에 무릎 여유공간이 확보된 세면대는 휠체어사용자, 서 있는 자세를 유지하기 힘들거나 허리를 굽히기 힘들어서 의자에 앉아서 세면하는 사용자, 성인, 청소년 등 다양한 능력수준의 사용자를 수용할 수 있으나, 키가 작은 어린이, 휠체어를 사용하지 못하거나 하지가 상실된 사람, 바닥에 앉아서 세면대를 이용해야 하는 사람은 사용하기가 곤란하거나 불가능하다. 이 경우에는 일정높이에서부터 바닥면까지 높이가 조절되는 세면대를 제공하면 보다 많은 사용자가 편리하게 사용할 수 있으나, 이러한 세면대를 설치하는 것은 비용의 측면에서 다른 사용자들에게 설득력이 떨어지므로, 특수한 경우에 한하여 높이가 조절되는 세면대를 제공하거나 별도로 고안된 편의시설을 설치하는 것이 바람직하다고 할 수 있다.

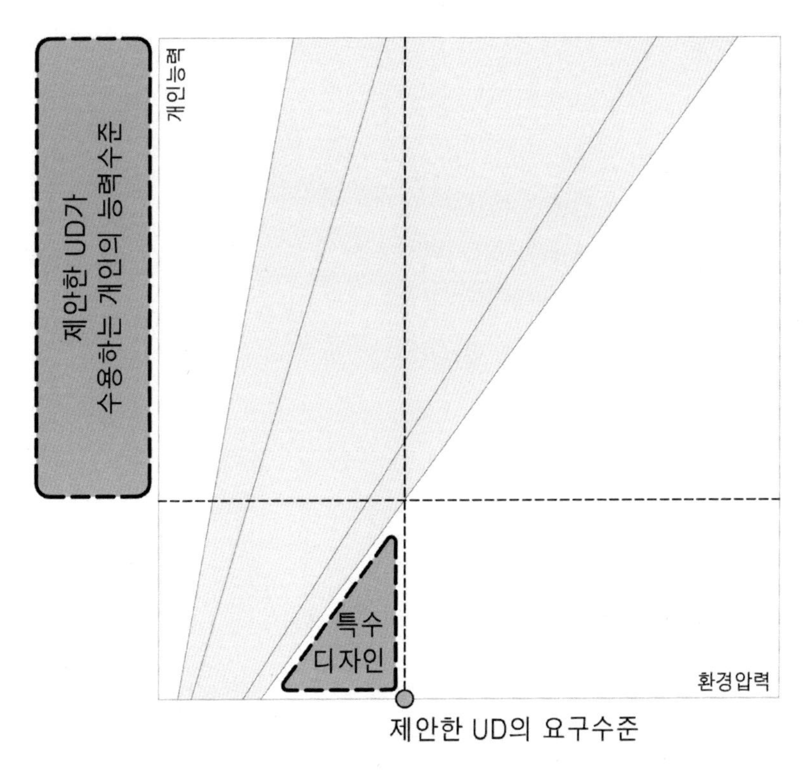

그림 2.5 유니버설 디자인과 사용자의 능력수준의 관계

이상을 종합하여 본서에서 고려하는 사용자의 능력수준과 유니버설 디자인의 적용방안의 관계를 로튼의 모델에 적용하면 [그림 2.5]와 같이 나타낼 수 있다. 유니버설 디자인 적용방안을 제안함에 있어서는, 가능한 많은 사용자를 고려하여 지원하는 능력수준을 넓게 설정하며, 제안한 디자인이 수용하거나 지원하지 못하는 사용자 계층에게는 환경의 요구수준에 긍정적으로 행동할 수 있는 별도의 부가적인 편의시설, 서비스 등의 해결책을 제공해야 한다.

2. 생활약자를 고려한 디자인 접근방향

가. 생활약자를 고려한 디자인 접근방향의 발전 및 변화

장애인 등 생활약자를 고려한 디자인 접근방향의 시초로 배리어-프리 디자인(Barrier-Free Design)을 들 수 있다. 초기에 전 세계적으로 쓰였던 이 용어는 1950년대에 시작된 장애인에게 교육과 취업의 기회를 평등하게 보장하고 이를 위해 건축 환경의 장애물을 제거하려는 사회적 노력과 관련이 있었다.

1961년 스웨덴에서 열린 국제장애인재활협회(ISRD: International Society for Rehabilitation of the Disabled)에서는 유럽, 일본, 그리고 미국 등의 재활시설을 중심으로 장애인에 대한 장벽을 축소하려는 광범위한 노력을 발표하였고, 이와 비슷한 시기에 특수시설에 입주하여 사회의 주류에서 제외된 장애인들을 커뮤니티 중심의 프로그램과 시설로 다시 복귀시키려는 국제적인 노력이 시작되었다. 즉, 배리어-프리 디자인은 장애인에 대한 장벽을 제거하고 접근성을 향상시키려는 사회적 운동 및 법률 제정이 주된 내용이었다(Ostroff, 2001, p.1.5).

배리어-프리가 장애가 있는 사람이 사회생활을 해 나가가는 데 장애가 되는 것을 제거하기 위한 최소한의 법적 기준과 관련된 용어라면, 그 이후에 나타난 액세서블 디자인(Accessible Design)이라는 용어는 특정 기능에 제한이 있는 사람들에게 초점을 맞추어 그들의 요구를 수용하고, 실질적인 접근과 사용, 관리 측면의 유용성까지 포함하는 보다 확대된 개념의 디자인 접근방향을 의미한다(홍철순 외, 2005, pp.15~22).

그러나 이러한 노력은 주로 지체장애인을 고려한 법적 기준과 가이드라인의 조건을 만족시키는 것과 관련된 것으로, 생활약자의 건축물로의 접근성 및 유용성은 향상시켰으나, 디자인의 결과물은 장애인을 위한 특별한 형태의 것으로 외관이나 사용방법이 보기에 좋지 않았으며 구입하거나 설치하는 데 추가적인 비용의 지출이 필요한 것이었다. 이러한 이유로 최근 들어 배리어-프리라는 용어는 오직 장애인들의 사용만을 위한 것임을 의미하는 부정적인 용어로 인식되기도 한다.

이에 대해, 사용자를 위한 최소한의 기준도 중요하나 장애인을 비장애인과 구분하여 특별히 생각하는 것은 바람직하지 않으며 장애인뿐만 아니라 모든 사람이 평등하게 사용할 수 있도록 디자인해야 한다는 의식이 여러 국가에서 나타났고, 이러한 디자인의 개념은 1985년 미국의 메이스(Mace)에 의해 유니버설 디자인(Universal Design)이라는 용어로 처음으로 정의되었다. 그는 유니버설 디자인을 개조나 특별히 고안된 디자인이 필요 없이, 가능한 한 최대한의 범위에서 모든 사람들이 사용할 수 있도록 제품과 환경을 디자인하는 접근방법이라고 정의했다. 결국, 유니버설 디자인은 특별하지 않으며 비싸지 않고 보기에도 매력적이어서 다양한 사용자들이 쉽게 사용하고 선호할 수 있는 디자인을 의미한다(Ostroff, 2001, p.1.5).

유니버설 디자인이 기존의 생활약자를 고려한 디자인 접근방식과 다른 점은 사회적 포용에 초점을 둔 것으로, 공평한 기회를 제공하기에 앞서 우선 차별을 제거하자는 것이다. 예를 들어, 신축 건물에 추가적으로 경사로를 설치하는 것은 접근성을 향상시키지만 유니버설 디자인이라 할 수 없는데, 왜냐하면 건축가가 계획의 초기단계부터 모든 사용자의 요구를 근본적으로 고려한다면 디자인의 마지막 과정에 추가적으로 경사로를 설치할 필요가 없기 때문이다. 이러한 것들이 디자인에 의한 평등, 사회적 포용을 추구하는 유니버설 디자인에 대한 구조적, 관념적인 장애물로 작용하고 있다.

메이스 외에도 전 세계의 여러 학자들이 유니버설 디자인과 그 특성을 다양하게 규정했으나 유니버설 디자인의 개념상 그 특성이나 원칙을 완벽하게 정의하기는 쉽지 않았다. 이러한 이유로 유니버설 디자인의 개념을 가장 효과적으로 표현할 수 있는 디자인 원칙이 확립되지 않았고, 그 대신 유니버설 디자인의 특정한 측면을 구체화한 훌륭한 디자인 사례를 들어 그 개념을 설명하였었다. 이러한 상황에서 1995년 미국의 유니버설 디자인센터(The Center for Universal Design)에서는 유니버설 디자인의 7가지 원칙을 제시하였고, 그 원칙은 1997년에 수정을 거쳐 지금까지 국제적으로 통용되고 있다.

결론적으로, 유니버설 디자인은 연령, 문화, 언어, 인지구조, 크기, 형상, 물리적 조건, 인종, 성별 등과 관련된 다양한 사용자의 능력수준을 최대한 만족시킬 수 있는 디자인을 모색하는 과정이며, 이처럼 제품과 장소를 보편적으로 접근, 사용할 수 있게 하는 것은 디

표 2.3 유니버설 디자인의 7가지 원칙(The Center for Universal Design, 1997)

원칙 및 내용	가이드라인
공평한 사용(Equitable Use) 다양한 능력의 사람들에게 유용하고 시장성이 높은 디자인	• 모든 사용자에게 동일한 사용방법을 제공할 것: 가능한 한 동일한 방법을 제공하되, 곤란한 경우에는 다른 사람과 동등한 수준과 절차의 사용방법을 제공할 것 • 사용자에게 차별감이나 모멸감을 주지 않을 것 • 프라이버시, 보안성, 안정성에 대한 대책을 공평하게 제공할 것 • 모든 사용자의 마음에 들 수 있도록 할 것
사용상의 융통성(Flexibility in Use) 다양한 사용자의 기호와 능력을 수용하는 디자인	• 사용방법을 선택할 수 있도록 할 것 • 오른손잡이와 왼손잡이 모두가 쉽게 접근하고 사용할 수 있도록 할 것 • 사용자의 정확하고 정밀한 조작을 도울 것 • 사용자 간의 작업속도의 차이를 수용할 것
간단하고 직관적인 사용 (Simple and Intuitive Use) 사용자의 경험, 지식, 언어수준, 혹은 집중능력에 관계없이, 사용방법을 쉽게 이해할 수 있는 디자인	• 불필요한 복잡성을 제거할 것 • 사용자의 기대와 직관에 부응할 것 • 교육과 언어능력의 다양한 수준을 수용할 것 • 정보는 중요도의 순서에 따라 배열, 제공할 것 • 작업 중과 작업 완료 후에 효과적인 지시와 제어를 제공할 것
알기 쉬운 정보 전달(Perceptible Information) 주변상황과 사용자의 감각능력에 관계없이, 필요한 정보를 효과적으로 전달하는 디자인	• 필수적인 정보는 다양한 방식(시각, 청각, 촉각 등)을 이용하여 제공할 것 • 필수적인 정보의 식별성을 극대화할 것 • 묘사될 수 있는 여러 방법으로 각 요소를 구별할 것(즉, 설명이나 사용방법 등을 알기 쉽게 할 것) • 감각기능에 제한이 있는 사람이 사용하는 다양한 기술과 기구 등에 호환성을 제공할 것
오류에 대한 포용력(Tolerance for Error) 우연이나 의도하지 않았던 행동으로 인한 역효과와 위험을 최소화하는 디자인	• 위험과 오류를 최소화하도록 요소들을 배치, 사용빈도가 높은 요소는 접근성이 높게 배치하고, 위험한 요소는 제거, 혹은 분리하거나 감추어 배치할 것 • 위험과 오류 가능성에 대한 경고를 제공할 것 • 잘못 사용하는 사례가 발생하지 않도록 형태에 특징을 부여할 것 • 집중을 요하는 작업 중에 무의식적인 행동을 하지 않도록 할 것
적은 물리적 노력(Low Physical Efforts) 피로를 최소화하고 효율적이고 편안하게 사용할 수 있는 디자인	• 사용자가 무리 없는 자세를 유지할 수 있도록 할 것 • 이치에 맞는 사용법을 제공할 것 • 반복적인 동작을 최소화할 것 • 지속적으로 힘을 가하는 동작을 최소화할 것
접근과 사용을 위한 크기와 공간 (Size & Space for Approach and Use) 사용자의 체격, 자세, 이동능력에 관계없이 접근, 팔의 도달, 조작이 편리한 크기와 공간을 제공하는 디자인	• 앉거나 서는 등의 다양한 자세에서도 중요한 요소를 볼 수 있도록 시야를 확보할 것 • 모든 요소는 앉거나 서는 등의 다양한 자세에서도 편리하게 팔이 닿을 수 있도록 배치할 것 • 다양한 손의 크기와 사용능력을 수용할 것 • 보조장치를 사용하거나 도우미의 도움을 받을 수 있는 공간을 적절하게 제공할 것

출처: The Center for Universal Design, 1998, pp.34~35를 재구성함

자인 본연의 목적이기도 하다.

유니버설 디자인이라는 용어는 미국와 일본을 중심으로 사용되고 있고, 이와 유사한 개념으로 유럽에서는 '디자인 포 올(Design for All)'이라는 용어를 사용하고 있으며, 영국에서는 대학을 중심으로 '인클루시브 디자인(Inclusive Design)'라는 용어를 사용하고 있다. 인클

루시브 디자인은 사용자, 특히 실질적인 최종 사용자의 범위를 넓히려는 디자인 접근방법으로, 영국의 통상산업국(DTI: Department of Trade and Industry, 2000)에서 설정한 '디자이너는 가능한 한 사용자 계층을 가장 넓게 설정하여, 다양한 사용자의 요구를 최대한 반영하는 제품과 서비스를 제공해야 한다'는 사업 목표에 의해 정의되었다(Keates 외, 2003, p.51).

인클루시브 디자인의 관점에서는 환경과 제품의 수용성(Acceptability)을 중요한 개념으로 다루며, 실질적인 수용성(비용, 적합성, 신뢰성, 유용성 등)과 사회적인 수용성(미적 특성, 선호도, 평등성, 보편성 등)의 두 가지 측면을 모두 만족시킬 수 있어야 한다고 제안하고 있다. 또한, 단 하나의 제품과 시스템으로 모든 사용자의 요구를 충족시키기 보다는, 최대한 많은 사용자를 고려하여 디자인하되 최종 사용자의 능력이나 선호도에 따른 선택과 조절의 기회, 옵션을 충분히 제공할 것을 강조한다.

인클루시브 디자인 관련 연구자인 키이츠(Keates 외, 2003)는 기존의 장애인, 노인 등의 취약한 사용자 계층만을 고려한 디자인(Barrier-Free Design, Design for Disability)이 가지고 있는 비용, 유용성, 선호도, 보편성 측면의 실질적, 사회적 수용성의 문제점을 해결하고, 모든 능력과 계층의 사용자를 위한 디자인(Design for the Whole Population)을 제공하기 위한 개념적 모델로서 인클루시브 디자인 큐브(IDC: Inclusive Design Cube)를 제안하고 있다.

유니버설 디자인센터에서는 7가지 원칙을 들어 유니버설 디자인의 특징과 가이드라인을 설명하고 있는 반면, 키이츠는 IDC의 개념을 들어, [그림 2.6]과 같이 환경/제품과 사용자 사이의 상호작용을 움직임(이동, 유효도달범위, 정교함에서의 능력), 감각(시각, 청각능력), 인지(의사소통 및 지적 능력)의 세 가지로 구분하여 각각의 측면에서 제품 및 서비스의 유용성과 접근성을 계획하고 평가하도록 제시하고 있으며, 모든 사용자를 고려한 디자인 접근방향을 사용자의 특성과 디자인의 수용정도에 따라 <표 2.4>와 같이 세 가지로 구분하고 있다.

표 2.4 IDC에 의한 디자인 접근방향

디자인 접근방향	내용
사용자에 대한 지식을 통한 디자인 (User-Aware Design)	• 주류를 이루는(Mainstream) 제품을 가능한 한 많은 사람이 사용할 수 있도록 하는 디자인
조절 가능한 디자인 (Customizable / Modular Design)	• 특정 사용자가 조절, 적응하는 어려움을 최소화한 디자인
특수 목적의 디자인 (Special Purpose Design)	• 매우 특수한 요구를 가진 특정 사용자를 고려한 디자인

출처: Keates 외, 2003, p.62를 재구성함

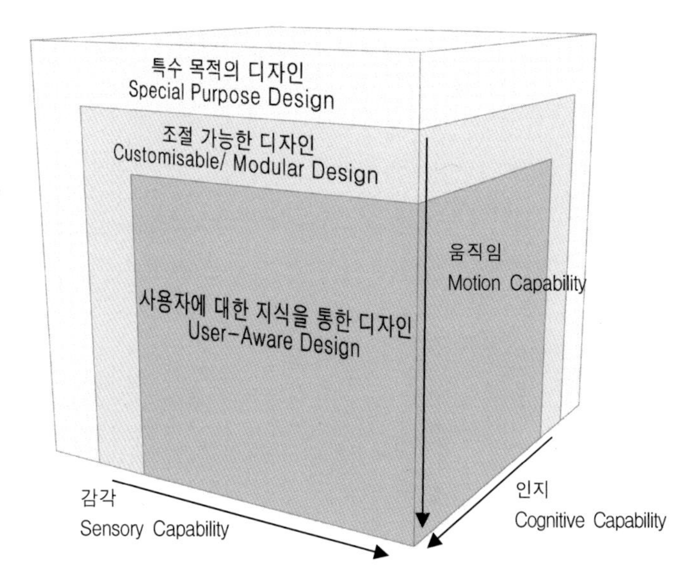

출처: Keates 외, 2003, p.62, p.94를 재구성함

그림 2.6 IDC의 환경-사용자 상호작용 및 디자인 접근방향

나. 주택 욕실 환경과 관련된 개인의 능력 특성

유니버설 디자인의 관점에서 봤을 때, 사용자의 장애는 개인의 능력수준과 주변의 환경 및 상황의 요구수준 사이의 차이, 또는 상호작용의 결과로 나타난다고 할 수 있다. 물론 유니버설 디자인의 개념에 부합하도록 최대한 많은 사용자가 추가적인 개조 없이 사용할 수 있도록 환경을 디자인하여 장애를 최소화하는 것이 바람직하나, 사실 물리적 환경의 형상과 치수, 그리고 경제적인 비용지출의 측면에서 모든 사용자가 어려움 없이 접근하고 사용할 수 있는 환경을 제공하기가 곤란한 경우가 충분히 발생할 수 있다. 앞서 예를 들었던 것처럼, 적정한 높이와 하부 여유공간을 확보한 세면대는 많은 사용자가 이용하기 편리하지만 키가 작은 어린이나, 신체의 훼손 및 상실의 정도가 심한 사람 등은 사용하기 힘들며, 이 경우에는 별도로 그들의 요구와 능력수준에 부합하는 편의시설을 설치하거나 서비스를 제공하는 것이 바람직할 것이다.

따라서 유니버설 디자인의 계획을 수립함에 있어서는 어느 정도의 능력수준을 갖는 사용자 계층을 주된 사용자로 설정할 것인지, 그리고 어느 정도의 요구수준을 갖는 환경으로 계획할 것인지를 충분히 고려하여 적절하게 결정해야 한다. 개인의 능력수준에 대한 이해 및 평가는 다양한 측면을 포함하여 종합적으로 이루어져야 하는데, 앞서 살펴본 IDC 에서와 같이 개인의 능력수준을 움직임(Motion), 감각(Sensory), 인지(Cognitive)의 측면으로 구분하여 각각에서 고려해야 할 사항을 살펴보면 다음과 같이 요약할 수 있다(Peterson, 1998, pp.282~287).

(1) 움직임(Motion Capability)

① 이동성(Mobility)

이동성은 공간 내에서 안전하고 효율적으로 이동하는 능력으로, 욕실의 디자인에 있어 욕실 각 부분으로의 이동과정과 사용방법 및 그와 관련된 장애요인을 고려하는 것은 매우 중요하다. 이동장애는 개인이 자유롭고 쉽게 욕실 내부를 이동하지 못하고, 일정 시간의 간격으로 앉거나 쉴 필요가 있음을 의미하며, 능력에 따라서는 휠체어에 의지하여 이동하는 것을 의미할 수도 있다. 이러한 사용자를 고려하여 디자인한다면 욕실에서의 개인의 이동은 자연스럽게 이루어 질 수 있다. 또한 불필요한 이동을 줄이고 한 자리에서 작업을 수행할 수 있게 되고, 관절의 운동과 이동에 소요되는 노력, 그리고 그에 따른 고통과 피로를 경감할 수 있으며, 개인의 작업수행능력을 강화시킬 수 있다.

② 균형(Balance)

욕실 사용에 있어 균형과 관련하여 기능적으로 고려할 사항은 걷는 것, 물건을 나르는 것, 몸을 구부리는 것, 팔을 뻗는 것, 욕조나 샤워기에 들어가고 나오는 것과 변기에 앉고 일어서는 것 등을 포함하며, 이러한 작업 수행에 있어 미끄러지거나 낙상을 입을 가능성을 줄이는 것이 중요하다. 따라서 바닥면을 미끄럽지 않은 재질로 마감하고, 각종 설비와 조작부 등을 쉽게 접근할 수 있는 위치에 설치하며, 균형 유지에 도움이 될 수 있는 손잡이를 설치하는 등의 디자인 방안을 고려할 수 있다.

③ 근육조정(Coordination)

근육의 경련이나 운동장애는 근육에 피로가 누적되어 발생하므로, 힘을 많이 들이지 않는 것과 작업을 단순화시키는 것을 중요한 문제로 고려해야 한다. 예를 들어 수온이 자동으로 조정되는 수전은 수온을 조절하는 절차를 제거하여 사용자들의 작업을 단순화시키고 안전과 편의를 증진하여 독립적인 사용을 가능하게 할 수 있다.

④ 근력(Strength)

근력은 물리적 힘에 저항하거나 힘을 생산하는 근육의 능력이며, 이것과 관련된 다른 능력으로는 신체적, 정신적 스트레스의 증가에도 불구하고 활동을 계속 유지할 수 있는 지구력이 있다. 근력이 약할수록 지구력도 약해지는 경향이 있어서, 여러 가지 질병과 장애에 따른 신체적, 정신적 변화로 근력이 약해지게 되면 결국 지구력도 감소되는 결과를 가져올 수 있다. 기능적 수행의 관점에서는 근력과 지구력은 크게 문제가 되지 않는다. 근력과 지구력의 문제는 개개인이 그들 스스로 작업 속도를 조절하고, 본질적인 작업수행요소에 노력을 집중하는 것으로 해결될 수 있으며, 이를 위해 작업 수행에 필요한 단계를 단순화시키는 디자인이 요구된다. 욕실에 있어서는 위생도기의 배치, 이동 거리 등을 적절히 계획함으로써 근력이 저하된 개인을 지원할 수 있다.

(2) 감각(Sensory Capability)

감각은 자극을 인식하고 외부와 자신의 상황을 구분하고 평가하는 능력으로, 자극에 대한 적절한 반응을 요구하게 된다. 감각자극 및 작업수행에 있어 무시하거나 포함하지 않을 수 있는 감각요소는 없으며, 따라서 욕실 공간의 사용자는 시각, 청각, 촉각, 미각, 후각의 감각을 통해 환경으로부터의 정보를 받아들이고 환경 내에서 자신의 위치와 상황을 파악할 수 있어야 한다. 부상이나 질병으로 어느 하나의 감각이 손상될 경우를 고려하여 보충전략과 환경조절을 통해 독립적으로 작업을 수행할 수 있도록 디자인해야 하며 여러 가지 감각적 단서를 제공할 필요가 있다. 예를 들어, 시력 감퇴와 같은 감각의 손실에 대해서는 욕실의 미적 요소와 디자인을 해치지 않는 범위 안에서 주요 설비나 시각적 단서를 형태 및 크기, 색채와 재질의 측면에서 주변과 충분한 대비가 되도록 계획할 수 있다. 또한 피부의 온도감각이 손상된 경우에는 물이 뜨겁다는 것을 인식하는 데 많은 시간이 소요되어 화상의 위험이 있는데, 이 경우에는 피부감각이 아닌 시각과 같은 다른 감각을 사용하여 수온을 인식하고 조절할 수 있도록 계획할 수 있다. 또한 보기 힘든 곳을 볼 수 있게 설치된 거울은 감각이 쇠퇴된 개인이 겪는 어려움과 위험을 경감하는 데 많은 도움이 될 수 있다.

(3) 인지(Cognitive Capability)

인지는 집중, 기억(단기, 장기), 계획, 조직, 문제 해결, 의사 결정, 판단 등의 기능과 관련된 능력으로, 인지의 기능장애는 뇌의 변화나 손상의 결과로 볼 수 있다. 욕실을 사용하는 대부분의 개인은 누구나 최소한의 인지기능장애를 가지고 있다고 할 수 있으며, 욕실 계획 시에는 여러 단계로 구성된 작업에 관련된 집중, 기억 상실 혹은 혼동 등의 측면을 충분히 고려해야 한다.

다. 치수 및 색채계획의 사용자 설정

본서에서는 유니버설 디자인의 다양한 측면 중 치수 및 가구배치계획과 색채계획만을 다루었다. 이는 개인의 기본적인 능력수준과 욕구해결에 관련이 있는 것으로 카프의 보완/유사모델 중 보완모델의 내용에 해당한다. 유니버설 디자인 센터에서 제안하고 있는 유니버설 디자인의 7가지 원칙은 다양한 측면을 포괄적으로 포함하고 있는 개념으로, 치수 및 가구배치 계획과 색채계획의 내용을 객관적으로 측정하거나 평가하기에는 적용이 곤란하며, 영국의 대학에서 제안하고 있는 인클루시브 디자인의 IDC에서는 디자인의 접근방향을 세 가지 단계로 구분하고 개인의 능력도 세 가지의 측면으로 구분하여 제시하고 있어, 본서의 내용을 분석, 정리하기에 적합한 모델이라 판단하여 치수 및 가구배치계획과 색채계획의 유니버설 디자인 적용방안을 고찰함에 있어서는 IDC의 개념을 적용하여 개인의 능력 중 움직임과 감각의 측면에서 접근하고자 하였다.

앞서 밝힌 바와 같이, 유니버설 디자인의 측면에서 제안한 디자인은 최대한 많은 사용자의 능력수준을 지원하고 수용할 수 있어야 하며, 디자인의 해결책은 차별화된 특수 디자인이 아니어야 한다. 이를 위해 우선 목적으로 고려하는 사용자 계층의 범위를 설정할 필요가 있으며, 본서에서는 개인의 능력수준 중 움직임 측면에서는 휠체어사용자를, 감각 측면에서는 노안으로 인해 시계의 황변화를 겪는 노인을 포함하는 범위로 사용자 계층을 한정하였다.

개인능력의 측면 중 욕실의 치수 및 가구배치 계획과 관련이 있는 부분은 움직임(motion)으로, 이는 공간의 크기와 형상에 대한 사용자의 요구 및 대처능력과 관련이 있다. 다양한 사용자의 움직임 측면의 능력수준과 요구를 고려할 때, 보행보조기구를 사용하는 사람은 그렇지 않은 사람에 비해 보다 넓은 활동공간이 필요하다. 휠체어사용자의 경우 우리나라 지체장애인 인구 중 높은 비율을 차지하고 있으며, 다른 욕실 사용자에 비해 점유하는 면적이 넓고 욕실의 면적 변화에 대한 융통성이 적어 공간에 대한 요구가 크므로, 치수 및 가구배치의 유니버설 디자인 계획 및 분석기준은 휠체어사용자를 중심으로 검토하였다.

감각능력의 측면에 있어서는, 개인이 외부의 정보를 받아들이는 과정에서 가장 큰 비중을 차지하는 시각적인 측면을 고려하였다. 시각기능의 측면에 있어서는 노인의 일상생활에 있어 형상, 거리 등을 정확히 식별하는 시력보다는 배색의 대비에 의해 형상과 배경을 구분하는 색채변별력이 더 큰 영향을 주며(Burmedi 외, 2002), 70대 노인의 90%가 수정체의 황변화를 경험하고 80대 이후에는 약 20%의 노인이 이로 이해 생활의 불편함을 겪는다(조성희 외, 2006; Ishihara 외, 2001; Werner 외, 1990). 따라서 우리나라의 급증하는 노인인구를 고려하여 시계의 황변화를 겪는 노인을 기준으로 색채계획의 기준을 검토하였다.

이러한 내용을 IDC의 개념에 적용하여 본서에서 고려할 사용자의 능력수준과 제안하는 디자인의 범위를 표시하면 [그림 2.7]과 같이 나타낼 수 있다. 즉 본서에서 고려하는 사용자 범위는 운동능력의 측면에서는 건강한 성인에서부터 휠체어사용자까지의 범위를 포함하고, 감각능력의 측면에서는 정안인(正眼人)에서부터 시계 황변화를 겪는 노인까지의 범위를 모두 포함하는 것으로 설정하였다. 또한 이들의 요구와 능력수준을 고려하여 디자인하되, 그림과 같이 차별화되지 않은 형태로 가능한 많은 사람들이 함께 사용할 수

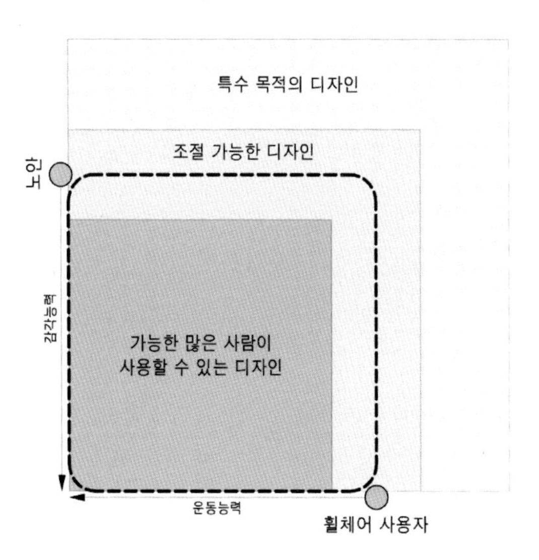

그림 2.7 사용자의 능력수준 및 디자인 제안의 범위

있도록 디자인하고, 필요한 경우에는 사용자가 조절하거나 선택할 수 있는 요소를 포함하여 제안하는 것을 원칙으로 하였다. 따라서 노안과 휠체어사용자의 능력수준을 벗어난 사용자는 본서의 범위에 포함되지 않았으며, 이러한 사용자의 요구에 대해서는 별도의 특수디자인을 제공하는 것을 원칙으로 하였다.

라. 휠체어사용자의 동작특성 및 공간계획

(1) 휠체어사용자의 동작특성

① 활동에 필요한 공간의 특성

휠체어사용자가 원활한 활동을 하기 위해서는 휠체어가 점유하는 공간에 더하여 이동하거나 작업을 수행하기 위한 활동공간이 추가적으로 확보되어야 한다. 휠체어 통행에 필요한 통로나 출입문의 최소유효폭은 휠체어 자체의 폭과 휠체어를 움직일 때 측면으로 팔꿈치가 나오는 부분까지 고려하여야 하며, 휠체어사용자 혼자 통행할 경우가 아닌 다른 보행자나 휠체어사용자와 교행할 경우에는 보다 넓은 폭의 통로나 출입문이 필요하다.

휠체어는 좌우방향으로 직접 이동할 수 없으므로 방향을 전환하거나 회전할 경우, 그리고 출입문을 조작하거나 화장실의 변기를 이용할 경우에는 보다 넓은 면적의 공간이 필요하다.

작업면에 대해 정면으로 접근하여 사용할 경우에는 하부에 무릎이 들어갈 수 있는 여유공간이 확보되어야 하며, 그렇지 않은 경우에는 측면접근하여 사용할 수 있는 공간이 확보되어야 한다.

② 이동의 특성

충분한 공간이 확보된 수평지에서는 휠체어의 전후로의 이동 및 회전에 어려움이 없으나, 단차가 크거나 경사가 심한 곳에서는 이동 및 회전이 곤란하다. 또한 바닥 마감에 요철이 있거나 마감재 사이의 이음새가 큰 경우, 바닥면이 미끄러운 경우, 바닥면이 단단하지 않은 경우에는 이동하기 곤란하다.

휠체어는 좌우 방향으로 직접 이동할 수 없어, 방향을 전환하거나 회전할 경우에는 비교적 넓은 면적과 많은 시간이 소요되며, 좁은 곳에서는 통행 및 회전에 어려움이 있다.

출입문을 조작하는 과정에서도 휠체어를 전후좌우로 조금씩 이동하면서 출입문을 열고 닫으며, 도어체크(door check)나 플로어힌지(floor hinge) 등이 설치된 출입문을 조작하는 데에는 어려움이 있다.

수동휠체어의 경우 휠체어사용자는 양팔을 이용하여 휠체어를 조작하며, 진행 도중 갑자기 회전하거나 방향을 전환하기에도 어려움이 있어, 긴급한 상황이 발생할 경우 빠르게 대처하기 곤란할 수 있다.

휠체어에서부터 의자, 변기, 욕조 등으로 이동하거나 혹은 그 반대로 이동하는 경우, 이동하는 좌석 사이의 높이 차이가 크면 이동하기 곤란하다.

③ 팔 동작범위의 특성

휠체어사용자는 앉은 상태로 활동을 하므로 상하, 전후, 좌우 방향으로 손이 닿는 범위가 비교적 좁으며, 이 중 수직운동범위가 가장 크게 축소된다. 동일한 높이의 작업면의 경우 팔의 전면운동범위가 좁아져, 측면으로 접근하여 사용하는 경우가 많다.

(2) 휠체어사용자를 고려한 공간계획

① 활동공간 계획

휠체어사용자가 점유하는 최소유효바닥면적을 700㎜×1,200㎜ 이상 확보한다. 출입문의 유효폭은 800㎜ 이상으로 계획하고, 통로의 유효폭은 90° 방향전환까지 고려하여 910㎜ 이상으로 확보하며, 휠체어사용자 사이의 교행을 고려할 경우에는 통로의 유효폭을 1,500㎜ 이상으로 계획한다. 휠체어사용자가 360° 회전할 수 있는 공간은 1,500㎜×1,500㎜ 이상으로 계획한다.

출입문이나 화장실의 대변기와 같이 휠체어사용자가 접근하여 전후좌우로 움직이면서 사용하게 되는 설비에 대해서는, 각 설비로의 접근방향과 사용방법을 고려하여 활동공간을 계획한다. 작업대, 세면대 등을 정면접근하여 사용할 경우에는 작업면 하부에 휠체어사용자의 무릎이 들어갈 수 있는 여유공간을 확보한다.

② 이동특성을 고려한 계획

통로나 출입구의 단차를 제거하며, 단차의 제거가 곤란한 경우에는 경사로로 계획하거나 적절한 승강설비를 설치한다. 바닥은 평탄하게 마감하여 휠체어가 한쪽으로 미끄러지거나 휠체어 바퀴가 빠지지 않도록 계획하며, 바닥면은 물에 젖어도 미끄럽지 않은 재질로 마감하고, 카펫이나 러그를 설치할 경우에는 쿠션이 적은 형태의 것으로 설치하되 바닥에 단단하게 부착, 고정하여 설치한다.

보행, 이동 동선은 가능한 한 짧게 계획하고, 적절한 거리마다 휴식공간을 계획한다. 휴식공간은 휴게의 기능 이외에도 휠체어사용자가 오던 길을 되돌아가기 위해 360° 회전하거나 다른 보행자와 교행이 있을 경우 서로 비켜설 수 있는 공간으로도 사용될 수 있으므로 통로의 유효폭과 기울기를 고려하여 휴식공간의 면적과 설치 간격을 계획한다. 이동 중 휴식을 취하거나 방향을 전환하는 공간은 반드시 수평면으로 계획한다.

통로에 면한 실의 출입문을 통로 측으로 열리는 여닫이문으로 계획할 경우에는, 휠체어사용자를 포함한 보행자가 통로에서 이동하는 중에 갑자기 열리는 출입문에 부딪힐 수 있으므로 출입문은 실의 안쪽으로 열리는 여닫이문이나 미닫이문으로 계획한다. 출입문 형식은 출입문을 조작하는 데 많은 힘을 필요로 하지 않는 형태의 것으로 계획한다.

변기나 욕조, 의자의 높이는 휠체어의 좌대 높이와 유사한 400~450㎜로 계획한다.

③ 팔 동작범위의 특성을 고려한 계획

휠체어사용자의 상하, 좌우, 전후의 팔 도달범위를 고려하여 출입문이나 수납장의 손잡이, 설비의 조작부, 전기 콘센트 등의 설치범위를 계획한다. 휠체어사용자의 접근방법과 팔 도달범위를 고려하여 작업면 전면의 활동공간과 작업면의 깊이를 계획한다.

마. 노인의 시각특성 및 공간계획[7]

(1) 시지각의 과정

인체의 감각 중 외부의 정보를 받아들이는 지각의 과정에 가장 중요한 역할을 하는 것은 시지각으로, 인간이 받아들인 정보 중 시각기관을 통해서 들어온 것이 약 80%를 차지하며, 청각기관을 통해서 들어온 것이 약 15%, 그리고 다른 기관들이 전달한 정보의 양은 약 5%에 불과하다.

7) Cristareliia(1977), pp.433~439; 윤가현(1993), pp.25~30의 내용을 토대로 저자가 정리함.

외부의 정보가 시각기관인 눈을 통하여 인식되는 과정을 살펴보면 다음과 같다.

외부의 광선은 우선 시각기관 외곽의 막인 각막(角膜, cornea)을 통과하게 된다. 각막은 여러 방향으로부터 전달되어 안구로 들어가는 광선을 한 방향으로 굴절, 수렴시키는 역할을 하기 위하여 곡면의 형태로 이루어져 있다. 각막은 광선을 시각수용세포까지 도달시키는 전체 과정 중 약 70~75%의 역할을 하지만, 이곳에서는 노화에 따른 심각한 변화가 나타나지는 않는다.

각막을 통과한 광선은 수양액으로 가득 찬 전방(前房, anterior chamber)을 거쳐 동공(瞳孔, pupil)을 통과하는데, 이곳에서는 노화에 따른 변화가 생긴다. 동공은 홍채(虹彩, iris) 중앙에 원형으로 열려있는 부분으로, 그 크기는 홍채에 있는 두 근육에 의해 조절되며 이를 통해 눈으로 들어가는 빛의 양이 조절된다.

동공을 통과한 광선은 모양체(毛樣體, ciliary muscle)의 근육 섬유에 매달려 있는 투명한 수정체(水晶體, crystalline lens)를 지난다. 모양체는 수정체의 두께를 조절함으로써, 다양한 거리에 있는 물체에 대해 초점을 맞출 수 있도록 한다. 수정체는 광선을 시각수용세포가 있는 망막(網膜, retina)까지 도달시키는 과정 중 약 25~30%의 역할을 하며, 시각기관 중

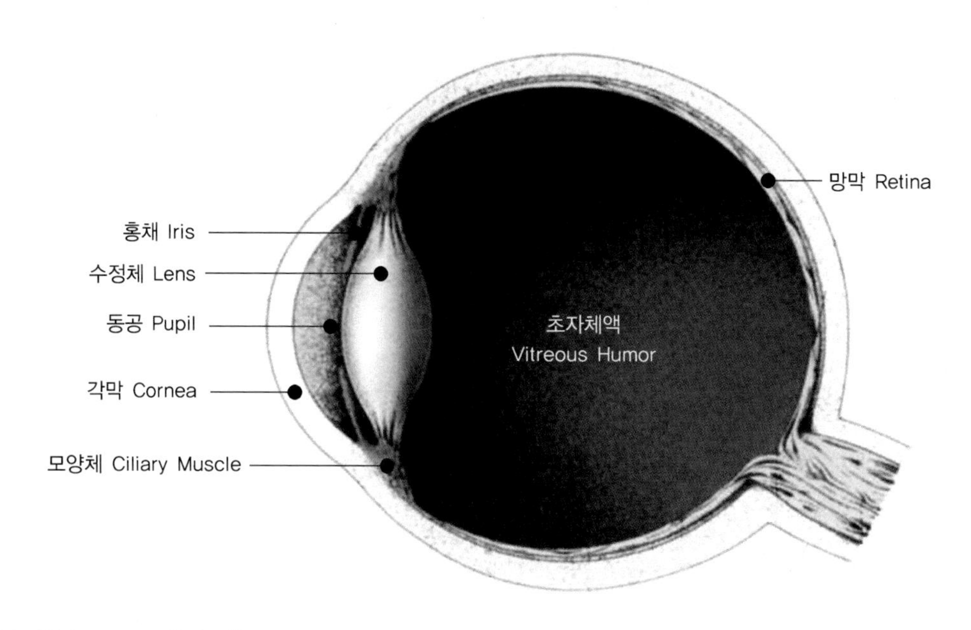

출처: 문은배, 2005, p.48을 재구성함

그림 2.8 안구의 구조

노화에 의한 변화가 가장 크게 발생하는 곳이다.

수정체를 통과한 광선은 초자체액(硝子體液, vitreous humor)을 지나 시각수용세포들이 분포하고 있는 망막의 표면에 상을 맺게 되고, 받아들여진 정보는 망막에 있는 시각 감각기관과 연결신경에 의해 대뇌로 전달된다. 망막에 있는 감광세포는 추상체(錐狀體, cone)와 간상체(桿狀體, rod)인데, 각각 색채 지각과 명암 지각의 역할을 수행한다.

(2) 노화에 따른 시각기관의 생리학적 변화

노화가 진행되면 안와(眼窩, orbit)의 지방이 감소하고, 피하조직의 탄력이 저하되어 눈이 내려앉고 작아진 것으로 보인다.

각막은 두꺼워지고 투명도가 감소하며, 홍채는 쇠퇴하여 색소가 주위로 퍼져 동공의 외부에 반점과 같은 것이 보이고 그 경계가 명확하지 않게 된다. 동공의 크기는 연령의 증가함에 따라 감소하여 망막에 도달하는 빛의 양도 감소한다. 이와 같은 동공 지름의 변화는 동공을 조절하는 근육의 탄력 감소 및 신경조직 변화에 의해 영향을 받는다. 또한 외부의 조명의 밝기가 변하더라도 동공이 적절하게 반응하는 시간이 늦어지게 되고, 그에 따라 눈부심에 대해 취약하게 된다.

수정체의 기계적 측면의 변화는 약 40~45세에 시작된다. 노년기에는 수정체 중앙부에 불활성 조직이 점진적으로 쌓여 수정체의 두께가 증가하고, 세포는 압력을 받게 되며 수분을 잃고 수축된다. 따라서 수정체의 중앙부는 경직되고 덜 투명하게 변하여 노인의 초점조절능력을 감소시키고 안구로 들어가는 빛을 산란시키며 망막에 맺히는 상을 흐리게 만들고 눈부심에 대한 민감도를 증가시킨다. 또한 수정체 중앙에 생긴 노란색의 물질로 인해 노인의 색채변별력도 감퇴하게 된다.

망막과 관련된 변화는 약 60세에 발생하는데, 이는 망막으로의 혈액 및 산소의 공급 감소와 신경조직의 사멸에 의한 것이다. 이러한 망막의 생리학적인 변화는 시력, 색채변별, 암순응에 어려움을 가져오고, 시야도 축소시킨다.

(3) 노화에 따른 시각기능의 변화

① 시력(Visual acuity)

시력은 시야 내에 있는 물체의 세부를 구분해내는 능력으로, 18세 시기에 가장 좋게 나타나며, 그 후로 40세까지 점차 감소하다 40세 이후에는 55세까지 급격히 감소한다. 정상적인 시력을 가진 노인은 60대 노인의 약 50%, 70대 노인의 25%, 80대 이상의 노인의 14% 가량이다.

② 조절능력(Accommodation)

초점조절능력은 다양한 거리에 있는 사물에 초점을 맞출 수 있는 능력이다. 일반적으로 가까운 곳에 위치한 물체에 초점을 맞추는 것이 먼 곳에 위치한 물체에 초점을 맞추는 것보다 빠르다. 원점(遠點, far-point vision)은 조절력을 전혀 사용하지 않은 상태에서 잘 보이는 가장 멀리 있는 점을 의미하며, 근점(近點, near-point vision)은 조절력을 최대로 사용한 상태에서 가장 잘 보이는 가장 가까이에 있는 점을 의미한다.

초점조절능력은 5세에 이르러 최고가 되며, 10세 이후부터 근점은 눈으로부터 멀어진다. 조절능력은 30세까지 현저하게 감소하며, 30세에서부터 40세까지는 서서히 감소하고, 그 후 50세까지는 급격히 감소한다. 가장 큰 변화는 45세와 55세 사이에 발생하는데, 이 시기에는 가까운 물체를 보기 위해서는 안경을 착용해야 한다. 60세 이후에는 조절능력이 더 이상 감소하지 않는다.

가까운 물체에 대한 초점 조절능력이 감퇴한 시기를 노안(老眼, presbyopia)이라고 하며 이러한 상태를 원시(遠視, far-sighted)라 한다. 연령이 증가함에 따라 가까운 물체에 초점을 맞추는 능력이 감소하는 것에 더하여, 멀리 떨어진 물체에 대한 시력도 점차적으로 감소하는데, 이러한 변화는 40대까지는 나타나지 않는다. 이러한 조절능력감퇴의 조합으로 인해 너무 가까이 있거나 너무 멀리 있는 물체는 명확하게 보이지 않는다.

③ 시야(Visual field)

개인의 시야는 대략 수평 180°, 수직 150°의 범위에 있는 타원형의 형태이다. 시야의 중심부는 선명하고, 깨끗하며 주변부로 갈수록 점점 더 흐려지고 덜 세부적으로 변한다. 연령이 증가함에 따라 시야는 점차적으로 협소해지는데, 주변부 시야의 감소는 55세까지는 거의 변화 없이 점진적으로 일어나나 60세 이후에는 주변부 시야의 감소가 명확하게 그리고 빠른 속도로 발생한다.

④ 빛에 대한 민감도(Light sensitivity)

빛에 대한 민감성의 다양한 측면과 관련된 시각 기능에는 조명에 대한 요구, 대비에 대한 민감도, 암순응(dark adaptation), 눈부심에 대한 조정 등이 있다.

60대 노인의 망막에 도달하는 빛은 20대 성인의 약 1/3이다. 20대 성인의 경우에는 인접한 공간의 시각적 작업은 100와트 전구의 빛으로도 충분히 수행이 가능하나, 연령이 증가함에 따라 필요한 조명의 밝기도 증가하여, 30대에는 120와트, 40대에는 145와트, 50대에는 180와트, 60대에는 230와트, 70대에는 300와트, 그리고 80대에는 415와트가 필요하다.

휘도대비는 시야 내에서 서로 다르게 조명되는 인접한 부분 사이의 관계에 적용되는 용어인데, 인접한 부분이 조도가 높은 경우에는 밝기가 감소하는 것으로 보이며, 반대로 인접한 부분이 조도가 낮은 경우에는 밝기가 증가하는 것으로 보인다. 예를 들어, 밝은 배경 위에 있는 회색은 어두운 배경위의 회색에 비해 더 어둡게 보인다. 휘도에 대한 변별력은 50대 이후에 감소한다.

암순응은 개인이 일정시간 어둠에 있을 때 시각적인 민감도가 증가하는 과정을 의미한다. 개인이 강한 일조광선을 지나 조명이 흐린 방으로 들어갔을 때에는, 처음에는 물체들이 보이지 않다가 시간이 지남에 따라 점차 그 윤곽이 보이기 시작한다. 이러한 능력은 야간에 간헐적으로 변화하는 조명의 조건 아래에서 주로 사용된다. 다가오는 자동차를 지난 이후에 시각을 회복하는 데 걸리는 시간은 운전자가 시각적으로 볼 수 없는 순간을 만든다. 노인들은 이러한 암순응에 어려움이 있다고 알려져 있다.

눈부심에 대한 조정은 눈부심을 발생시키는 요인이 있는 상태에서도 볼 수 있는 능력을 의미한다. 눈부심을 발생시키는 요인은 개인의 눈을 향해 과도한 빛을 반사시키는데, 이는 너무 많거나 잘못된 형식의 빛에 의한 것이다. 눈부심은 시각적인 작업 수행을 어렵게 하며, 작업의 대상물과 배경사이의 대비를 감소시킨다. 연령이 증가함에 따라 노인들은 눈부심으로부터 회복하는 능력이 감소한다.

색채에 대한 민감도는 색채를 구별하는 능력을 의미하며 연령이 증가함에 따라 색채변별력도 감소한다. 30대 이후부터 지속적으로 감소하는데 특히 파랑, 초록, 남보라 사이의 변별능력이 현저히 감소하며, 빨강과 초록 사이의 변별능력은 거의 감소하지 않는다. 또한 연령이 증가함에 따라 개인의 지각에는 색채에 비해 형태가 더 큰 영향을 준다.

(4) 시각의 노화를 고려한 공간계획

① 조명계획

노화에 따른 빛에 대한 민감도 저하를 고려하여 건물의 모든 부분과 바닥에 적절한 조명을 설치한다. 크기가 큰 창문은 보다 많은 빛을 보다 오랜 시간 실내로 유입할 수 있으나, 눈부심이 생길 수 있으므로 그에 대한 방안을 고려하여 계획한다.

노인의 침실에는 높은 조도의 조명을 설치한다. 노인이 들고 움직일 수 있는 작고 강한 조명은 필요한 경우 보조적인 조명으로 사용할 수 있다. 세밀하고 집중이 필요한 작업이 일어나는 장소에는 추가적인 조명을 제공한다.

암순응 기능의 감퇴를 고려하여, 홀의 조명은 건물 외부의 밝은 부분에서부터 건물 내부의 어두운 각 실로 이동하는 과정의 중간 정도의 밝기로 계획한다.

광택이 많은 바닥 표면은 눈부심을 유발하므로 사용을 피하고, 욕실의 수납장, 액세서리 등은 광택이 있는 금속이나 유리보다는 나무나 광택이 없는 플라스틱으로 제작된 것을 사용한다. 시계, 거울 등은 눈부심을 막기 위해 자연조명과 인공조명의 관계를 고려하여 계획한다.

② 색채계획

계단이 시작되는 부분과 끝나는 부분은 시각적으로 대비가 되도록 계획한다. 이는 계단의 위치를 파악하는 데 도움이 되며, 계단 내에서 이동하는 과정에는 계단 공간의 깊이 지각에 도움이 된다. 계단의 각 단의 끝부분도 시각적으로 식별이 용이한 색채로 계획하여 각 단의 위치를 쉽게 알 수 있도록 한다.

벽, 바닥, 출입문 등은 식별이 용이하도록 색채를 계획하며, 온도조절장치, 콘센트, 창문의 손잡이, 조명 스위치 등의 설비의 조작부는 강한 대비를 이루도록 계획한다.

시각적인 식별이 필요한 부분에는 파랑, 초록, 남보라를 함께 이용한 배색의 사용을 피하고, 파랑, 초록, 남보라는 노랑이나 빨강과 대비를 이루도록 계획한다. 가능한 경우에는 색채의 차이와 더불어 원형, 정사각형, 삼각형 등의 형태의 차이를 두되, 이러한 도형은 충분히 크고 배경과 충분한 대비를 이루도록 계획한다.

③ 노인의 시야 및 시각적 기억을 고려한 계획

노화가 진행됨에 따라 시야의 범위도 축소되므로, 낮은 위치에 걸린 소화기나 금속 안내판은 위험할 수 있다. 따라서 통로의 측벽에는 돌출된 장애물이 없도록 계획한다.

작업면 및 작업동선은 필수적으로 필요한 것을 중심으로 일정한 규칙에 따라 계획, 배치하며, 작업에 불필요한 사물은 제거한다.

시각적 기억의 감소를 고려하여, 중요한 정보는 시각적, 언어적 방법으로 반복적으로 제공한다.

3. 국내의 연구동향 및 법제도

가. 주택의 유니버설 디자인과 관련된 연구문헌[8)]

(1) 치수 및 가구배치계획 관련 연구

욕실의 치수 및 가구배치 계획만을 연구의 범위와 주제로 한정한 연구사례는 그 수가 많지 않고, 대부분의 연구가 주거공간의 모든 실을 대상으로 유니버설 디자인 측면에서의 특징, 문제점, 개선방안 등을 다루고 있으며 연구 내용의 일부로 욕실과 관련된 사항을 포함하고 있다. 따라서 욕실의 치수 및 가구배치 계획에 관련된 국내의 연구동향은 주택, 혹은 주택의 욕실에 대한 유니버설 디자인을 주제로 다룬 연구의 내용을 고찰하여 정리하였다. 연구동향 분석에 사용된 연구문헌의 목록과 내용은 <표 2.5>와 같다.

① 문헌자료 분석을 통한 유니버설 디자인 욕실지침의 내용 연구

기존의 문헌자료 및 우수사례의 자료를 이용하여 주거환경 및 제품에 적용된 유니버설 디자인의 특성 및 적용내용을 분석하거나, 문헌분석을 통해 주택이나 주택 욕실의 유니버설 디자인 적용을 위한 조건이나 지침, 고려사항 등을 도출하고 계획방향을 제시하는 연구들이 주로 이루어졌다(박정아, 2000; 신경주 외, 2000; 신경주 외, 2001; 이민영, 2006; 이연숙 외, 2006; 이연숙 외, 2007; 황원경 외, 2000). 또한 연구의 대상을 일반 주택이 아닌 노인전용주거공간으로 한정하고, 문헌 및 사례분석을 통해 유니버설 디자인 적용의 특성을 조사하거나(이기훈, 2004), 노인주택의 평가항목이나 일반적인 계획방향을 제안하는

8) 교육과학기술부 출연기관인 한국교육학술정보원에서 제공하는 학술연구정보서비스(www.riss4u.net)를 이용하여 '유니버설 디자인', '장애인', '노인', '휠체어', '주택', '색채' 등의 키워드로 검색한 결과 중, 본서의 내용과 관련이 있다고 판단되는 연구문헌의 내용을 고찰하였으며, 조사대상은 1990년 이후에 발간된 국내 학술지 논문과 학위논문으로 한정하였다.

연구도 다수 진행되었다(김현진 외, 2000; 김혜란, 2001; 유경두, 2005; 정화숙, 2001; 채준섭, 2008; 한영호 외, 2000).

② 주거실태 및 개조사항에 대한 실측조사 연구

문헌분석을 통한 연구가 관련 가이드라인이나 우수한 디자인 사례의 분석을 통해 유니버설 디자인 적용을 위한 계획원칙이나 세부기준을 고찰하였다면, 이와는 다른 접근방식으로 실제 주거환경의 실태와 문제점을 분석한 연구들도 다수 이루어졌다. 우선 생활약자인 장애인이나 노인이 거주하는 주택을 대상으로 공간을 실측하여, 현재의 상태와 개조정도, 문제점 등을 고찰하는 연구가 주로 이루어졌으며(고영준 외, 2003; 김민경, 2007; 김상운, 2005; 윤홍장, 2002; 주서령 외, 2005; 최재순 외, 2001; 최향일, 2002), 이외에도 생활약자뿐만 아니라 다양한 사용자를 고려하여 장애인, 노인, 임산부, 비장애인의 주택 욕실의 실태 및 문제점을 조사하고(하해화, 1999), 장애인 전용주택이 아닌 일반아파트를 대상으로 하여 유니버설 디자인의 적용성을 평가하거나(이현수, 2008), 일반 아파트의 고령친화도를 평가하는 연구(이특구 외, 2009)들도 이루어졌다.

이와 같이, 주택의 실태 및 개조사항과 문제점을 조사한 연구들의 결과는 다음과 같이 요약할 수 있다.

우선 장애인과 노인의 주거를 대상으로 조사한 연구에 따르면, 욕실이 단위주거 중 가장 불편함이 많은 장소로 파악되었으며, 불편함을 초래하는 문제점으로는 면적의 협소함, 출입문의 좁은 유효폭과 욕실 안으로 열리는 여닫이문의 개폐방향 문제, 출입문의 문턱 및 단차, 욕조의 높이가 높음, 미끄러운 바닥 재질 등으로 나타났다.

이러한 문제점과 관련하여 주택의 개조실태를 조사한 결과를 살펴보면, 주거 내의 욕실은 현관, 주방과 더불어 개조가 가장 많이 이루어지는 장소이며, 개조사항으로는 출입문의 단차 제거, 욕실의 손잡이 설치, 출입문의 형식・개폐방향・유효폭 조절, 세면대, 욕조, 거울 등의 욕실기기의 높이 조절, 수전의 조작부를 레버식으로 교체한 사례 등이 있었다. 협소한 욕실 면적과 관련하여서 욕실의 면적을 확장한 사례는 없고 면적 확보를 위해 욕조를 제거한 사례가 다수 존재하였으며, 이 경우에도 욕조설치에 대한 요구가 높게 나타나 욕실면적을 충분히 확보하는 것과 기본적으로 세면대, 변기, 욕조를 포함하는 형태로 구성할 필요성이 근본적인 문제로 나타났다. 욕실의 손잡이와 관련하여서는, 변기 양측에 손잡이를 설치한 경우 변기 측면 여유공간에 설치된 손잡이가 변기로의 이동과정에 장애물이 되어 제거한 사례도 있었으며, 손잡이가 설치되지 않은 경우에는 변기의 탱크나 세면대를 지지하여 이동하는 사례도 조사되었다.

장애인, 노인 전용주택이 아닌 일반 아파트 모델하우스의 유니버설 디자인 적용성을 평가한 연구에 따르면 일반 주거의 욕실에서도 출입문 유효폭, 세면대 하부 공간, 거울설치 위치, 휠체어 이동 및 회전 공간, 핸드레일 설치높이 등의 문제점이 나타났으며, 국내 노인주거관련 계획기준을 바탕으로 일반 공동주택의 고령친화도를 평가한 연구의 결과에서도 욕실 출입문의 유효폭 및 여유공간의 미확보, 출입문의 개폐방향의 문제, 단차, 협소한 욕실면적, 휠체어사용자를 위한 여유공간의 미확보 등의 문제가 나타나 욕실이 주거 내 공간 중 가장 불편함이 많은 공간으로 분석되었다.

③ 사용자 만족도, 개선요구에 대한 설문, 면담조사 연구

또한 주거환경의 실태 보다는 실제 거주자의 특성이나 요구를 조사한 연구도 다수 이루어졌다. 설문이나 면접을 이용하여 장애인과 노인 등의 생활약자가 주거환경 내에서 겪는 불편사항이나 안전사고 실태, 만족도 및 개선요구 등을 조사하는 연구가 주를 이루었으며(고영준 외, 2003; 권오정 외, 2001; 김상운, 2005; 김태일; 1998, 김혜란, 2001; 문희정, 2003; 박희진, 2000; 오찬옥, 2001; 이지숙 외, 2003; 채준섭, 2008; 최향일, 2002; 한영호 외, 2000), 주거환경의 실태조사와 마찬가지로 면접과 설문의 대상을 생활약자로 한정하지 않고 일반 시민이나 아파트에 거주하는 비장애인을 대상으로 유니버설 디자인의 적용성과 선호도 등을 조사하고(구민숙, 2005; 안소미, 1998), 장애인, 노인, 임산부, 비장애인을 대상으로 주택 욕실의 실태와 유니버설 디자인에 대한 인식을 조사하는 연구(하해화, 1999)도 이루어졌다.

이와 같이, 주택의 실제 거주자와의 면담과 설문을 통해 주거의 불편사항이나 요구사항 등의 인식을 조사한 연구의 결과는 다음과 같이 요약할 수 있다.

우선 장애인을 대상으로 한 설문조사의 결과를 살펴보면, 욕실의 공통적인 불편사항으로는 욕실 면적의 협소함, 욕실 바닥의 미끄러움, 출입문의 문턱 및 단차, 변기·세면대·욕조 사용의 불편함 등이 있었으며, 손잡이나 욕조가 설치되지 않아 불편한 경우도 다수 있었다. 이외의 불편사항으로는 출입문의 유효폭 및 출입문 조작을 위한 활동공간의 협소함, 욕실 사용을 마치고 거실로 나오는 과정의 불편함 등도 조사되었다. 이와 관련하여 장애인들의 욕실 개조실태나 요구에 대한 조사결과를 살펴보면, 장애인의 주택 개조시 가장 큰 문제점은 경제적 부담으로 나타났고, 이러한 이유로 개조는 거의 하지 않으나 개조요

구가 가장 높은 공간은 욕실이며, 실제로 개조가 많이 이루어지는 장소로는 주방, 현관과 더불어 욕실로 조사되었다. 그러나 욕실을 개조하더라도 개조 후의 만족도는 그리 높지 않게 나타나 실제 시공자, 관리자, 사용자가 참고할 수 있는 지침서 개발이 필요한 것으로 나타났다. 욕실의 개조와 관련하여 중요하게 생각하는 요소로는 욕실 면적의 확장, 휠체어 회전공간 확보, 욕실 바닥의 미끄럼방지 마감, 욕조 설치, 손잡이 설치, 문턱 및 단차 낮춤, 세면대·욕조 등의 높이 조절, 세면대 하부의 여유공간 설치 등으로 조사되었다.

노인을 대상으로 한 조사결과를 살펴보면, 주거공간 내에서 노인이 사용하기 불편하고 낙상 등의 안전사고가 가장 많이 발생하는 장소가 욕실이며, 주로 미끄러지거나 걸려 넘어지는 사고가 많이 발생하고 있었다. 사고의 주요 원인은 바닥표면의 미끄러움과 출입문의 단차로 조사되었으며, 이와 관련하여 욕실 면적의 확장, 바닥면의 미끄럼방지 마감, 안전손잡이 설치, 단차 낮춤 등에 대한 개선요구가 높게 나타났다.

비장애인을 대상으로 하여 현재 주거공간 내 욕실의 유니버설 디자인 적용성에 대해 조사한 결과, 실제 적용된 요소는 손에 닿기 쉬운 휴지걸이와 욕조 수전의 설치 위치, 레버형의 출입문 손잡이, 레버형의 세면대 수전 정도로만 조사되어, 현재 욕실의 유니버설 디자인의 적용성은 낮게 나타났다. 또한 장애인, 노인, 임산부 및 비장애인을 대상으로 한 조사 결과를 살펴보면, 욕실 사용의 편리성에서는 대부분 불편함이 없는 것으로 나타났으나, 욕실면적의 협소함, 세면대 높이의 낮음 등을 불편한 요소로 응답한 사례가 다수 있었으며, 현재 욕실의 상태에 있어 욕실 안쪽으로 열리는 여닫이문, 세면대 하단의 무릎공간의 미확보, 변기 이동 과정의 장애물 존재, 미끄럼방지를 위한 마감 설치 미비 등은 불편한 요소로 응답하지는 않았으나 문제점으로 생각할 수 있는 요인이었다.

장애인과 비장애인을 대상으로 욕실공간에 유니버설 디자인을 적용할 필요가 있다고 생각하는 계획요소를 조사한 결과, 문턱의 제거, 손에 닿기 쉬운 휴지걸이의 설치위치, 세면대 전면 및 하부의 여유공간 확보, 사용이 편리한 거울과 스위치의 설치 범위 및 형식, 레버형 출입문 손잡이, 미끄럼방지 바닥재, 욕조 손잡이, 레버형 수전 조작부, 욕조 밖에서도 조작 가능한 수전 조작부 등에 대한 요구가 높게 나타났다. 반면, 변기 손잡이, 밖여닫이 출입문, 높이 조절이 가능한 변기, 휠체어 회전 공간 등은 비장애인에게는 그리 필요하지 않다고 생각하는 것으로 조사되었다.

또한, 유니버설 디자인에 대해 인식하고 있는 정도와 보급의 필요성에 대한 의견을 조사한 결과, 장애인과 비장애인 모두 유니버설 디자인에 대한 인지도는 낮게 나타났으나,

유니버설 디자인의 개념을 설명하고 그 적용 및 보급의 필요성을 묻는 문항에 대해서는 장애인을 위해 특별히 설계된 공간에 대해서는 부정적 인식을 가지고 있었으며, 유니버설 디자인 보급의 필요성을 높게 평가하였다.

④ 사용자 행태 관찰 및 동작특성 분석 연구

설문과 면접을 통해 실제 거주자의 주거실태 및 주거에 대한 의식과 요구를 조사한 연구 이외에도, 치수 및 가구배치와 관련하여 거주자의 동작특성을 관찰이나 시뮬레이션을 이용하여 분석한 연구도 수행되었다. 이러한 연구에는 욕실의 위생기기의 형태와 손잡이의 설치형태 및 범위에 따른 불편한 정도를 측정한 실험 및 분석이 있으며(김현지, 2006; 주서령 외, 2006), 휠체어사용자의 관찰을 통해 계획시 필요한 동작치수의 항목을 설정하고, 디지털 모델링을 이용해 휠체어사용자의 동작치수를 설정한 연구(김민경, 2007)도 진행되었다. 또한 휠체어사용자에게 주택 내의 일상과 관련된 과제를 부여하고 과제를 수행하는 과정을 관찰하여 불편한 점과 계획시 고려해야 할 사항을 도출한 연구도 진행되었다(고영준 외, 2003).

⑤ 세부원칙 및 기준 제안 연구

국내의 관련 규정들의 내용이 주로 공공시설을 중심으로 이루어져 있고, 또한 각각의 규정의 내용이 외국의 치수나 규격을 차용하거나 검증되지 않은 문제점, 그리고 국내의 규정들 사이에서도 치수가 일치하지 않은 문제점을 인식하여 구체적인 계획지침을 제안하는 연구들도 지속적으로 이루어졌다. 우선 노인의 신장과 활동범위를 고려하여 실험과 면접을 통해 욕실기기의 치수를 제안한 연구들이 진행되었고(김현지, 2006; 주서령 외, 2006), 디지털 인체모델링을 이용하여 휠체어사용자의 동작치수와 그들의 주거공간에 대한 설계지침을 제안하는 연구(김민경, 2007), 휠체어사용자와 시각장애인의 주택의 실태조사, 설문조사, 관찰조사, 외국의 법규 비교 등을 통해 주택의 각 실별 계획원칙 및 설계기준을 제안하는 연구도 진행되었다(고영준, 2003; 김상운, 2005). 이외에도 국내의 몇 가지 노인주택 설계기준의 세부원칙이 서로 차이가 있음을 문제로 제기하여 통합된 노인주택 설계기준의 개선안을 제시한 연구가 진행되었으며(황은경, 2008), 장애인, 노인, 임산부, 비장애인을 대상으로 한 실태조사의 결과를 바탕으로 몇 가지 유형의 유니버설 디자인 욕실의 계획안을 제안하기도 하였다(하해화, 1999).

표 2.5 주택 욕실의 유니버설 디자인 관련 연구

저자	연도	제목	방법 및 내용
김태일	1998	주택내에서의 고령자 안전사고에 관한 연구	• 노인을 대상으로 한 설문조사 • 주택 내의 사고장소, 사고원인, 사용만족도 분석
안소미	1998	유니버설 디자인의 적용에 관한 연구	• 공동주택 거주자를 대상으로 한 설문조사 • 유니버설 디자인 적용성, 주거환경에 대한 만족도 및 개선요구, 선호하는 유니버설 디자인 항목 조사
하해화	1999	유니버설 디자인 개념을 적용한 주택의 욕실계획	• 지체장애, 시각장애, 청각장애, 노인, 임산부, 특별한 장애가 없는 사람을 대상으로 설문 및 면접조사, 주택 욕실을 대상으로 관찰 및 실측조사 • 욕실 환경 및 욕실사용실태, 유니버설 디자인의 인지 및 요구도 조사 • 사용자 특성 및 욕실의 각 요소별 실태분석 • 욕실 각 요소별 계획방향 및 3가지 유형의 욕실 제안
김현진 이경락 안옥희	2000	노인주택의 평가항목 설정에 관한 연구	• 국내외 문헌분석을 통한 주택 전반 및 공간별 세부평가항목 도출
박정아	2000	유니버설디자인 환경 및 제품의 디자인 특성 분석 연구	• 문헌, 인터넷, 제품 제조회사 자료의 수집 • 5개의 내용분석 기준 설정하여, 공간과 제품을 분석
박희진	2000	실내디자인 요소와 낙상에 대한 노인들의 위험인지에 관한 연구	• 노인을 대상으로 한 면접조사 • 낙상의 발생특성, 실내디자인 요소에 대한 낙상위험 인지정도 분석
신경주 장상옥	2000	욕실을 위한 유니버설 디자인	• 국내 및 미국의 관련 문헌 분석을 통한 유니버설 디자인 욕실의 조건 및 지침 도출
한영호 김태환 이진영	2000	노인주거의 안전설계를 위한 실내디자인 설계지침 개발	• 노인과 예비노인을 대상으로 한 설문조사를 통해 주거의 실태 및 주거의 요구사항 파악 • 국내외 관련 자료 분석을 통한 노인주거 설계지침 제시
황원경 신경주	2000	한국 노인주택에서의 유니버설 디자인 적용을 위한 기초연구	• 한국과 미국의 유니버설 디자인 관련법과 시행규칙 비교분석 • 미국의 유니버설 디자인 관련 주택 프로젝트 사례 분석
권오정 최재순 하해화	2001	지체장애인의 특성에 따른 주택개조에 관한 연구	• 지체장애인을 대상으로 한 설문조사 • 현 주거환경의 불편사항, 생활의 자립정도, 주택의 개조관련 특성 파악
김혜란	2001	노인단독세대를 위한 공동주택 단위평면의 요소공간 계획에 관한 연구	• 단독노인 공동주택을 대상으로 방문, 실측 및 면접조사 • 각 공간별 불편 및 요구사항 파악, 계획 시 고려사항 제시
신경주 장상옥	2001	유니버설 디자인 욕실로의 개조	• 미국의 관련 자료 분석을 통한 욕실의 안전사고 발생 현황 • 욕실의 개조 포인트, 욕실의 개조 시 고려사항 추출
오찬옥	2001	공동주택 거주 지체장애인에게 불편함을 초래하는 주거환경특성 요인	• 영구임대아파트 거주 지체장애인을 대상으로 면담조사 • 아파트 개조특성, 불편사항 및 개선요구사항 파악
정화숙	2001	노인 재택근무를 위한 유니버설 디자인 연구	• 국내외 관련 문헌조사를 통한 설계지침 도출 • 각 공간별, 지침별 유니버설 디자인 원칙의 적용성 설명
최재순 권오정 이의정	2001	여성지체장애인 가정의 주택 개조 실태 및 거주자의 물리적 주거환경 평가에 관한 연구	• 여성지체장애인을 대상으로 한 면접을 통해 주거환경의 불편사항 및 개조관련 특성 파악 • 여성지체장애인의 주거환경을 대상으로 한 실측조사를 통해 물리적 주거환경 평가
윤홍장	2002	지체장애인의 주거환경 개선에 관한 건축계획적 연구	• 휠체어사용자의 주택을 대상으로 한 실측조사 • 국내외 법규 비교 분석을 통한 체크리스트 작성, 주택 개조현황 및 실태분석 • 관련 기준의 개선방향 제안
최향일	2002	이동성 장애인의 주택 사용실태와 개조요구	• 장애인을 대상으로 한 설문 및 주택의 실측조사 • 각 공간의 편리정도, 주택의 만족도, 요구사항 파악

문희정	2003	재가노인 단독세대의 주거환경 특성과 요구	• 노인단독가구를 대상으로 한 설문조사 • 주택내 안전사고 실태, 환경조정 실태 파악 • 실내환경의 지원성에 대한 노인의 평가 및 요구 분석
고영준 박현철	2003	휠체어사용자의 주거환경디자인 지침에 관한 연구	• 휠체어사용자의 주거환경의 실측, 공간 사용의 불편사항 설문조사, 작업수행 관찰조사 • 휠체어사용자 주거환경의 공간별 디자인 지침 제시
이지숙 박정아	2003	대전시 거주 노인의 욕실 및 통로공간 디자인에 대한 중요도 평가	• 노인을 대상으로 한 면접조사 • 욕실과 통로공간에 대한 위험정도, 만족도, 중요도 분석
이기훈	2004	노인전용주택의 유니버설 디자인 적용에 관한 계획적 연구	• 국내외 관련 문헌 분석을 통한 요소공간별 지침 도출 • 외국의 유니버설 디자인 주택과 국내 노인전용주택 비교 분석
김상운	2005	휠체어를 사용하는 지체장애인 및 시각장애인을 고려한 주택계획 설계기준에 관한 연구	• 휠체어사용자와 시각장애인의 주택에 대한 방문실측과 면접을 통해 각 실별 문제점 및 개조현황, 불편사항 파악 • 국내외의 장애인주택 관련법규 비교 분석 • 주택공간별 계획 및 설계기준 제안
구민숙	2005	유니버설 디자인 측면의 욕실환경 및 제품에 관한 연구	• 일반 시민을 대상으로 한 설문조사 • 현재 사용 중인 욕실의 유니버설 디자인 적용성 파악 • 유니버설 디자인이 적용된 욕실환경과 각 제품 사례에 대한 선호도 및 구입시 고려사항 파악
유경두	2005	노인의 특성에 따른 주거환경 리모델링에 관한 연구	• 문헌조사를 통한 노인 주택 각 실별 리모델링 설계지침 제안
주서령 이지예	2005	노인주거시설 단위주호의 욕실 계획 실태	• 노인주거시설 단위주호의 욕실에 대한 현장조사 • 공간계획 및 욕실설비의 실측, 욕실 물품 현황조사를 통한 문제점 파악
김현지	2006	노인전용 부엌·욕실공간의 계획방향	• 노인 주택을 방문하여 실측 및 면접조사 • 위생기기 현황 조사, 거주노인의 사용 행태 및 만족도 분석, 위생기기의 치수제안
이민영	2006	고령화 사회에 있어서 Universal Design에 관한 연구	• 관련 문헌조사를 통한 주거공간의 유니버설 디자인 요소 도출 • 국내외 유니버설디자인 주택사례 비교 분석, 개선방향 제시
이연숙 이소영 외	2006	미국 유니버설 디자인 모델주택의 환경행태학적 분석	• 미국 유니버설 주택모델 방문 조사 • 공간별 유니버설 디자인 적용성 분석
주서령 이지예 김민경	2006	한국 노인에게 적정한 욕실설비 치수에 대한 실험 조사	• 노인을 대상으로 한 욕실설비 모형의 체험실험 • 세면대, 변기, 변기의 안전손잡이, 욕조의 적정 치수 제안
김민경	2007	국내 휠체어를 사용하는 장애인을 위한 주거환경 개선에 관한 건축계획적 연구	• 관찰조사 및 국내외 기준 비교를 통한 동작치수 항목 설정 • 디지털 인체모델링도구를 이용한 휠체어사용자 동작치수 설정 • 국내외 기준 검토를 통한 각 단위공간의 접근성, 적용성 분석 • 실태조사를 통한 휠체어사용자의 주거특징 분석 • 휠체어사용자의 주거 설계지침 제시
이연숙 이소영 외	2007	일본 주택의 유니버설디자인 특성에 관한 연구	• 일본 모델하우스 단지 방문 조사 • 촬영한 현장 사진을 선별, 유니버설 디자인 적용성 분석
이현수	2008	아파트 단위 주거 내 유니버설 디자인 적용 현황에 관한 연구	• 아파트 모델하우스 실측조사 • 국내 법규를 기준으로 한 체크리스트 이용, 각 계획 요소별, 공간별 유니버설 디자인의 적용현황 분석
채준섭	2008	노인주거 계획기준에 관한 연구	• 노인을 대상으로 한 면접조사를 통해 안전사고 발생양상 및 선호하는 주거형태 파악 • 단지, 외부공간, 내부공간의 계획기준 제안
황은경	2008	국내 노인주택 설계기준 간 문제점 분석 연구	• 국내 노인주택 설계기준 비교 분석을 통한 기준 간 통합의 필요성 및 개선 방향 제안
이특구 이호성	2009	고령자주택 설계지침에 의한 아파트의 고령친화도 연구	• 국내 고령자주택 가이드라인 비교를 통한 아파트 단위주호의 고령친화도 평가지표 도출 • 아파트 준공도면을 이용한 고령친화도 평가

(2) 색채계획 관련 연구

색채계획에서의 유니버설 디자인 관련 연구를 고찰함에 있어, 본서에서 주제로 하는 노인의 색채지각을 고려한 주택욕실의 색채계획만을 다룬 연구는 미비하여, 사용자로서 노인을 고려한 노인주택, 노인복지시설 등의 주거공간에서의 색채계획에 관한 연구들을 고찰하였다. 연구동향 분석에 사용된 연구문헌의 목록과 내용은 <표 2.6>과 같다.

① 색채계획의 실태조사 연구

대부분의 연구들은 주로 노인주택이나 복지시설의 색채사용 실태를 분석하고 대안을 제시하는 내용으로 이루어졌는데, 노인주거시설과 복지시설의 색채분포를 조사하고 색채의 사용경향을 분석하고, 공간별 기능 및 이미지와 노인의 심리적 상태를 고려한 배색을 제안하는 연구가 이루어졌으며(김유리, 2004; 류숙희, 2008; 박민진, 2004; 송춘의, 2008; 이병욱 외, 1997; 이시웅 외, 2000) 색채조화이론에 따른 조화정도를 분석하는 연구가 이루어졌다(류숙희, 2007; 송춘의, 2008; 천진희, 2003a; 천진희, 2003b).

② 노인의 색채계획 만족도와 선호도 조사 연구

이러한 연구들이 공간을 대상으로 색채를 측정, 분석하여 문제점을 밝히고 대안을 제시한 연구들이라면, 공간보다는 사용자인 노인에 초점을 맞추어 노인의 색채 선호도를 조사한 연구들도 이루어졌는데, 노인들의 현재 주거공간의 색채에 대한 만족도를 조사하고(김미옥 외, 2002; 김성욱, 2009), 각 공간에 대한 단일색, 배색, 이미지 스케일에 대한 선호도를 분석하여 노인들이 선호하는 색채환경의 특징을 밝힌 연구들도 다수 이루어졌다(김미옥 외, 2002; 김성욱, 2009; 김혜정, 1995; 송춘의, 2008; 이병욱 외, 1997; 이시웅 외, 2000; 전은정, 2006; 조성희 외, 2006; 홍이경 외, 2005).

③ 노인의 색채변별 특성에 관한 연구

노인의 색채환경에 대한 연구 중에는 본서에서 초점을 두고 있는 노인의 색채지각 특성, 변별력을 주제로 다룬 연구도 몇몇 진행되었다. 노인전문병원을 실제로 측색하여 내부공간의 식별성, 물리적 요소의 인지와 안전의 문제 등과 관련하여 병원 내부의 각 부분을 식별하기 쉬운 색채계획의 개선안을 제안한 연구가 있으며(정선희, 2006), 색상, 명도, 채도의 차이에 의한 배색의 식별성의 차이를 밝히는 실험연구도 진행되었다(김혜정, 1995).

표 2.6 노인을 고려한 색채계획 관련 연구

저자	연도	제목	방법 및 내용
김혜정	1995	노인 건축환경의 색채계획을 위한 우리나라 노년층의 색채지각에 관한 연구	• 노인 대상 면접조사 • 노인의 색채 연상, 선호 색상, 쾌적 색상, 선호 배색, 배색의 식별도 파악
이병욱 박재승	1997	양로시설 환경적 요소로서의 색채계획에 관한 연구	• 환경색채심리 이론 파악, 양로시설의 현장측색, 입주 노인의 면접조사 • 이론적 고찰 결과, 측색 결과, 면접조사 결과의 비교 분석
이시웅 안병두외	2000	노인 복지시설의 색채 디자인에 관한 연구	• 색차계를 이용한 복지시설의 실내 색채 측정하여 실태조사 • 노인과 시설 관리자를 대상으로 배색 선호도에 대한 설문조사 • 요양시설, 휴양시설, 양로시설, 관리시설에 적절한 이미지 맵 제안
김미옥 백숙자	2002	노령자 주거환경의 실내색채에 관한 연구	• 노인을 대상으로 한 면접조사를 통해 현재 주거공간의 배색의 만족도와 선호하는 배색 파악 • 노령자 주거환경의 색채계획 방향 제안
정준수 임환준외	2003	시각의 노화를 고려한 노인종합복지관의 색채계획에 관한 연구	• 노인 시각대응 모의 수정체를 이용한 사진촬영 • 노인 시각에 의한 색채지각 혼돈범위 및 판별정도 파악
천진희	2003	고령자를 위한 실내환경의 색채적용 평가	• 노인 주거복지시설의 사진촬영을 통한 색채 측정 • 시설의 색상 경향 및 색채 조화정도 분석
천진희	2003	미국 양로시설 실내의 색채적용 평가	• 미국 노인 주거복지시설의 사진촬영을 통한 색채 측정 • 시설의 색상 경향 및 색채 조화정도 분석
김유리	2004	노인 복지관 공간 기능성 향상을 위한 실내 색채 계획	• 노인 복지관 실내공간을 대상으로 색표를 이용한 육안측색 • 각 시설별, 공간별 색채사용실태 분석 및 대안제시
박민진	2004	노인주거시설 공용공간의 실내색채 사례분석	• 국내, 미국의 노인주거시설을 방문 측색하여 배색현황 파악 • 미국과의 사례 비교를 통한 국내 시설의 문제점 분석
홍이경 오혜경	2005	예비노인층의 노인공동 생활주택 실내마감재 및 색채에 대한 선호	• 예비노인층 대상 면접조사 • 각 공간별 실내마감재 및 색채에 대한 선호도 파악
전은정 조성희	2006	노인수요계층의 아파트 실내 색채계획을 위한 색채선호 연구	• 노인을 대상으로 설문조사 • 언어척도법을 이용한 노인의 선호 색채 이미지 파악 • 모델하우스 거실 사진을 이용한 노인의 배색 파악 • 색표를 이용한 선호색 및 적합색 파악
정선희	2006	노인특성을 고려한 노인전문 병원의 실내디자인을 위한 색채계획에 관한 연구	• 노인전문병원을 대상으로 실제로 방문 측색하여 배색현황 및 문제점 분석 • 노인 및 공간의 이미지와 식별성을 고려한 개선안 제시
조성희 장경미	2006	실내색채계획을 위한 노인의 색지각 및 선호배색 특성에 관한 연구	• 노인 시각대응 모의 수정체를 이용한 측색을 통한 노인의 단일색 지각특성 및 색채 구분 특성 파악 • 노인을 대상으로 한 실험을 통해 색채 구분 특성 및 선호배색 패턴 파악
류숙희	2007	청주 지역 노인복지시설 실내 공간의 색채 현황 분석	• 노인복지회관 실내 공간의 색채를 측색기와 색표집을 이용하여 측정 • 공간의 색채 구성 특성 및 조화정도 분석
송춘의 김문덕	2007	노인의 색지각적 특성을 고려한 유료노인주거 실내공간의 설계지침에 관한 연구	• 모의 수정체 필터를 이용한 사진촬영 • 70세, 80세의 시지각을 통한 오류판단의 양상 파악

류숙희	2008	색채 이미지 선호에 의한 노인주거복지시설의 실내 색채계획 방법에 관한 연구	• 한국과 일본의 시설을 방문, 측색기와 색표집을 이용하여 측색 • 각 시설의 색채사용 특성 분석, 한국과 일본 시설의 색채사용 비교분석 • 노인시설의 배색 유형 분류, 형용사 이미지 스케일 도출 • 노인을 대상으로 한 면접조사를 통해 각 공간별 선호 이미지 스케일 파악 및 배색안 제시
송춘의	2008	유료노인 주거복지시설 공용공간의 실내 배색에 관한 연구	• 한국과 일본의 유료노인 주거복지시설을 육안과 디지털 기기를 이용하여 측색, 시설별 공용공간의 배색특성 비교분석 • 노인을 대상으로 시설의 배색에 대한 친근성, 식별성, 선호도 등의 면접 조사 • 공용공간의 공간별 색채계획방향 제안
김성욱	2009	시각디자인을 고려한 노인시설의 실내환경에 관한 연구	• 시설입주 노인을 대상으로 면접조사 • 단일색 및 배색의 선호도, 시설의 현재 배색에 대한 만족도, 제안 배색에 대한 선호도, 사인의 위치와 형태에 대한 선호도 파악

이외에도 노인 시각대응 모의 수정체로 카메라 필터를 사용하여 노인의 색채지각의 양상 및 혼동범위를 파악하거나(송춘의 외, 2007; 정준수 외, 2003), 노인의 단일색 지각특성 및 색채구분 특성을 파악한 연구도 진행되었다(조성희 외, 2006).

나. 주택의 유니버설 디자인과 관련된 우리나라의 법제도

장애인의 생활환경 복지와 관련된 우리나라의 법제도적인 노력은 1981년 UN이 '세계장애인의 해'를 지정하고 각국에 장애인 편의시설 설치를 권고한 것에 부응하여 같은 해 '심신장애자복지법'을 제정하여 공공시설의 편의시설 설치의 근거조항을 마련하면서 시작되었다고 할 수 있다. 그 이후, 1985년의 '건축법 시행령', '도시계획 시설기준에 관한 규칙', '주차장법 시행령' 개정, 1989년의 '장애자복지종합대책', '장애인복지법' 제정, 1994년의 '장애인 편의시설 및 설비의 설치기준에 관한 규칙' 제정 등의 노력이 이어져 왔다. 이러한 법제도적인 노력은 주로 장애인의 이동과 관련된 기본권 보장에 대한 것이었다. 좀 더 구체적이고 포괄적인 법제도적 노력은 사회적 배려의 대상을 장애인, 노인, 임산부 등 생활에 불편을 느끼는 사람으로 확대하고, 주된 내용도 시설 및 정보의 안전하고 편리한 사용과 접근으로 확대한 '장애인·노인·임산부 등의 편의증진보장에 관한 법률'이 1997년 제정됨으로써 비로소 시작이 되었다고 할 수 있다.

공공시설의 편의시설 설치를 주된 내용으로 한 '장애인·노인·임산부 등의 편의증진보장에 관한 법률' 제정 이후로, 장애인, 노인 등의 생활약자의 환경개선과 편의증진을 위한 정책적 노력이 지속적으로 이루어져 왔으며, 그 영역도 공공시설로부터 주거환경으로 범위가 확대되어 왔다.

본 절에서는 편의증진법 제정 이후의 생활약자의 생활환경 개선을 위한 법제도적 노력을 고찰하였는데, 관련 규정과 매뉴얼에 규정하고 있는 편의시설의 세부적인 설치원칙 및 방법 등은 '장애인・노인・임산부 등이 편의증진보장에 관한 법률'과 '한국산업규격-KS P 1509(고령자 배려 주거시설 설계치수 원칙 및 기준)'에 규정한 기준과 대부분 유사하였다. 따라서 각 규정 및 매뉴얼의 목적과 내용을 개괄적으로 서술하고, 모든 규정 및 매뉴얼의 주택의 욕실, 혹은 공공시설의 화장실과 욕실의 치수계획과 색채계획에 관련된 세부기준과 설계원칙을 일반사항, 출입문, 대변기, 세면대, 욕조, 손잡이에 대한 항목으로 구분하여 정리하였으며, 그 결과는 <표 2.7~2.12>와 같다.

(1) 장애인 · 노인 · 임산부 등의 편의증진보장에 관한 법률(보건복지가족부, 2008)

이 법은 장애인, 노인, 임산부 등이 생활을 영위함에 있어 안전하고 편리하게 시설 및 설비를 이용하고 정보에 접근하도록 보장함으로써 이들의 사회활동참여와 복지증진에 이바지함을 목적으로 하고 있다. 이 법률에서 주로 규정하고 있는 사항은 장애인 편의시설의 확보로 공원, 공공건물 및 공중이용시설, 공동주택에 설치해야 할 편의시설의 종류와 설치방법을 규정하고 있으며, 1) 접근로, 2) 장애인전용주차구역, 3) 건물의 출입구 및 출입문, 4) 통로 및 복도, 5) 계단, 6) 승강기, 7) 에스컬레이터, 8) 휠체어리프트, 9) 경사로, 10) 화장실, 11) 욕실, 12) 샤워실 및 탈의실, 13) 점자블록, 14) 시각장애인 유도・안내설비, 15) 시각 및 청각 장애인 경보・피난설비, 16) 객실 및 침실, 17) 관람석 및 열람석, 18) 접수대 및 작업대, 19) 매표소 및 음료대, 20) 공중전화, 21) 우체통, 22) 휴게시설 등으로 구분하여 각 편의시설의 설치 위치, 구조, 마감, 형태 등을 각 시설의 용도에 따라 의무 및 권장사항으로 구분하여 규정하고 있다.

편의시설의 설치 대상시설 중 공동주택의 단위주거에 대해서는 장애인전용주택에 한해 세대 내 출입문, 화장실 및 욕실, 점자블록, 시각 및 청각장애인 경보・피난설비 등의 편의시설을 설치할 것을 권장사항으로 규정하고 있다.

(2) 장애인 편의시설 상세표준도(보건복지가족부, 건국대학교, 1998)

장애인・노인・임산부 등이 편의증진보장에 관한 법률 제14조(연구개발의 촉진등)에 의거, 편의시설설치사업의 원활한 추진을 위해 보건복지부와 건국대학교에서 만든 표준 설계도서로, 편의증진법에서 규정한 편의시설을 1) 매개시설, 2) 내부시설, 3) 위생시설, 4) 기타시설, 5) 안내설비, 6) 교통시설 설비 및 교통수단, 7) 통신시설 등으로 구분하여 각 편의시설의 설치원칙 및 편의시설의 구조, 재질 등에 대한 내용을 도면과 도해로 보다 자세히 설명하고 참고사항에 문제해결과 기술적 제안에 대한 내용을 추가적으로 설명하여 편의시설의 이해를 돕고 있다.

(3) 장애인 주거환경개선 매뉴얼(한국장애인복지진흥회, 2000)

장애인 주택의 계획 및 개조와 관련하여 장애의 특성에 따라 지체장애, 시각장애, 청각장애로 분류하여 각 장애의 특성별로 고려해야 할 사항 및 설계원칙을 설명한 매뉴얼이다. 주택 내의 공간을 1) 주출입구까지의 접근로, 2) 현관, 3) 거실, 4) 침실, 5) 욕실, 6) 부엌 등으로 구분하여, 각 공간의 목적과 발생하는 행태의 측면에서의 계획 및 개조 원칙을 도해를 들어 설명하고 있으며, 청각장애 부분에서는 경보장치, 청각장애인을 배려한 지능형 주택, 설비 및 기기에 대해 추가적으로 설명하고 있다.

(4) 국민임대주택 입주 장애인, 노약자를 위한 편의시설 설치기준(국토해양부, 2004)

장애인・노인・임산부 등의 편의증진보장에 관한 법률에서는 공동주택의 편의시설 설치에 대해 장애인전용주차구역, 건물의 주출입구 등 단지 및 주동계획 수준의 편의시설 설치를 의무사항으로 규정하고 있으나, 개별 주택내부의 화장실 및 욕실 등의 편의시설 설치는 장애인전용주택에 한해 권장사항으로 규정하고 있다. 이러한 이유로 주택건설 사업자가 설치하지 않는 경우가 많으며, 또한 입주자 스스로 편의시설을 설치하려 하여도 입주 후 자재교체 공사 등에 따른 비용부담의 문제와 문을 넓히거나 바닥을 높이는 등의 구조변경이 곤란한 문제로 인해 일상생활의 불편을 감수하고 거주해야 하는 실정이다.

이 기준은 위와 같은 문제와 관련하여 국민임대주택에 대해 단위주택 내부의 11개 편의시설 설치기준을 별도로 마련하고, 가족 구성원 중 노인이나 장애인이 있는 세대에 한해 분양 시 신청을 할 경우 입주 전에 설치할 수 있도록 하는 제도이다.

편의시설의 설치기준은 1) 욕실 5개(단차 제거, 미끄럼방지 타일 시공, 출입문 유효폭 확대, 좌식 샤워시설 설치), 2) 주방가구 2개(좌식 싱크대 설치, 가스밸브 높이 조정), 3) 거실 2개(비디오폰 높이 조정, 시각경보기 설치), 4) 통로 및 유도시설 2개(음성유도신호기 설치, 점자 스티커 부착)로 구성되어 있다.

(5) 고령자용 국민임대주택 시설기준(국토해양부, 2006b)

이 기준은 국민임대주택건설에 있어 고령자에게 공급할 목적으로 건설하는 고령자용 국민임대주택의 시설에 관한 기준을 정한 규정이다.

시설기준은 1) 단지계획(배치계획, 옥외공간, 보행로, 주출입구 접근로), 2) 주동계획(경사로, 주현관 출입구, 복도 및 통로, 계단, 승강장), 3) 단위주택계획(실배치, 현관, 실내통로, 거실, 침실, 욕실, 주방, 발코니), 4) 복리시설(여가시설, 지원시설), 5) 설비계획(기계설비, 전기통신)으로 구분하여 각 분야에서 고려해야 할 설계원칙과 몇 가지 세부치수를 간략히 제시하고 있다.

(6) 고령자를 위한 공동주택 신축기준(국토해양부, 2006a)

이 기준에서는 고령자의 안정적인 주거생활을 지원하고 주거복지수준의 향상을 도모하기 위해 건설하는 고령자를 위한 공동주택의 계획기준을 제시하고 있는데, 고령자를 위한 공동주택은 스스로 주거생활이 가능한 고령자가 자녀세대와 동거하거나, 단독 또는 부부가 거주하는 주택으로서, 고령자에게 주거 및 안전관리 등 일상생활에 필요한 편의를 제공하는 것을 목적으로 하는 공동주택을 의미한다.

기준은 1) 단지계획, 2) 주동 및 단위세대계획, 3) 주동 및 단위세대계획, 4) 부대・복리시설계획, 5) 설비계획, 6) 무장애공간설계 분야로 구분하여 각 부분에서 고려해야 할 사항과 계획의 기본 원칙을 개념적으로 간략히 제시하고 있다.

(7) 고령자 배려 주거 시설 설계 치수 원칙 및 기준, KS P 1509(한국표준협회, 2006)

이 규격은 고령자가 자신의 주거 시설에서 가족과 함께 또는 독립적으로 편리하게 생활하기 위한 주거 시설 계획의 설계 치수 원칙 및 기준으로, 국내 고령자의 기본적인 신체치수 및 국내 거주환경을 고려함과 동시에 고령자뿐만 아니라 고령자와 함께 거주하는 비고령자의 편의성도 고려한 주거시설의 계획기준을 제시하고 있다.

세부내용으로는 단위공간(현관, 계단, 통로, 거실, 침실, 부엌 및 식당, 화장실 및 욕실, 발코니, 다용도실), 주거시설 요소(가구, 문, 창문, 핸드레일, 조명, 스위치 및 콘센트, 비상장치), 고려할 요소(문의 여닫음, 탈의, 세면, 샤워, 보행, 식사, 용변, 세탁, 휴식)로 구분하여 각각의 항목에 대한 설계치수의 기준과 계획의 원칙을 제시하고 있다.

(8) 주택성능등급 인정 및 관리기준(국토해양부, 2006c)

주택성능등급표시제도는 주택의 성능을 공통적인 척도로 표시함으로써 소비자와 공급자 간의 정보의 비대칭을 해결하여 소비자가 쉽게 이해하고 비교 선택할 수 있도록 함과 동시에 공급자 측면에서는 주택업계의 성능향상 및 기술개발을 유도하기 위해 도입된 방안이다.

평가되는 주택의 성능은 소음, 구조, 환경, 생활환경, 화재 및 소방의 5개 부분으로 구성되어 있다. 이 중 생활환경 분야에 고령자 등 사회적 약자의 배려 항목이 포함되어 있으며, 성능평가대상은 1) 전용부분의 출입문, 단차, 사회적 약자가 사용할 수 있는 욕실 및 침실, 유니버설 디자인 부품과 2) 공용부분의 주출입구, 경사로, 공용계단, 공용복도, 승강기이며, 각 대상별로 1~3개의 항목을 평가하여 만족정도에 따라 성능등급을 부여하도록 규정하고 있다.

(9) 노인가구 주택개조 기준(국토해양부, 2005)

노인가구 주택개조 기준은 고령사회에 대비하여 기존주택을 노인이 불편함 없이 지속적으로 거주할 수 있도록 개조하여 주택 내에서의 노인의 안전사고를 예방하고 자립생활을 증진함으로써 노인가구의 주거복지 향상에 이바지함을 목적으로 작성된 기준이다. 주택개조의 기본방향은 노인의 건강 등 신체적 능력, 주택의 유형, 주택의 노후화 및 불량 정도, 주택의 구조적 제한 요소 등을 고려하고, 주택의 안전성과 자립생활 증진을 위한 무장애 공간으로 개조하여 노인과 다양한 연령층에서 사용할 수 있도록 하는 것을 원칙으로 하고 있다.

주택개조 기준은 1) 각실 공통, 2) 현관 내・외부, 3) 현관 외부 연결로, 4) 침실, 5) 거실, 6) 욕실 및 화장실, 7) 부엌 및 식당, 8) 다용도실 및 발코니의 각 주택별로 항목을 정하고 세부기준을 명시하고 있다.

(10) 노인가구 주택개조 매뉴얼(국토해양부, 한국주거학회, 2007)

노인가구 주택개조 기준 제15조(매뉴얼 보급)에 의거하여 개발된 매뉴얼로 노인가구 주택개조 기준의 내용에 대한 도면과 이미지를 포함하여 보다 상세히 설명하고 있다.

본 매뉴얼에서는 재가복지(Aging in Place)와 관련된 정주성, 유니버설 디자인(Universal Design)과 관련된 범용성, 안전성(Safety), 자립성(Independence), 편리성(Convenience), 쾌적성(Comfort)을 주택개조의 일반 원칙으로 하여, 주택개조 시 고려할 사항과 프로세스, 각 공간별 주택개조에 대한 세부기준을 소개하고 있으며, 개조의 세부기준은 1) 개조의 일반사항으로 단차, 전기설비, 안전손잡이, 문, 마감재, 가구, 생활지원용품에 대한 사항과 2) 주택 내의 각 공간별로 현관, 침실, 거실, 욕실 및 화장실, 부엌 및 식당, 발코니 다용도실에 대한 사항을 포함하고 있다.

(11) 행정중심복합도시의 장애물 없는 도시・건축설계 매뉴얼(한국토지공사, 건국대학교 장애물 없는 생활환경 만들기 연구소, 2007)

행정중심복합도시의 장애물 없는 생활환경 조성을 위해 작성한 설계 매뉴얼로 도시, 건축경계, 공원, 건축물, 교통수단, 유도 및 안내시설로 그 대상을 6개로 구분하여 각 대상별로 구성해야 할 도시・건축적 요소의 설계 원칙 및 사례를 도해와 함께 설명하고 있다.

계획 대상 중 건축물에 대해서는 1) 건물 주출입구, 2) 일반 출입문, 3) 복도, 4) 계단, 5) 승강기, 6) 경사로, 7) 위생시설(일반), 8) 대변기, 9) 소변기, 10) 세면대, 11) 관람석・열람석, 12) 접수대・작업대, 13) 매표소・판매기・음료대에 대한 설계기준과 세부사항을 소개하고 있다.

(12) 장애인 편의시설 설치매뉴얼(서울특별시, 건국대학교, 2006)

서울시의 '2006년 장애인 인식개선사업'에 의해 작성된 장애인 편의시설 설치 매뉴얼로, 설치대상은 건축물, 도로, 공원, 교통시설의 4개 분야로 분류되어 있다.

대상 시설 중 건축물에 대해서는 1) 보도 및 접근로, 2) 장애인전용주차구역, 3) 건축물 출입구, 4) 출입문, 5) 복도 및 통로, 6) 경사로, 7) 계단, 8) 승강기, 9) 에스컬레이터, 10) 휠체어리프트, 11) 화장실, 12) 손잡이・난간, 13) 점자블록, 14) 객석 및 무대, 15) 욕실・샤워실・탈의실, 16) 객실 및 침실, 17) 접수대 및 작업대, 18) 음료대, 19) 매표기 및 판매대, 20) 공중전화, 21) 안내표시(시각장애인 유도・안내설비)로 구분하여 각 편의시설의 설치원칙, 설치요점, 세부치수와 설치방법의 의미를 도해를 이용하여 설명하고 있다.

(13) 장애물 없는 생활환경(Barrier－Free)인증제도 시행지침(국토해양부, 2008)

장애물 없는 생활환경 인증제도는 '교통약자의 이동편의증진법', '장애인・노인・임산부 등의 편의증진 보장에 관한 법률'에서 규정하고 있는 각 건축물과 이동 및 경로와 관련된 부분이 단편적이고 개별적으로 계획, 관리되고 있는 실태의 문제점을 파악하여 장애인, 노인, 임산부 등 교통약자가 도시의 구역 및 각종 시설물에 접근, 이용하는 데 불편함이 없도록 연속적인 연계성을 갖게 하는 것을 주된 목적으로 한다. 이 시행지침에는 기준이 되는 두 법에서 규정하는 편의시설 설치기준 이외의 여러 항목의 지표를 추가적으로 포함하였다. 인증의 대상은 도시 및 구역, 개별시설(도로, 공원, 여객시설, 건축물, 교통수단)로 구분되며, 개별시설의 건축물에 대해서는 1) 매개시설 19개 항목, 2) 내부시설 26개 항목, 3) 위생시설 18개 항목, 4) 안내시설 6개 항목, 5) 기타시설 16개 항목의 지표에 대한 평가기준을 제시하고 있다.

(14) 장애물 없는 생활환경 인증제도 매뉴얼 건축물편(한국장애인개발원, 2007)

장애물 없는 생활환경 인증제도의 대상 중 하나인 건축물에 대한 설계기준을 정리한 매뉴얼로, 건축물을 1) 매개시설, 2) 내부시설, 3) 위생시설, 4) 안내시설, 5) 기타시설로 구분하여 각 시설의 설계기준을 장애인·노인·임산부 등의 편의증진 보장에 관한 법률의 내용과 그에 대한 세부설명을 제공하고 있으며, 각 편의시설의 설치사례 이미지를 바르게 설치된 경우와 그렇지 않은 사례를 들어 비교 설명하고 있다.

표 2.7 욕실 일반에 대한 설치원칙 및 세부기준

규정 및 가이드라인	면적 및 형상	바닥
(1) 장애인·노인·임산부 등의 편의증진보장에 관한 법률 & (2) 장애인 편의시설 상세표준도	해당 사항 없음 (대변기, 세면대, 욕조 사용을 위한 공간을 구분하여 규정)	• 높이차 없도록 설치 • 바닥면 기울기 1/30 이하 • 물에 젖어도 미끄럽지 않은 재질
(3) 장애인 주거환경개선 매뉴얼	시각장애인을 고려하여 욕실 벽의 요철을 줄임	• 바닥 기울기 1/30 이하 • 배수가 용이하고 미끄럽지 않도록 마감 • 건조와 위생을 위한 바닥난방 설치 • 바닥, 벽, 위생설비 등을 구별하기 쉽도록 색채 계획
(4) 국민임대주택 입주 장애인, 노약자를 위한 편의시설 설치기준	해당 사항 없음	• 단차를 줄임 • 미끄럼 방지 타일 시공
(5) 고령자용 국민임대주택 시설기준	해당 사항 없음	• 거실과 바닥면의 높이차 제거 • 바닥면 기울기 1/50 이하 • 미끄럼방지 바닥마감재 적용 • 표면건조를 위한 바닥난방 설치

(6) 고령자를 위한 공동주택 신축기준	• 고령자의 거주성, 접근성, 안정성 등을 확보할 수 있도록 무장애(Barrier free) 공간설계 기준을 적용 • 세대 내 공간은 불필요한 벽체, 문 등을 최소화하여 인접한 공간과 개방하여 사용할 수 있도록 고려 • 고령자의 다양한 생활, 가족구성, 신체, 건강상태 변화에 대응할 수 있도록 세대 간 통합, 분리, 세대 내 가변, 확장 등이 가능하도록 계획 • 단위세대의 경우 화장실 및 욕실, 가구, 문, 핸드레일 등에 적용 • 규정하지 않은 사항에 대해서는 '장애인 · 노인 · 임산부 등의 편의증진 보장에 관한 법률'과 '고령자 배려 주거시설 설계치수 원칙 및 기준'을 적용	
(7) 고령자 배려 주거시설 설계치수 원칙 및 기준	• 휠체어 이동 및 회전을 위한 지름 1,500㎜의 공간 확보	• 바닥면 기울기 1/30
(8) 주택성능등급 인정 및 관리기준	• 단변치수 1,500㎜ 이상(욕조폭 치수 제외)	• 일상 생활공간 내 단차가 없는 구조(5㎜ 이하 단차 포함)
(9) 노인가구 주택개조 기준 & (10) 노인가구 주택개조 매뉴얼	• 욕조, 세면대 양변기를 배치할 수 있도록 2,400㎜×2,500㎜, 2,350㎜×1,800㎜ 이상 • 휠체어 이동 및 회전을 위한 1,500㎜×1,500㎜의 공간 확보	• 욕실 내부의 단차 제거 • 욕실 바닥의 기울기는 1/50 이하로 계획 • 물에 젖어도 미끄럽지 않은 재질로 마감 • 건조를 위해 바닥 난방 설치 • 벽과 바닥은 위생도기와 대비되는 색으로 마감
(11) 장애물 없는 도시 · 건축설계 매뉴얼	• 폭 2,400㎜ 이상, 깊이 2,200㎜ 이상(다기능 화장실)	• 높이차를 두지 않음 • 물에 젖어도 미끄럽지 않은 재질로 마감
(12) 장애인 편의시설 설치매뉴얼	해당 사항 없음 (단, 대변기 사용을 위한 공간을 별도 규정)	• 높이차를 두지 않음 • 물에 젖어도 미끄럽지 않은 재질로 마감
(13) 장애물 없는 생활환경 인증제도 시행지침		• 물에 젖어도 미끄럽지 않은 재질로 간격 10㎜ 이하의 줄눈 시공
(14) 장애물 없는 생활환경 인증제도 매뉴얼(건축물편)		• 높이차를 두지 않음 • 물에 젖어도 미끄럽지 않은 재질로 마감(스티커형, 매트형, 액체형, 논슬립 타일매트, 엠보싱 타일 등)

표 2.8 욕실 출입문에 대한 설치원칙 및 세부기준

<table>
<tr><th>규정 및 가이드라인</th><th>유효폭 및 문턱</th><th>출입문 형식 및 손잡이</th><th>출입문 사용을 위한 여유공간</th></tr>
<tr><td rowspan="2">(1) 장애인·노인·임산부 등의 편의증진보장에 관한 법률
&
(2) 장애인 편의시설 상세표준도</td><td>• 유효폭 800㎜ 이상
• 문턱/높이차 없도록 설치</td><td>• 회전문이 아닌 다른 형태의 문
• 미닫이문 또는 접이문 설치(권장)
• 미닫이문은 가벼운 재질로 문턱이 없도록 설치
• 여닫이문은 밖으로 개폐되도록 설치(휠체어사용자 활동공간 확보 시 예외)
• 손잡이 중앙부분 높이 800~900㎜
• 레버형이나 수평·수직막대형 손잡이 설치(권장)</td><td>• 전면 거리 1,200㎜ 이상 확보
• 자동문이 아닌 경우 측면에 600㎜ 이상(권장)</td></tr>
<tr><td colspan="3">장애인 편의시설 상세표준도의 참고사항
• 여닫이문 여유공간: 폭 1,500㎜ 이상, 깊이 1,500㎜ 이상(문이 열리는 쪽), 깊이 1,200㎜ 이상(반대쪽), 손잡이 측 500㎜ 확보
• 미닫이문 여유공간: 폭 1,900㎜ 이상, 깊이 1,200㎜ 이상, 손잡이 측에 500㎜ 여유공간 확보
• 출입구 활동공간: 손잡이 쪽 벽면으로부터 600㎜ 이상, 문의 개폐범위 외의 600㎜ 이상의 추가 여유공간 확보(문의 개폐범위 외의 1,200㎜ 이상의 여유공간을 확보한 경우, 손잡이 쪽 벽면으로부터 200㎜ 이상의 여유공간 확보)
• 바닥의 높이차가 불가피한 경우 단차 30㎜ 이하(가능한 한 15㎜ 이하)
• 여닫이문의 경첩 쪽에 추가적인 손잡이 설치</td></tr>
<tr><td>(3) 장애인 주거환경개선 매뉴얼</td><td>• 통과 유효폭 800㎜ 이상
• 문턱은 제거하거나 최소화</td><td>• 밖여닫이문 설치
• 레버형, 막대형 손잡이 설치
• 여닫이문의 경첩 쪽에 추가적인 손잡이 설치
• 비상시 밖에서 열 수 있는 잠금장치 설치</td><td>• 출입문이 열리는 공간을 제외하고 1,200㎜(최소 800㎜)
• 출입문과 벽 사이 600㎜ 확보</td></tr>
<tr><td>(4) 국민임대주택 입주 장애인, 노약자를 위한 편의시설 설치기준</td><td>• 유효폭 800㎜으로 확대
• 단차 줄임</td><td>• 출입문 개폐방향 밖여닫이로 변경</td><td rowspan="2">해당 사항 없음</td></tr>
<tr><td>(5) 고령자용 국민임대주택 시설기준</td><td>• 유효폭 800㎜ 이상
• 높이차 제거</td><td>• 미닫이 또는 미서기문</td></tr>
<tr><td>(6) 고령자를 위한 공동주택 신축기준</td><td colspan="3">• '장애인·노인·임산부 등의 편의증진 보장에 관한 법률'과 '고령자 배려 주거시설 설계치수 원칙 및 기준'을 적용</td></tr>
<tr><td>(7) 고령자 배려 주거시설 설계치수 원칙 및 기준</td><td>• 유효폭 850㎜ 이상
• 단차를 제거하거나 통행에 지장이 없도록 턱을 낮춤</td><td>• 여닫이문은 90° 이상 밖으로 열리도록 설치
• 레버형 손잡이를 850~1,000㎜ 높이로 설치
• 조작이 편리한 버튼식 잠금장치 설치</td><td>• 모든 설비는 접근하기 쉽도록 설치
• 휠체어사용자가 출입문을 쉽게 조작하기 위한 여유공간 확보
• 여닫이문 개폐공간 제외한 여유공간</td></tr>
</table>

(8) 주택성능등급 인정 및 관리기준	• 유효폭 900㎜ 이상(일반욕실은 800㎜ 이상) • 욕실 출입구의 단차 60㎜ • 문턱높이 10㎜ 이하	• 조작이 용이한 출입문 설치	• 출입문 전후면 유효거리 1,500㎜ 이상 확보(일반욕실 1,200㎜ 이상)
(9) 노인가구 주택개조 기준 & (10) 노인가구 주택개조 매뉴얼	• 유효폭 850㎜ 이상 • 문턱 제거하거나 바닥에 매입(완화: 15㎜ 이하, 단의 양면에 1/12의 경사로 설치) • 단차가 있는 부분은 식별을 위해 다른 색으로 마감	• 여닫이문은 밖으로 90° 이상 열리도록 계획 • 고리형, 누름판형, 레버형 손잡이를 850~900㎜ 높이로 설치 • 조작이 용이한 버튼식 잠금장치 설치 • 비상시 밖에서 열 수 있는 구조로 계획	• 여닫이문의 전후에는 문이 열리는 공간을 제외하고 1,200㎜×1,200㎜의 유효공간 확보 • 유효공간을 확보할 수 없는 경우, 미닫이 문 설치
(11) 장애물 없는 도시·건축설계 매뉴얼	• 유효폭 800㎜ 이상 • 문턱이나 높이차 제거 • 15㎜ 이하의 턱에도 기울기 1/12의 경사면으로 처리	• 회전문을 제외한 형태의 문 설치 • 미닫이문은 가벼운 재질로 설치	• 출입문 전면 유효공간 1,500㎜ 이상 • 문손잡이 쪽 측면에 600㎜ 이상
(12) 장애인 편의시설 설치매뉴얼		• 회전문을 제외한 형태의 문 설치	• 여닫이문: 폭 1,500㎜ 이상, 깊이 1,500㎜ 이상(문이 열리는 쪽), 깊이 1,200㎜ 이상(반대쪽), • 미닫이문: 폭 1,900㎜ 이상, 깊이 1,200㎜ 이상 • 자동문이 아닌 경우 손잡이 쪽에 600㎜ 이상 • 출입문 개폐, 변기로의 접근, 회전 등에 필요한 유효폭 확보
(13) 장애물 없는 생활환경 인증제도 시행지침	• 유효폭 800㎜ 이상 • 단차 제거(완화: 20㎜ 이하 단차를 1/18 경사로 처리)	• 자동문이나 여유공간이 확보된 밖여닫이, 미닫이 형태의 문 설치	• 출입문 전면에 출입문 개폐에 필요한 유효거리 제외한 1,200~1,800㎜ 확보 • 여닫이문 측면에 600㎜ 이상
(14) 장애물 없는 생활환경 인증제도 매뉴얼(건축물편)	• 유효폭 800㎜ 이상 • 단차 제거(완화: 20㎜ 이하 단차를 1/12 경사로 처리)	• 자동·반자동 방식의 미닫이문, 접이문 설치 • 여닫이문은 밖으로 열리도록 설치(칸막이 공간이 2,300㎜×2,300㎜ 이상인 경우 예외)	• 전후면 유효거리 1,200㎜ 이상 • 자동문이 아닌 경우 문 옆에 600㎜ 이상의 활동공간 확보

표 2.9 대변기에 대한 설치원칙 및 세부기준

규정 및 가이드라인	대변기 및 여유공간	손잡이 설치범위
(1) 장애인·노인·임산부 등의 편의증진보장에 관한 법률 & (2) 장애인 편의시설 상세표준도	• 폭 1,400㎜, 깊이 1,800㎜ 이상 (구조상 완화. 폭 1,000㎜, 깊이 1,800㎜ 이상) • 대변기 측면에 폭 750㎜ 이상 • 대변기 전면에 1,400㎜×1,400㎜ 이상(권장) • 대변기 좌대 높이 400~450㎜	• 양측에 수평손잡이 설치 • 측벽의 손잡이는 후면 벽으로부터 거리 300㎜부터 길이 600㎜로 설치 • 측벽의 수평손잡이는 변기중심선에서 거리 400㎜ 이내에 고정 설치, 다른 쪽 손잡이는 회전식으로 설치 • 수평손잡이 사이 간격 700㎜ 이내로 설치(권장) • 수평손잡이 높이 600~700㎜ • 대변기 한 쪽 측면에만 수직손잡이 설치(권장) • 수직손잡이는 높이 600㎜에서 길이 900㎜ 이상으로 벽에 고정 설치
(3) 장애인 주거환경개선 매뉴얼	• 변기 전면 활동공간 1,400㎜×1,400㎜ • 변기 측면에 폭 800㎜ 이상	• 측면 수평손잡이 높이 700㎜로 길게 설치, 변기 뒤쪽까지 연장
(4) 국민임대주택 입주 장애인, 노약자를 위한 편의시설 설치기준	해당 사항 없음	
(5) 고령자용 국민임대주택 시설기준	• 위생기구 전면부터 깊이 1,200㎜ 이상 확보	• 변기 주위에 안전손잡이 설치
(6) 고령자를 위한 공동주택 신축기준	• '장애인·노인·임산부 등의 편의증진 보장에 관한 법률'과 '고령자 배려 주거시설 설계치수 원칙 및 기준'을 적용	
(7) 고령자 배려 주거시설 설계치수 원칙 및 기준	• 모든 설비는 접근하기 쉽도록 설치 • 변기 측면에 유효폭 750㎜ 이상 • 변기 높이 400~450㎜ • 변기에 앉고 일어서는 동작 및 팔을 자유롭게 움직일 수 있는 공간 확보	• 핸드레일은 활동에 방해가 되지 않도록 설치 • 변기 양쪽에 높이 700㎜, 너비 750㎜의 핸드레일 설치 • 손잡이는 한쪽은 수직, 수평 손잡이, 반대쪽은 접이식 수평 손잡이 설치 • 수직 핸드레일은 수평 핸드레일과 연결하여 높이 500㎜ 이상으로 설치
(8) 주택성능등급 인정 및 관리기준	해당 사항 없음	

(9) 노인가구 주택개조 기준 & (10) 노인가구 주택개조 매뉴얼	• 세면대, 욕조, 양변기는 접근하기 쉽게 배치 • 양변기의 유효 바닥면적은 폭 1,000㎜ 이상, 깊이 1,800㎜ 이상 확보(휠체어를 사용하는 경우, 양변기 측면에 750㎜ 이상, 전면에 1,200㎜ 이상의 공간 확보) • 양변기는 높이 400~450㎜로 계획	• 안전손잡이가 있는 벽으로부터 양변기 중심까지 450㎜의 유효공간 확보 • 한쪽 손잡이는 변기 중심에서 450㎜ 지점에 고정, 다른 손잡이는 회전식으로 할 수 있음 • 좌우 손잡이 간격 700㎜로 설치 • 수평손잡이는 높이 600~700㎜에 설치 • 수직 손잡이는 길이 900㎜ 이상, 높이 600㎜에 설치 • 수평손잡이와 수직손잡이를 연결한 L자형 안전손잡이의 수평부분은 높이 700㎜, 길이 750㎜로 하며, 수직부분의 길이는 800㎜로 설치 • L자형 안전손잡이의 모서리 부분은 변기의 전면에서 200~250㎜ 이격 설치 • 경사형 손잡이는 변기에서 편하게 이용할 수 있는 각도, 위치를 고려 설치
(11) 장애물 없는 도시・건축설계 매뉴얼 (12) 장애인 편의시설 설치매뉴얼	• 폭 1,400㎜, 깊이 1,800㎜ 이상(구조상 완화. 폭 1,000㎜, 깊이 1,800㎜ 이상) • 대변기 측면에 폭 750㎜ 이상 • 대변기 전면에 1,400㎜×1,400㎜ 이상 • 대변기 좌대 높이 400~450㎜	• 양측에 수평손잡이 설치, 한쪽에 수직손잡이 설치 • 측벽의 손잡이는 후면 벽으로부터 거리 300㎜부터 길이 600㎜로 설치 • 측벽의 수평손잡이는 변기중심선에서 거리 400㎜ 이내에 고정 설치, 다른 쪽 손잡이는 회전식으로 설치 • 수평손잡이 사이 간격 700㎜ 내외로 설치 • 수평손잡이 높이 600~700㎜ • 수직손잡이는 높이 600㎜에서 길이 900㎜ 이상으로 벽에 고정 설치
(13) 장애물 없는 생활환경 인증제도 시행지침	• 폭 1,400㎜, 깊이 1,800㎜ 이상 • 대변기 측면에 폭 750㎜ 이상 • 대변기 전면에 1,400㎜×1,400㎜ 이상 • 대변기 좌대 높이 400~450㎜	• 변기중심선에서 450㎜ 이내의 지점에 고정 설치, 한쪽은 회전식으로 설치 • 수평손잡이 간격은 700㎜ 내외로 설치 • 대변기 양측에 수평손잡이 높이 600~700㎜ • 수직손잡이는 수평손잡이와 연결하여 800~900㎜ 길이로 설치
(14) 장애물 없는 생활환경 인증제도 매뉴얼(건축물편)	• 폭 1,400㎜, 깊이 1,800㎜ 이상 • 구조상 완화: 폭 1,000㎜, 깊이 1,800㎜ 이상 • 대변기 측면에 폭 750㎜ 이상 • 대변기 전면에 1,400㎜×1,400㎜ 이상 • 대변기 좌대 높이 400~450㎜	• 측벽 손잡이로부터 변기 중심까지 거리 400㎜ 이하 • 측면의 여유공간의 손잡이는 회전식으로 설치 • 수평손잡이 간격은 700㎜ 내외로 설치(변기 중심에서 각각 350㎜ 이격) • 대변기 양측에 수평손잡이 높이 600~700㎜ • 수직손잡이는 높이 600㎜에서 길이 900㎜ 이상으로 벽에 고정 설치

표 2.10 세면대에 대한 설치원칙 및 세부기준

규정 및 가이드라인	상단높이 및 여유공간	기타
(1) 장애인·노인·임산부 등의 편의증진보장에 관한 법률 & (2) 장애인 편의시설 상세 표준도	• 단높이 750~850㎜, 하단 높이 650㎜ 이상 • 세면대 하부는 무릎 및 휠체어 발판이 들어갈 수 있도록 설치	• 세면대 양옆에 수평손잡이 설치(권장)
(3) 장애인 주거환경개선 매뉴얼	• 상단높이 850㎜ 이하, 하단 높이 650㎜ 이상 • 세면대 하부에 높이 60㎜, 폭 450㎜의 공간 제공 • 세면기 전면 활동공간 폭 1,500㎜	해당 사항 없음
(4) 국민임대주택 입주 장애인, 노약자를 위한 편의시설 설치기준	해당 사항 없음	
(5) 고령자용 국민임대주택 시설기준	• 위생기구 전면부터 1,200㎜ 이상의 깊이 확보	• 세면대 주위에 안전손잡이 설치
(6) 고령자를 위한 공동주택 신축기준	• '장애인·노인·임산부 등의 편의증진 보장에 관한 법률'과 '고령자 배려 주거시설 설계치수 원칙 및 기준'을 적용	
(7) 고령자 배려 주거시설 설계치수 원칙 및 기준	• 모든 설비는 접근하기 쉽도록 설치 • 높이가 고정된 세면기는 상단높이 750~850㎜, 하단 높이 650㎜ 이상으로 설치 • 세면기 하부는 무릎 및 휠체어의 발판이 들어갈 수 있도록 계획	• 핸드레일은 활동에 방해가 되지 않도록 설치 • 세면기 양옆에 수평손잡이 설치
(8) 주택성능등급 인정 및 관리기준	해당 사항 없음	
(9) 노인가구 주택개조 기준 & (10) 노인가구 주택개조 매뉴얼	• 세면대, 욕조, 양변기는 접근하기 쉽게 배치 • 세면대 상단높이 850㎜ 이하, 하단높이 650㎜ 이상으로 설치 • 세면대 하부에는 무릎 및 휠체어의 발판이 들어갈 수 있도록 유효공간을 확보	• 세면대 양옆에 안전손잡이를 높이 700㎜로 설치 • 안전손잡이는 활동에 방해가 되지 않도록 설치 • 사용시 물이 세면대 밖으로 튀지 않게 큰 세면대를 설치
(11) 장애물 없는 도시·건축설계 매뉴얼	• 세면대 상단높이 850㎜ 이하, 하단높이 650㎜ 이상으로 설치 • 세면대 하부에는 무릎 및 휠체어의 발판이 들어갈 수 있도록 유효공간을 확보	• 세면대 전면가장자리는 후면 벽에서 430㎜ 이상이 되도록 설치 • 수전은 세면대의 전면에서 430㎜ 이상의 위치에 설치
(12) 장애인 편의시설 설치매뉴얼		• 세면대 양측에 수평손잡이 설치
(13) 장애물 없는 생활환경 인증제도 시행지침	• 세면대 상단높이 850㎜ 이하, 하단높이 650㎜ 이상으로 설치 • 하단 여유공간 깊이 450㎜ 확보 • 대변기 사용에 방해가 되지 않도록 설치	해당 사항 없음
(14) 장애물 없는 생활환경 인증제도 매뉴얼(건축물편)		• 세면대 양측에 손잡이 설치 • 세면대 전면에는 설치하지 않음 • 휠체어사용자의 이동에 방해되지 않도록 설치

표 2.11 욕조에 대한 설치원칙 및 세부기준

규정 및 가이드라인	욕조 및 여유공간	기타
(1) 장애인·노인·임산부 등의 편의증진보장에 관한 법률 & (2) 장애인 편의시설 상세표준도	• 욕조 전면에 휠체어를 탄 채 접근할 수 있는 공간 확보 • 욕조 높이 400~450㎜	• 욕조 주변에 수평 및 수직손잡이 설치(권장) • 욕조에 휠체어에서 옮겨 앉을 수 있는 좌대를 욕조와 동일한 높이로 설치(권장) • 샤워기는 앉은 채 손이 도달할 수 있는 위치에 설치 • 욕조로부터 손이 쉽게 닿는 위치에 비상용 벨 설치
(3) 장애인 주거환경개선 매뉴얼	• 욕조 옆 활동공간 1,400㎜×1,400㎜ • 욕조 높이 400~450㎜	• 욕조 옆에 손잡이 연속 설치 • 손잡이 높이 700㎜ • 욕조에 설치 가능한 보조의자 적용 • 욕조에 앉아서 사용할 수 있는 위치에 수전 설치
(4) 국민임대주택 입주 장애인, 노약자를 위한 편의시설 설치기준	해당 사항 없음	• 욕조 대신 좌식 샤워시설 설치 • 샤워시설 안전손잡이 설치(L자형 1개, 一자형 1개)
(5) 고령자용 국민임대주택 시설기준	• 위생기구 전면부터 1,200㎜ 이상의 깊이 확보	• 욕조 및 샤워공간 주위에 안전손잡이 설치 • 적정면적 확보가 곤란한 경우 욕조 대신 좌식샤워 공간 계획
(6) 고령자를 위한 공동주택 신축기준	• '장애인·노인·임산부 등의 편의증진 보장에 관한 법률'과 '고령자 배려 주거시설 설계치수 원칙 및 기준'을 적용	
(7) 고령자 배려 주거시설 설계치수 원칙 및 기준	• 모든 설비는 접근하기 쉽도록 설치 • 욕조 측면에 1,500㎜ 이상의 공간 확보 • 욕조 높이 400~450㎜	• 면적확보가 곤란한 경우 욕조를 제거하고 좌식 샤워시설 계획 • 욕조 주위에 핸드레일 설치 • 핸드레일은 활동에 방해가 되지 않도록 설치 • 욕조 수전의 손잡이는 레버식으로 손닿기 쉬운 곳에 설치
(8) 주택성능등급 인정 및 관리기준	해당 사항 없음	
(9) 노인가구 주택개조 기준 & (10) 노인가구 주택개조 매뉴얼	• 세면대, 욕조, 양변기는 접근하기 쉽게 배치 • 욕조 측면에 1,500㎜×1,500㎜ 이상의 공간 확보(확보가 곤란한 경우, 욕조를 없애고 샤워실로 변경) • 욕조 높이 400~450㎜로 계획	• 욕조 주변에 안전손잡이(수평형, 수직형, 경사형, L자형) 설치 • 손잡이는 높이 700㎜, 750~850㎜의 높이에 길이 610㎜로 설치 • 옮겨 앉을 수 있는 좌대가 있는 욕조 설치
(11) 장애물 없는 도시·건축설계 매뉴얼	해당 사항 없음	
(12) 장애인 편의시설 설치매뉴얼		
(13) 장애물 없는 생활환경 인증제도 시행지침	• 욕조 전면에 휠체어 활동공간을 확보 • 욕조 높이 400~450㎜로 계획	• 욕조 주위에 수평·수직손잡이 설치 • 옮겨 앉을 수 있는 좌대를 욕조와 동일한 높이로 설치
(14) 장애물 없는 생활환경 인증제도 매뉴얼(건축물편)	해당 사항 없음	

표 2.12 손잡이에 대한 설치원칙 및 세부기준

규정 및 가이드라인	형태 및 설치 원칙
(1) 장애인·노인·임산부 등의 편의증진보장에 관한 법률 & (2) 장애인 편의시설 상세표준도	• 손잡이의 지름 32~38mm • 손잡이를 벽에 설치하는 경우, 벽과 손잡이의 간격은 50mm 내외로 설치
(3) 장애인 주거환경개선 매뉴얼	• 손잡이의 지름 32~38mm, • 잘 쥐어지는 형태, 촉감이 좋은 재질 • 벽면에 견고하게 부착
(4) 국민임대주택 입주 장애인, 노약자를 위한 편의시설 설치기준	해당 사항 없음
(5) 고령자용 국민임대주택 시설기준	해당 사항 없음
(6) 고령자를 위한 공동주택 신축기준	• '장애인·노인·임산부 등의 편의증진 보장에 관한 법률'과 '고령자 배려 주거시설 설계치수 원칙 및 기준'을 적용
(7) 고령자 배려 주거시설 설계치수 원칙 및 기준	• 단면 지름 32~38mm의 원형 또는 타원형의 잡기 쉬운 형태로 설치 • 벽면으로부터 50mm 이격시켜 설치 • 핸드레일은 활동에 방해가 되지 않도록 설치 • 핸드레일은 움직이지 않도록 고정하고 끝부분은 돌출되지 않도록 설치
(8) 주택성능등급 인정 및 관리기준	해당 사항 없음
(9) 노인가구 주택개조 기준 & (10) 노인가구 주택개조 매뉴얼	• 안전손잡이는 직경 32~38mm의 잡기 쉬운 형태로 설치 • 안전손잡이는 손이 벽에 부딪치기 않고 벽과 안전손잡이 사이로도 빠지지 않게 벽과 50mm 거리를 두고 설치 • 안전손잡이는 몸의 균형을 유지하고 체중을 감당할 수 있는 것으로 안전하게 고정 • 안전손잡이는 활동에 방해가 되지 않도록 설치 • 안전손잡이의 끝부분은 옷에 걸리지 않도록 벽에 붙이거나 아래로 구부림 • 안전손잡이는 금속과 같이 차가운 재료로 된 것을 피하고 색상도 설치하는 공간에 어울리는 것으로 선택
(11) 장애물 없는 도시·건축설계 매뉴얼	• 손잡이 직경 32~38mm
(12) 장애인 편의시설 설치매뉴얼	• 손잡이 직경 32~38mm • 벽과 손잡이 사이 간격 50mm 이상 • 움직이지 않도록 고정 설치 • 손잡이 끝부분은 벽면 또는 바닥으로 매입하여 마감
(13) 장애물 없는 생활환경 인증제도 시행지침	• 손잡이 두께는 지름 32~38mm
(14) 장애물 없는 생활환경 인증제도 매뉴얼 (건축물편)	• 손잡이 두께는 지름 32~38mm • 벽과 손잡이 사이 간격 50mm 이상

다. 연구방향 및 법제도 개선의 필요성

최근 국내의 관련 연구 및 정책 동향을 검토한 결과, 주거복지와 관련하여 다양한 연구와 정책적인 노력이 지속적으로 이루어지고 있음을 확인하였다. 이와 관련하여 보다 나은 환경을 제공하기 위해 추가적인 연구를 통해 개선이 필요한 부분을 검토한 결과는 다음과 같이 정리할 수 있다.

(1) 치수 및 가구배치계획

국내의 관련 연구동향을 고찰한 결과 주거 내의 욕실은 장애인과 노인에게 불편하고 위험한 장소이며 개선의 요구가 가장 높고 개조행위도 가장 많이 일어나는 장소로, 생활약자의 주거공간에서 욕실의 중요성과 개선의 필요성이 제기되었다. 또한, 실제로 개조가 이루어진 상태에 대한 만족도는 그리 높지 않아 시공자, 사용자, 관리자가 쉽게 참고할 수 있는 지침서의 개발이 시급한 것으로 나타났다.

이와 관련하여 몇몇 연구에서는 세부원칙 및 기준의 개선방안을 제안하고 있었으며, 관련 규정 및 가이드라인에서도 욕실의 면적과 형상, 출입문의 형식과 여유공간, 대변기・세면대・욕조의 사용공간과 손잡이의 설치 등을 주된 내용으로 상세하게 규정하고 있었다. 이처럼 관련 연구와 규정에서 욕실 각 부분의 세부기준은 상세히 설명하고 있었으나, 변기, 욕조, 세면대를 포함하는 공용욕실에 있어 실질적으로 출입문을 열고, 욕실에 들어간 후 출입문을 닫고, 대변기・세면대・욕조 앞으로 이동하여 변기에 앉거나 욕조에 들어간 후, 개인의 용무를 수행하고 다시 출입문을 열고 밖으로 나와서 출입문을 닫는 과정에 관련된 내용의 설명이나 예시가 부족하여 이에 대한 추가적이고 자세한 설명이 추가될 필요가 있어, 본서의 내용과 범위에 포함하여 다루었다.

(2) 색채계획

노인을 고려한 색채계획과 관련하여서는, 노인의 심리적 상태를 고려하여 주거시설의 각 공간별로 다양한 느낌과 이미지로 계획할 필요성과 색채조화 이론에 부합하는 조화로운 색채계획의 필요성을 제시하였으며, 실제 노인을 대상으로 현재 색채환경에 대한 만족도와 선호하는 배색의 특징을 밝혔다.

본서에서 주제로 다룬 노인의 색채변별과 관련하여서는 노인의 색채지각의 변화특성을 밝혀, 실제 환경의 혼동범위를 파악하여 문제점을 제기하고 노인이 식별하기 쉬운 배색의 개선안을 제안한 연구들이 진행되었다. 그러나 식별이 용이한 배색의 제안에 있어서는 식별이 필요한 부분 사이에는 대비를 이루어야 한다는 원칙을 기준으로 배색안으로 제안하고 있었으며, 노인의 색채지각의 혼동구간과 배색의 유형에 따른 변별정도의 변화 등은 제시하고 있지 못하였다.

이와 관련하여 국내의 규정 중 배색의 식별성과 관련된 내용을 살펴보면, 욕실의 치수 및 가구배치 계획에 대한 내용은 그 대상을 상세히 구분하여 규정하고 있는 반면, 색채계획에 대한 내용은 '바닥, 벽, 위생설비 등을 구별하기 쉽도록 색채를 계획하고(장애인 주거환경개선 매뉴얼, 노인가구 주택개조 매뉴얼)', '출입문의 단차가 있는 부분은 식별을 위해 다른 색으로 마감한다(노인가구 주택개조 매뉴얼)' 등의 일반적이고 선언적인 내용으로 규정하여 그 기준이 명확하게 제시되어 있지 않았다.

따라서 노안의 색채지각 변화에 따라 노인이 지각하는 식별성의 변화의 양상과 이를 고려한 배색기준을 고찰할 필요가 있으므로, 본서의 내용과 범위에 포함하여 다루었다.

(3) 장애인전용주택과 노인주거 중심의 국내규정

앞서 살펴본 바와 같이, 국내의 대부분의 관련 규정이 대상으로 하고 있는 시설은 장애인전용주택, 장애인 거주 주택, 장애인과 노인이 있는 국민임대주택 입주 세대, 고령자용 국민임대주택, 고령자용 공동주택, 노인 거주 주택 등으로, 장애인과 노인을 주된 사용자로 고려하여 그 대상을 한정하고 있었다. 이에 반해 주택성능등급 인정 및 관리기준은 장애인전용주택이 아닌 모든 주택을 대상으로 하여 거주자의 이동의 용이성과 생활의 안전성을 확보하려는 의도로 마련되었으나, 앞서 밝힌 바와 같이 그 항목과 기준의 내용이 구체적이지 않아 보다 세분화하여 상세히 규정할 필요가 있다.

관련 연구의 결과를 고찰한 결과를 살펴보면, 치수 및 가구배치의 계획에 있어서는 주거의 각 공간별 계획원칙 및 세부치수기준을 제안하는 연구들이 이루어졌는데, 욕실에 대한 내용을 살펴보면 욕실의 바닥면적을 휠체어사용자가 회전이 가능한 유효공간을 확보한 규모로 제안하고, 변기와 세면대 주변에는 손잡이를 설치하도록 제안하고 있었다.

이와 관련하여 고려할 필요가 있는 부분은, 연구문헌의 결과에서 보듯이 대부분의 장애인과 비장애인은 모두 욕실에 유니버설 디자인 요소를 적용할 필요가 있다고 의견을 밝혔고, 특정 사용자를 위해 별도로 계획된 것처럼 보이는 차별화된 디자인에 대해서는 반감을 가지고 있었으며, 비장애인의 경우 변기 주변의 손잡이 설치, 휠체어 회전을 위한 공간, 밖으로 열리는 여닫이문의 설치 등에 대해서는 그 필요성을 크게 느끼고 있지 않았다는 것과 중소규모의 아파트에 거주하는 장애인들의 불편사항으로는 욕실뿐만이 아니라 전체 주거공간이 협소하다는 점도 나타났다는 것이다.

따라서 본서에서 대상으로 하는 중소규모의 아파트 단위세대 내에 일괄적으로 휠체어 사용자의 회전공간을 확보하고 변기 주위에 손잡이를 설치한 욕실을 계획하는 것은 결국 다른 실의 면적을 축소하는 결과를 가져오며, 사용자, 특히 비장애인에게는 특별히 고안된 디자인으로도 보여 건설사나 사용자 모두에게 설득력이 떨어질 것이다.

색채계획 측면에 관련된 연구를 살펴보면 노안을 고려하여 식별이 용이한 배색계획의 필요성을 제시하고 있었다. 그러나 욕실의 배색에 있어 식별성만을 고려한다면 노인이 아닌 사용자에게는 욕실의 배색이 주는 느낌이 기존의 욕실과 상이할 수 있음을 고려할 필요가 있다. 따라서 식별성만을 고려한 배색은 노인을 위한 배색이라는 부정적인 이미지를 줄 수 있으므로, 정안인에게는 기존의 욕실과 유사한 느낌과 이미지를 주되, 노안과 정안 모두의 입장에서 변별이 용이한 배색계획이 필요하다.

이처럼, 장애인과 노인주거를 중심으로 하는 규정과 연구의 결과는 본서에서 대상으로 하고 있는 중소규모의 일반 아파트 단위세대의 공용욕실에 적용하기에는 무리가 있었다.

따라서 본서에서는 욕실의 유니버설 디자인 적용방안을 검토함에 있어 기존의 중소규모 아파트 욕실의 치수 및 가구배치와 배색의 이미지를 크게 변화시키지 않는 범위와 형태로 제안하여, 특별한 디자인이라는 인상을 최소화함과 동시에 다양한 능력의 사용자가 어려움 없이 사용하고 식별할 수 있도록 하고자 하였으며, 앞서 서술한 비장애인이 크게 필요성을 느끼고 있지 않아 설득에 무리가 있는 요소들은 차후의 개조나 추가적인 선택사항으로 제안하였다.

Part 2

디자인 적용

3장 치수 및 가구배치 계획에서의 유니버설 디자인

1. 욕실 치수 및 가구배치의 유니버설 디자인 분석기준

유니버설 디자인의 다양한 측면 중 욕실의 평면치수와 가구배치에 관련된 사항만을 측정하고 평가하는 계획 및 분석의 틀을 마련하기 위해서 국내외의 관련 규정과 가이드라인, 연구문헌의 결과를 검토하였으며, 그 결과 욕실의 치수와 가구배치에서 중요하게 다루어야 할 항목을 여유공간(Clear Space), 사용이 편리한 도달범위(Universal Reach Range), 작업동선(Work Flow), 차후 개조를 위한 공간(Area for Later Use), 안전(Safety) 등의 5가지로 분류하고 각각의 기준을 구분하여 검토하였다.

욕실 내의 여유공간 확보를 위해 욕조를 제거한 경우에는 욕조설치에 대한 요구가 높게 나타난 것을 고려하고 현재 아파트 단위세대 내 공용욕실의 일반적인 구성을 고려하여, 샤워부스가 설치된 욕실은 제외하고 욕조와 세면대, 그리고 좌변기가 설치된 공용욕실을 대상으로 고찰하였다.

분석기준의 세부치수 및 원칙은 우리나라의 '장애인 · 노인 · 임산부 등의 편의증진보장에 관한 법률(보건복지가족부, 2008)', '장애인 편의시설 상세표준도(보건복지가족부, 건국대학교, 1998)', '장애인 주거환경개선 매뉴얼(한국장애인복지진흥회, 2000)', '고령자 배려 주거 시설 설계 치수 원칙 및 기준(KS P 1509)(한국표준협회, 2006)', '노인가구 주택개조 매뉴얼(국토해양부, 한국주거학회, 2007)', '장애인 편의시설 설치매뉴얼(서울특별시,

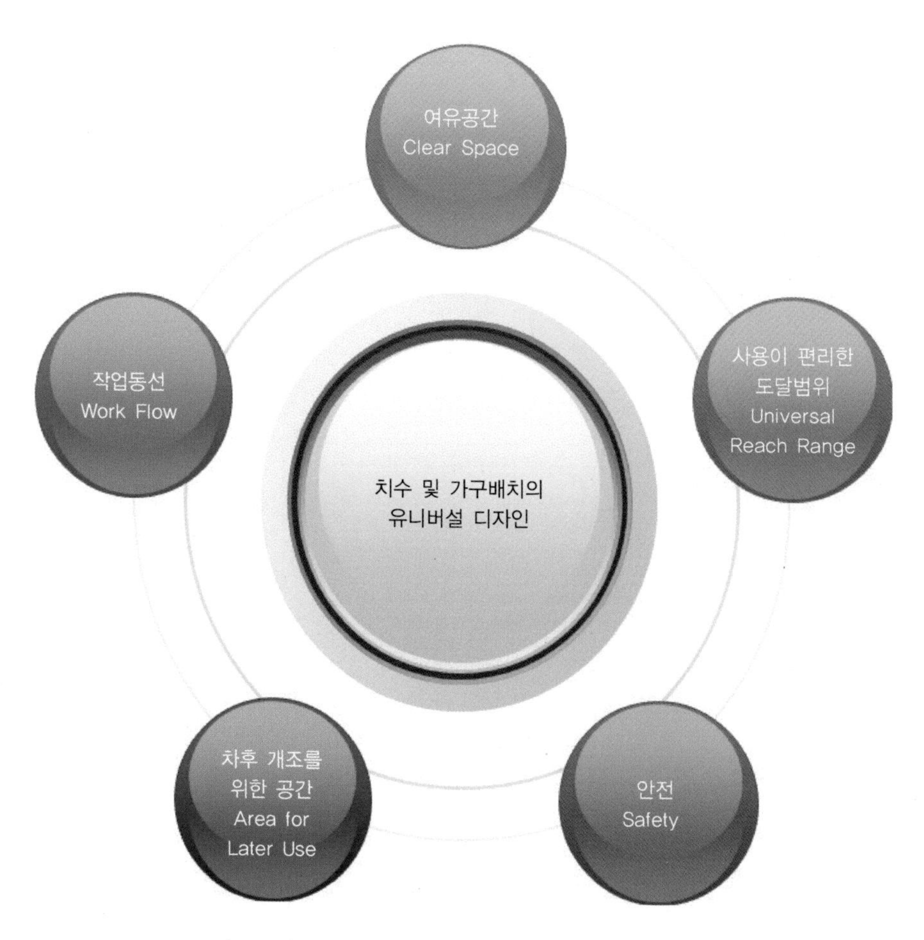

그림 3.1 치수 및 가구배치계획에서의 유니버설 디자인 고려항목

건국대학교, 2006)', '장애물 없는 생활환경 인증제도 매뉴얼 건축물편(한국장애인개발원, 2007)', 미국의 'ADA and ABA Accessibility Guidelines(Access Board, 2004)', 'Fair Housing Act Design Manual(HUD, 1998)', 캐나다의 'The Building Access Handbook(B.C.Building Code, 1998)', 단행본인 'Universal Kitchen & Bathroom Planning(Peterson, 1998)' 등의 규정과 가이드라인의 검토를 통해 추출하였다.

가. 여유공간(Clear Space)

실의 형상, 출입문, 가구배치에 있어 접근 및 사용이 가능한 최소의 유효공간을 확보하는 것은 중요하다. 본서에서는 휠체어사용자가 불편함 없이 원활하게 회전하거나 방향전환 등을 하기에 충분한 면적의 장애인전용욕실 계획을 주로 고려하는 것이 아니라, 별도로 특수하게 계획된 욕실이 아닌 기존의 일반 아파트 욕실을 휠체어사용자도 다른 가족 구성원들과 함께 무리 없이 사용할 수 있도록 하는 방안을 고려하고 있으므로, 모든 욕실에 휠체어사용자를 고려한 충분한 회전공간이나 방향전환 공간을 반드시 확보해야 하는 것은 아니다. 그러나 휠체어사용자가 욕실의 각 부분으로 접근하고 이용하는 과정에 필요한 공간은 반드시 확보해야 하므로, 휠체어사용자가 점유하는 유효면적, 이동을 위한 유효폭, 변기・욕조・세면대 등을 사용하기 위한 유효공간을 중심으로 여유공간의 분석기준을 고찰하였다.

(1) 최소유효바닥면적

최소유효바닥면적은 휠체어사용자가 정지한 상태에서 점유하는 최소바닥면적으로, 욕실 각 부분으로 이동, 접근, 사용을 위해 기본적으로 확보해야 하는 공간이다. 미국의 규정 및 가이드라인에서는 휠체어사용자의 최소유효바닥면적을 760㎜×1,220㎜로 규정하고 있고, 우리나라 장애인 편의시설 상세표준도에서는 700㎜×1,200㎜로 규정하고 있으며, 한국산업표준을 국제표준에 부합하도록 하기 위해 작성된 KS P ISO 7193(휠체어－최대 전체 치수)(한국표준협회, 2008)에서도 실내에서 사용하는 표준형 휠체어의 치수 한도를 전체길이는 1,200㎜, 전체 너비는 700㎜로 규정하고 있다. 따라서 본서에서는 [그림 3.2]와 같이 700㎜×1,200㎜의 면적을 기준으로 설정하였다.

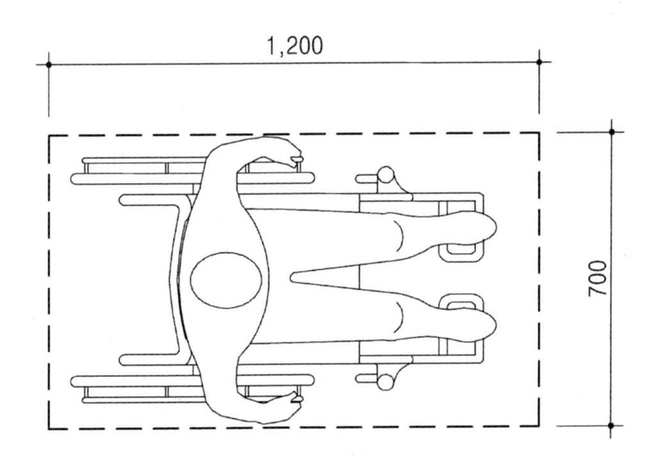

출처: US Access Board, 2004, p.145를 재구성함

그림 3.2 휠체어사용자의 최소유효바닥면적

(2) 세면대 사용을 위한 전면활동공간 및 하부여유공간

세면대 사용을 위한 전면활동공간의 경우, 우리나라의 관련 규정 및 가이드라인에서는 접근하기 쉽고 대변기 사용에 방해가 되지 않도록 세면대를 설치하도록 규정하고 있으며, 장애인 주거환경개선 매뉴얼에는 세면기 전면활동공간을 1,500㎜ 정도의 폭으로 확보하도록 규정하고 있다. 이에 대해 Universal Kitchen and Bathroom Planning에서는 세면대 전면에 휠체어사용자의 최소유효바닥면적을 확보하여 휠체어사용자의 측면 혹은 정면 접근 중 한 가지의 방법은 반드시 지원하도록 계획하며, 각각의 경우에는 휠체어사용자의 최소유효바닥면적과 세면대의 중심선이 일치할 수 있도록 세면대 전면활동공간을 확보할 것을 규정하고 있다.

아파트 욕실에 있어서, 우리나라의 규정에서 정한 바와 같이 세면대 전면에 폭 1,500㎜의 활동공간을 제공하기에는 어려움이 있다. 따라서 세면대 전면활동공간에 대해서는 [그림 3.3]과 같이 휠체어사용자가 정면이나 측면으로 접근하여 사용할 수 있도록 700㎜×1,200㎜의 최소유효바닥면적을 제공하며, 각각의 경우에 중심선이 일치할 수 있도록 세면대를 설치하는 것을 기준으로 설정하였다.

휠체어사용자가 정면접근하여 세면대를 사용하거나, 근력사용과 균형유지에 어려움이 있는 사람이 의자에 앉아서 세면대를 사용하는 경우에는 세면대 하부에 무릎이 들어갈 수 있는 여유공간을 반드시 확보해야 한다. 이와 관련하여 우리나라의 규정에서는 세면대 상단의 높이를 850㎜ 이하로 하고 하단의 높이를 650㎜ 이상으로 설치하도록 하고 있다. 외국의 경우, 세면대 상단과 하단의 높이를 ADA and ABA Accessibility Guidelines에서는 각각 865㎜ 이하와 685㎜ 이상으로, The Building Access Handbook에서는 각각 865㎜ 이하와 660㎜ 이상으로 규정하고 있어 우리나라의 규정과 큰 차이가 없다.

단, 하부여유공간의 높이와 깊이에 대해서는 우리나라의 경우 세면대 하부에 무릎 및 휠체어의 발판이 들어갈 수 있도록 유효공간을 확보하도록 설치할 것을 규정하고 있고, ADA and ABA Accessibility Guidelines에서는 세면대 전면에서부터 깊이 205㎜ 이상까지 685㎜ 이상의 높이를 유지하여 무릎 여유공간을 확보하고 벽면에서부터 150㎜ 이하의 깊이까지는 높이 230㎜ 이상으로 휠체어발판을 고려한 여유공간을 확보하도록 규정하고 있으며, The Building Access Handbook에서는 세면대 전면에서부터 깊이 250㎜ 이상까지 660㎜ 이상의 높이를 유지하고 깊이 500㎜ 이상까지는 높이 250㎜ 이상의 높이를 유지하도록 구체적인 치수로 규정하고 있다.

세면대 하부의 여유공간에 있어서 전면의 상단, 하단높이도 중요하지만 하부여유공간의 깊이도 중요한 요소이므로, 본서에서는 세면대 상단의 높이는 850㎜ 이하로 설치하며, 휠체어사용자가 정면접근하여 사용할 경우에는 반드시 세면대 하부에 [그림 3.4]와 같이 세면대 전면에서부터 깊이 200㎜ 이상까지 650㎜ 이상의 높이를 유지하여 무릎 여유공간을 확보하고 벽에서부터 150㎜ 이하의 깊이까지는 높이 230㎜ 이상으로 휠체어발판을 고려한 여유공간을 확보하는 것을 기준으로 설정하였다. 또한, 이와 같이 높이 650㎜ 이상의 하부여유공간이 제공될 경우에는 [그림 3.3]과 같이 깊이 480㎜까지 휠체어사용자의 최소유효바닥면적의 범위에 포함하여 계획할 수 있도록 기준을 설정하였다.

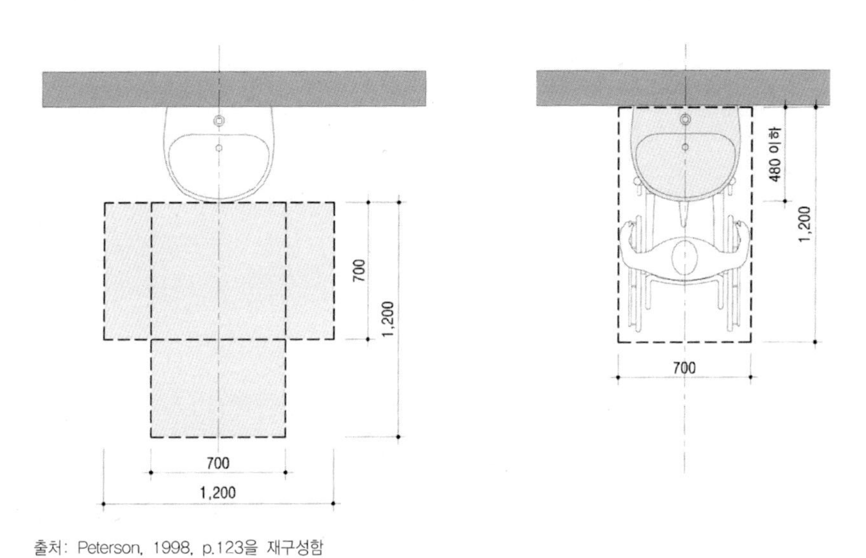

출처: Peterson, 1998, p.123을 재구성함

그림 3.3 최소유효면적의 중심선과 세면대의 중심선 일치

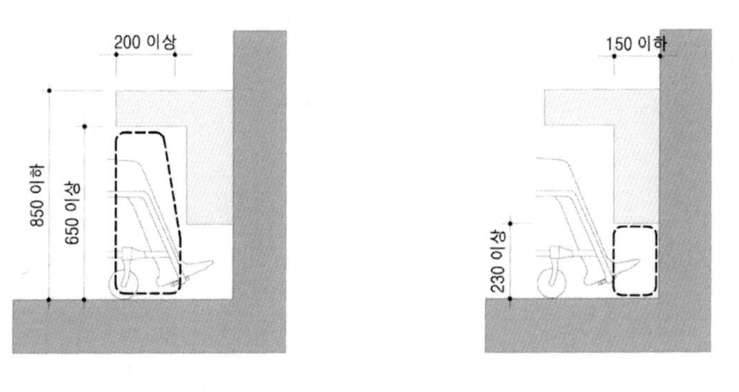

출처: US Access Board, 2004, p.147을 재구성함

그림 3.4 세면대 하부의 무릎 여유공간

(3) 대변기 사용을 위한 공간

대변기 사용공간은 휠체어사용자가 대변기로 접근하여 휠체어와 대변기 사이를 이동하는 과정에 요구되는 공간으로 대변기 전면이나 측면에 공간을 제공할 때에는 접근방법과 출입문의 개폐범위를 고려해야 한다.

변기 사용을 위한 공간은 우리나라의 편의증진법에서는 [그림 3.5]와 같이 폭 1,400㎜ 이상, 깊이 1,800㎜ 이상으로 하고 변기 측면에 폭 750㎜ 이상의 공간을 확보하도록 규정하고 있고, 캐나다의 The Building Access Handbook에서는 폭 1,500㎜ 이상, 깊이 1,500㎜ 이상으로 규정하고 있으며, 미국의 ADA and ABA Accessibility Guidelines에서는 폭 1,525㎜ 이상, 깊이 1,420㎜ 이상으로 규정하고 주택의 욕실에 한하여 하부여유공간을 확보한 세면대를 설치할 경우에 변기와 세면대를 포함하여 폭 1,525㎜ 이상, 깊이 1,675㎜ 이상으로 확보할 것을 규정하고 있다.

우리나라의 규정에서 제시하는 면적은 변기 전면에 휠체어사용자를 위한 여유공간을 제공하고 변기 정면에서 변기로 이동할 수 있도록 하는 것을 염두에 둔 것으로 판단된다. 실제 아파트의 욕실에서는 변기 전면에 여유공간을 확보하기가 곤란하며, 휠체어사용자가 변기 정면에서 변기로 이동하는 것 또한 쉽지 않으므로, 미국의 기준에서 제시하는 면적을 적용하여 [그림 3.6]과 같이 폭 1,500㎜ 이상, 깊이 1,600㎜ 이상을 변기 사용을 위한 공간의 기준으로 설정하였다. 이 면적은 [그림 3.6]에서 보는 것과 같이 변기 및 하부여유공간을 확보한 세면대를 모두 포함한 면적이다.

[그림 3.6]에서 유의해야 할 것은 변기 중심선과 인접벽면 사이의 거리인데, 이것은 손잡이에 의지하여 변기에 앉는 사용자들이 쉽게 손잡이를 잡을 수 있는 범위 안에 변기를 위치시키고, 사용자가 변기에 앉아 있는 동안의 불편함을 줄이기 위함이다. 따라서 변기가 인접벽면에서 너무 떨어졌을 경우에는 측벽의 손잡이를 이용하기가 어렵고 변기 반대편의 여유공간이 줄어들 수 있으며, 또한 변기가 인접벽면과 너무 가까이 설치된 경우에는 좌대에 앉았을 때 측벽 손잡이의 침범으로 공간이 협소하여 불편할 수 있다.

인접벽면과 변기 중심선 간의 거리는 ADA and ABA Accessibility Guidelines에서는 405~455㎜로 규정하고 있고 Univesal Kitchen & Bathroom Planning에서는 410㎜까지 완화하고 있다. 우리나라의 규정에서는 측벽과 변기중심선 사이의 간격에 대해서는 별도로 규정하고 있지 않으며, [그림 3.5]와 같이 측벽의 수평손잡이와 변기중심선 사이의 간격을 400㎜ 이내가 되도록 설치할 것을 규정하고 있는데, 이 경우 손잡이의 단면지름(32~38㎜)과

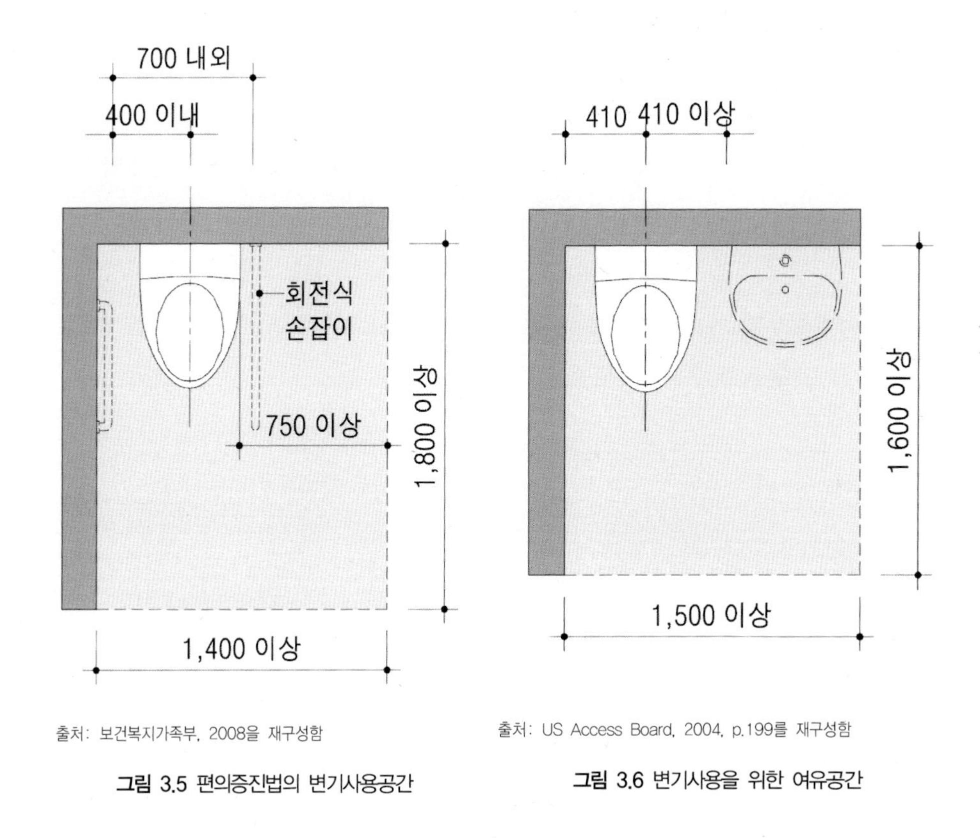

출처: 보건복지가족부, 2008을 재구성함

그림 3.5 편의증진법의 변기사용공간

출처: US Access Board, 2004, p.199를 재구성함

그림 3.6 변기사용을 위한 여유공간

벽과의 이격거리(50㎜ 내외)를 고려하면 측벽과 변기 중심선 사이의 거리는 약 480㎜ 이내로 설치될 것으로 예측할 수 있다.

본서에서 대상으로 하는 아파트의 욕실은 그 규모가 협소하므로 변기중심선과 인접벽면의 거리는 [그림 3.6]과 같이 410㎜를 기준으로 채택하였으며, 변기중심선을 기준으로 벽면의 반대쪽으로도 410㎜ 거리 이내에는 장애물이 없도록 비워두어 변기로 이동하는 과정이나 변기에 앉은 상태에서의 여유공간을 확보하도록 하였다.

(4) 욕조 사용을 위한 측면 활동공간

욕조 측면의 여유공간은 우리나라의 규정에서는 1,500㎜×1,500㎜ 이상을 확보하도록 지정하고 있는데, 이는 휠체어가 360° 회전이 가능한 공간을 제공하여 휠체어와 욕조 사이의 이동에 있어 다양한 방식을 제공하려는 의도라 판단된다. 반면 ADA and ABA Accessibility Guidelines에서는 휠체어사용자의 최소유효바닥면적의 폭과 동일한 폭의 공간을 욕조의 측면 전체에 걸쳐 확보하도록 하고 있으며, 이는 욕조 측면의 모든 부분에 있어 휠체어사용자의 최소유효바닥면적을 확보하려는 것으로 판단된다.

본서에서 대상으로 하는 아파트 욕실에 있어 휠체어의 회전을 위한 공간을 확보하기가 용이하지 않으므로, 욕조 측면의 여유공간은 [그림 3.7]과 같이 욕조 측면 전체에 걸쳐 휠체어사용자의 최소유효바닥면적의 폭인 700㎜ 이상을 확보하는 것을 기준으로 설정하였다. 이 여유공간에는 하부여유공간이 확보된 세면대를 포함하고 있다.

[그림 3.7]의 (b), (c)는 욕실 용품을 보관하거나 욕조로 이동하는 과정에 앉을 수 있도록 욕조 머리 부분에 편평한 좌석부분을 추가로 설치한 사례인데, 이 경우 휠체어사용자는 욕조의 측면에서 좌석으로 이동하게 되며, 휠체어 뒷부분에 휠체어의 손잡이와 바퀴를 수용할 수 있는 길이 300㎜ 이상의 여유공간을 추가로 제공해야 한다.

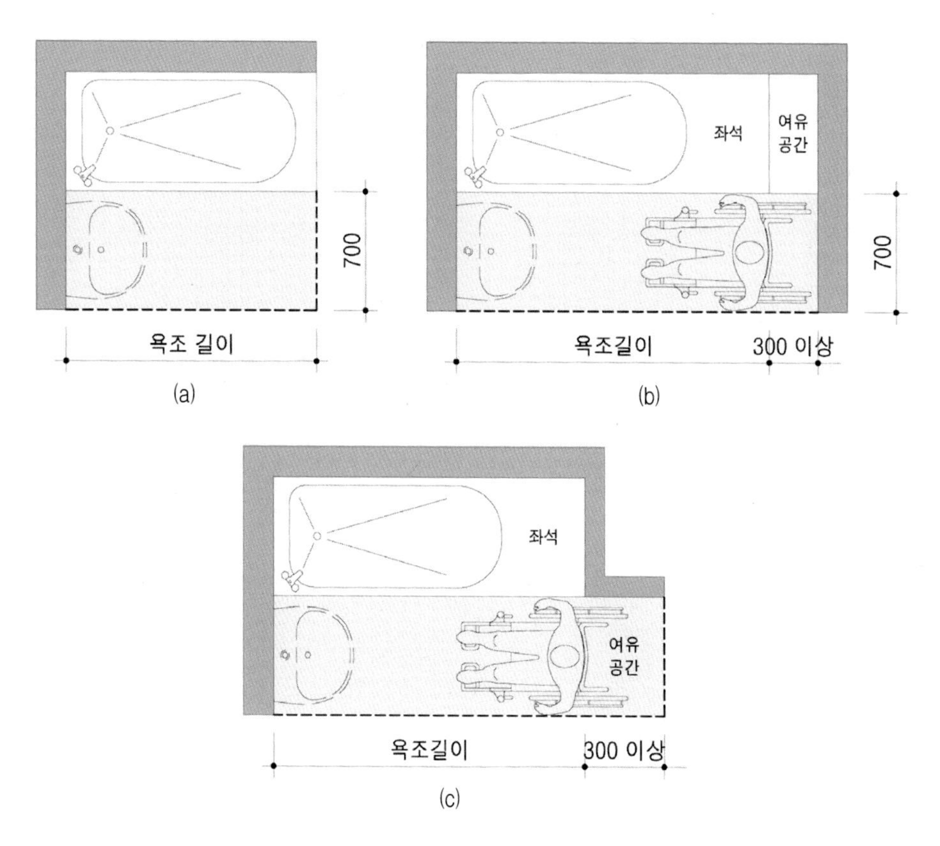

출처: US Access Board, 2004, pp.209~210을 재구성함

그림 3.7 욕조 사용을 위한 측면 활동공간

(5) 이동 및 회전을 위한 공간

우리나라의 대부분의 규정에서는 휠체어사용자의 이동을 위한 통로의 유효폭을 1,200㎜ 이상으로 규정하고 있는데, 이는 휠체어사용자가 통행을 할 때 다른 보행자가 비켜선 채로 교행을 할 수 있는 최소폭이다.

휠체어사용자가 단독으로 이동하기 위한 통로의 최소유효폭은 장애물 없는 생활환경 인증제도 매뉴얼(건축물편)에서 900㎜로 규정하고 있다. 미국과 캐나다의 규정에서는 휠체어사용자의 이동을 위한 통로의 최소유효폭을 910~915㎜로 규정하고 있으며, 이 유효폭을 확보할 경우 휠체어사용자가 ㄱ자 모양의 통로를 90° 방향전환하여 이동할 수 있다고 밝히고 있다.

휠체어의 360° 회전을 위한 공간의 크기에 대해서는 우리나라의 규정에서는 각 규정별로 1,400㎜×1,400㎜ 이상의 공간을 확보하도록 하거나 지름 1,500㎜ 이상의 원형공간을 확보하도록 하고 있으며, 외국의 경우에는 이와 유사한 지름 1,500~1,525㎜ 이상의 원형공간을 확보하도록 규정하고 있다.

본서에서는 [그림 3.8]과 같이 휠체어사용자가 이동이 가능하며 90° 방향전환도 가능한 통로의 유효폭을 910㎜ 이상으로 설정하고, 360° 회전을 위해서는 지름 1,500㎜ 이상의 원형공간을 확보하는 것을 기준으로 설정하였다.

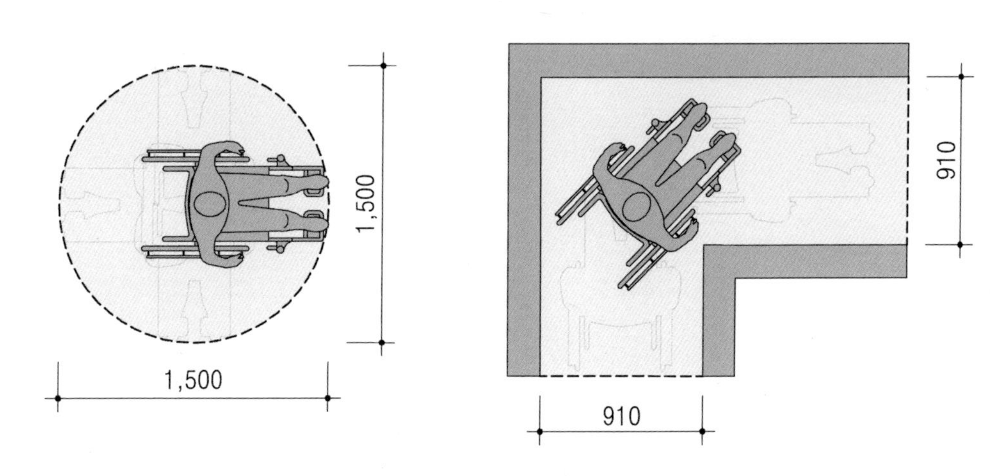

출처: B.C.Building Code, 1998을 재구성함

그림 3.8 휠체어사용자의 회전 및 방향전환을 위한 여유공간

휠체어를 360° 회전할 수 있는 여유공간을 확보할 경우 휠체어사용자의 욕실이용의 편의가 증대되는 것은 명확하나, 변기, 세면대, 욕조가 설치된 아파트의 공용욕실 내에 지름 1,500㎜의 여유공간을 확보하는 것은 쉽지 않다. 그러나 통로의 유효폭은 욕실로의 진입과 각 위생도기로의 접근과 관련된 중요한 사항으로 반드시 확보해야 하며, 실제 대부분의 아파트 욕실에는 출입문이 설치된 벽면에서부터 변기, 세면대, 욕조의 순으로 위생도기가 배치되어 있어, 세면대 전면까지 접근을 위해 90° 방향 전환이 필요한 형태가 많으므로 방향전환을 위한 공간을 충분히 고려해야 한다.

(6) 출입문 사용을 위한 공간

출입문의 유효폭은 우리나라의 규정에서는 대부분 800㎜ 이상으로 규정하고 있고, 고령자 배려 주거시설 설계치수 원칙 및 기준과 노인가구 주택개조 매뉴얼에서는 850㎜ 이상으로 규정하고 있으며, 외국의 경우 캐나다의 규정에서는 800㎜로, 미국의 규정에서는 810~815㎜로 규정하고 있다.

본서에서는 출입문의 유효폭을 [그림 3.9]와 같이 800㎜ 이상으로 확보하는 것을 기준으로 설정하였다. 여닫이문의 유효폭은 그림에서 보듯이 90° 열린 상태에서의 출입문의 두께와 힌지까지 고려한 유효공간의 폭이며, 미닫이문의 유효폭은 출입문이 최대한 열린 상태에서의 유효공간의 폭을 의미한다.

출입문 유효폭 이외에도 출입문에 접근하여 출입문을 열고, 통과한 후 다시 출입문을 닫는데 필요한 여유공간을 확보하는 것 역시 중요하다.

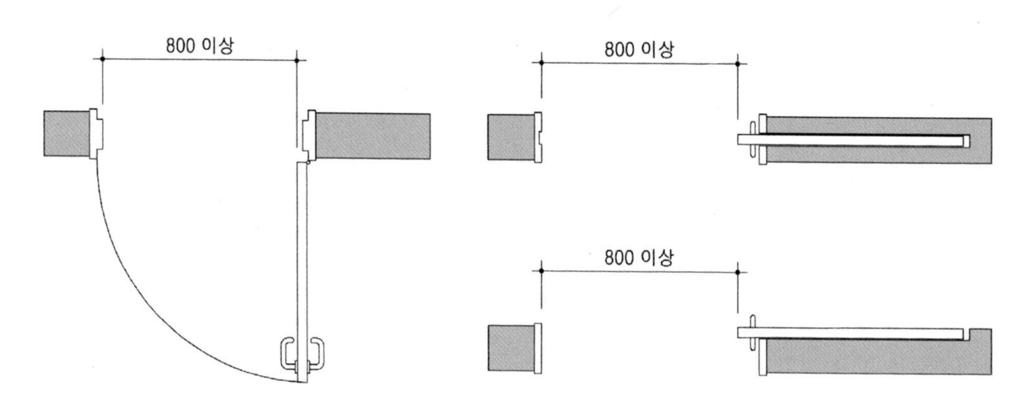

출처: HUD, 1998, pp.36~37을 재구성함

그림 3.9 출입문의 유효폭

자동문의 경우 출입문 조작을 위한 별도의 공간이 필요하지 않으며, 접근 후 문을 통과하는 경로만 확보하면 사용에 무리가 없어 욕실사용의 편의성이 향상된다고 할 수 있으나, 비용의 측면을 고려할 때 모든 아파트에 자동문을 설치하도록 제안하는 것은 설득력이 떨어진다.

또한 미닫이문의 경우 여닫이문과 달리 출입문 개폐과정에서 문의 궤적을 피해 사용자가 비켜설 필요가 없어 출입문 조작을 위해 요구되는 여유공간의 규모가 여닫이문에 비해 작을 수 있다. 그러나 휠체어사용자가 욕실 진입 후에 미닫이문을 다시 닫기 위해서는 휠체어사용자의 방향전환이 필요하며, 중소규모의 아파트 욕실에서는 방향전환을 할 수 있는 공간을 확보하기가 곤란하다. 따라서 미닫이문은 출입문 전후에 휠체어사용자가 360° 회전이 가능한 지름 1,500㎜의 여유공간이 확보된 경우에 한하여 설치하는 것을 원칙으로 설정하였다.

여닫이문의 경우, 문이 열리는 쪽의 여유공간은 출입문의 개폐범위를 제외한 휠체어사용자의 점유공간을 추가로 확보해야 하므로 반대쪽보다 그 크기가 더 크다. 현재 협소한 면적으로 계획되는 아파트 욕실의 경우에는 욕실 내부에 이러한 공간을 확보하기 곤란하므로 출입문은 밖으로 열리도록 계획하는 것이 바람직하다. 또한 우리나라 아파트 계획에 있어 대부분의 실이 거실을 중심으로 각 실의 안쪽으로 열리는 여닫이문으로 계획되어 있어, 밖으로 열리는 여닫이문을 설치하도록 제안하는 것은 설득력이 그리 강하지 않다.

따라서 본서에서는 욕실 안쪽으로 열리는 여닫이문을 설치하되 향후에 가족 중 휠체어를 사용하는 사람이 생길 경우에 여닫이문의 개폐방향을 밖으로 열리도록 개조하여 사용하는 것을 원칙으로 하였으며, 이 경우 출입문 사용을 위한 여유공간의 크기는 욕실 밖으로 열리는 여닫이문을 기준으로 하여 설정하였다. 또한, 밖으로 열리는 여닫이문의 경우, 휠체어사용자가 욕실에 들어간 후에 출입문을 닫기 위해서는 방향전환이 필요하나, 앞서 서술한 바와 같이 아파트 욕실 내부에 휠체어사용자의 방향전환을 위한 여유공간을 확보하기가 곤란하며, 이 경우에는 출입문의 힌지 쪽에 추가적인 손잡이를 설치하여 문을 닫을 수 있도록 하는 것을 원칙으로 설정하였으며, 추가적인 손잡이의 설치기준에 대해서는 이후에 자세히 서술하였다.

여닫이문의 조작을 위한 여유공간에 관련된 규정을 살펴보면, 우리나라의 장애인 편의시설 설치 매뉴얼에서는 [그림 3.10]과 같이 문이 열리는 쪽에는 폭 1,500㎜ 이상, 깊이 1,500㎜ 이상의 공간을, 반대쪽에는 출입문 전면에 깊이 1,200㎜ 이상의 공간을 확보하며 출입문의 손잡이 쪽에는 600㎜ 이상의 여유공간을 확보하도록 규정하고 있으며, 미국의 ADA and ABA Accessibility Guidelines에서는 여닫이문으로의 접근방향과 출입문의 개폐방향에 따라 요구되는 여유공간의 최소규모를 구분하여 지정하고 있다. 우리나라의 규정은 다양한 접근방법과 개폐방향을 모두 수용할 수 있는 범위로 포괄적으로 지정하고 있으며, 미국의 규정은 각각의 경우를 세분화하여 그에 필요한 최소공간의 규모를 규정한 것으로 판단되며, 협소한 아파트에 있어서는 욕실전면에 1,500㎜×1,500㎜의 공간을 확보하기 곤란한 경우가 있다. 따라서 본서에서는 ADA and ABA Accessibility Guidelines에서 제시하는 치수를 토대로 필자가 직접 휠체어를 사용하여 출입문을 조작하는 간단한 실험을 통해 여닫이문 조작을 위한 여유공간의 크기에 대한 기준을 설정하였으며, 출입문의 유효폭은 800㎜를 기준으로 하였다. 실험의 내용과 실험결과를 토대로 설정한 출입문 사용을 위한 여유공간의 계획기준은 [그림 3.11~17]과 같다.

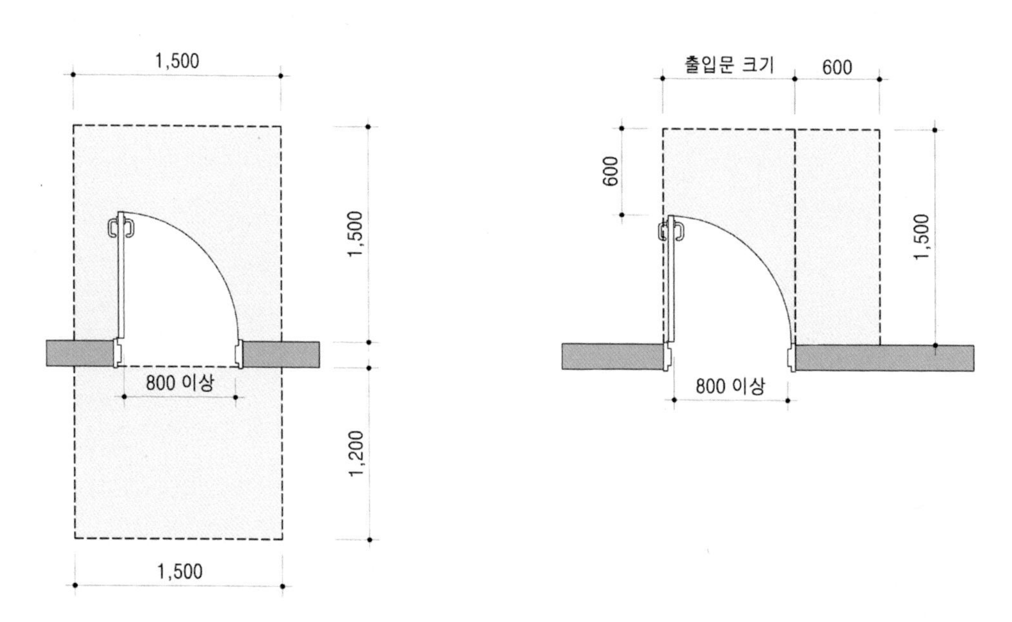

출처: 서울특별시 외, 2006, pp.18~20을 재구성함

그림 3.10 장애인 편의시설 설치 매뉴얼의 출입문 사용을 위한 여유공간

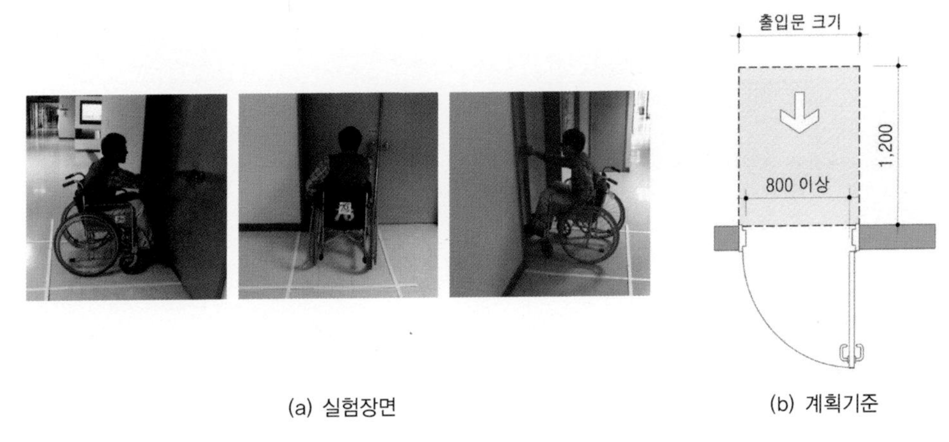

(a) 실험장면 (b) 계획기준

그림 3.11 여닫이문 조작을 위한 여유공간(안여닫이 / 정면접근)

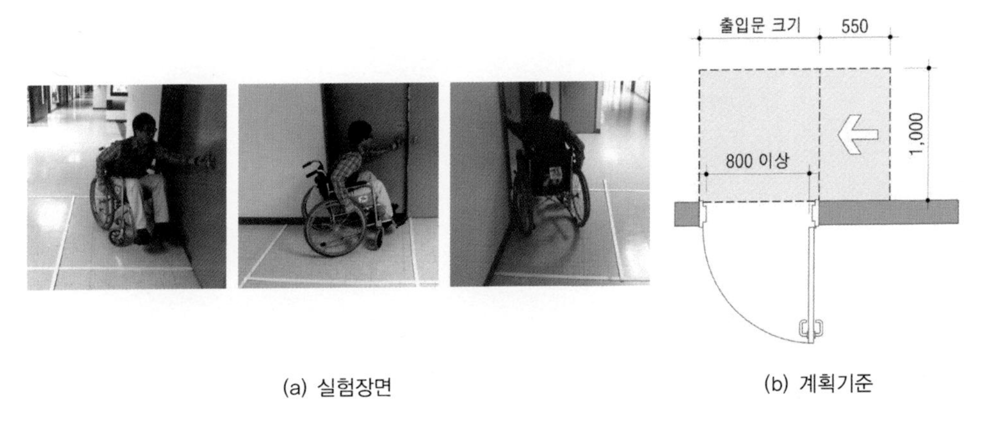

(a) 실험장면 (b) 계획기준

그림 3.12 여닫이문 조작을 위한 여유공간(안여닫이 / 힌지 측 접근)

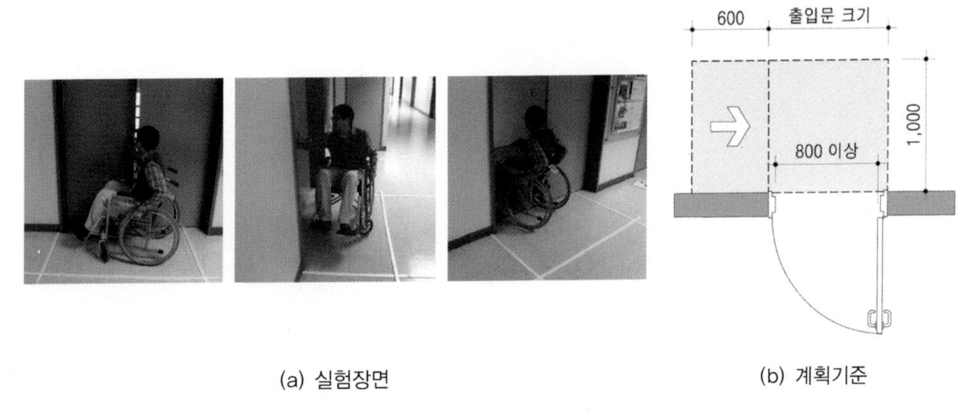

(a) 실험장면 (b) 계획기준

그림 3.13 여닫이문 조작을 위한 여유공간(안여닫이 / 손잡이 측 접근)

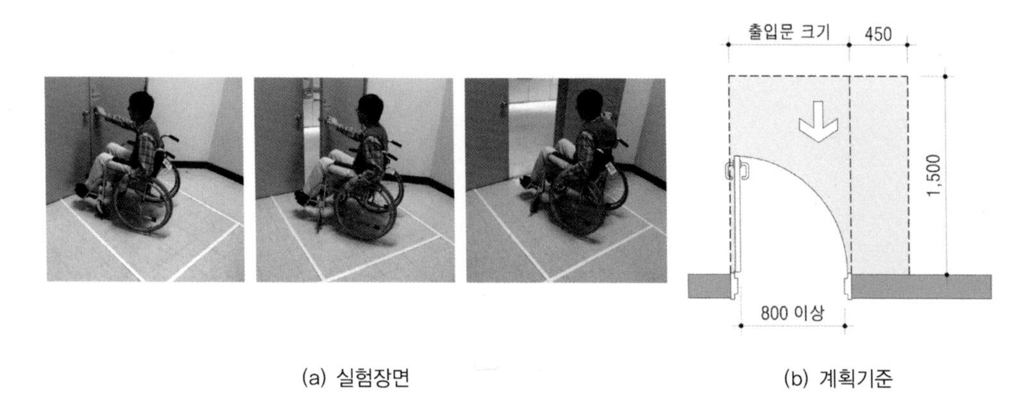

(a) 실험장면 (b) 계획기준

그림 3.14 여닫이문 조작을 위한 여유공간(밖여닫이 / 정면접근)

(a) 실험장면 (b) 계획기준

그림 3.15 여닫이문 조작을 위한 여유공간(밖여닫이 / 손잡이 측 접근)

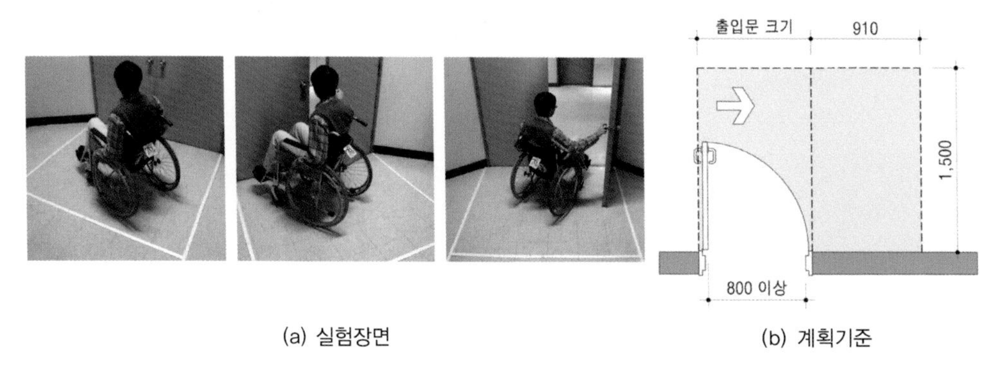

(a) 실험장면 (b) 계획기준

그림 3.16 여닫이문 조작을 위한 여유공간(밖여닫이 / 힌지 측 접근) (1)

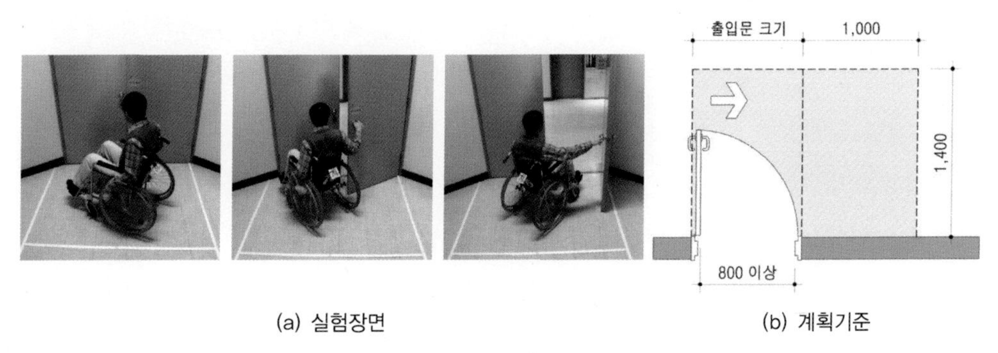

(a) 실험장면　　　　(b) 계획기준

그림 3.17 여닫이문 조작을 위한 여유공간(밖여닫이 / 힌지 측 접근) (2)

나. 사용이 편리한 도달범위(Universal Reach Range)

사용이 편리한 도달범위란 욕실설비의 조작부나 손잡이 등을 다양한 사용자가 쉽게 사용할 수 있도록 설치하는 범위를 의미한다.

앞서 서술한 바와 같이 세면대의 경우 세면대의 중심선과 휠체어사용자 최소유효바닥면적의 중심선은 정면접근이나 측면접근, 둘 중 하나의 경우는 지원할 수 있게 서로 일치할 수 있도록 설치하는 것을 기준으로 설정하였다. 이에 더하여 세면대의 조작부는 접근방향과 양손의 선택의 기회를 제공할 수 있도록 세면대의 중심선과 일치하거나 세면대 중심선으로부터 150㎜ 이내에 위치하도록 설치하는 것을 기준으로 설정하였다.

욕실설비의 조작부 등의 설치높이에 있어서는, 휠체어사용자나 허리를 굽히기 힘든 사용자의 팔 도달범위를 고려하여 설치위치를 결정해야 한다. 이와 관련하여 Universal Kitchen and Bathroom Planning에서는 사용자의 특성에 따른 팔 도달범위를 <표 3.1>과 같이 제시하고 있으며, ADA and ABA Accessibility Guidelines에서는 휠체어사용자의 전면, 측면의 팔 도달범위 및 그와 관련된 장애물의 설치범위를 규정하고 있다.

표 3.1 사용자의 특성에 따른 팔 도달범위

	휠체어사용자 및 의자에 앉은 사람	서서 작업하나 이동이 불편한 사람	서서 작업하는 사람	유니버설 도달범위
굽혔을 때 최저높이	380㎜	380㎜	380㎜	380㎜
굽히지 못할 때 최저높이	-	610㎜	610㎜	610㎜
최고높이	1,220㎜	1,830㎜	2,020㎜	1,220㎜

출처: Peterson, 1998, p.13을 재구성함

본서에서는 이를 바탕으로 다양한 사용자를 고려한 도달범위를 [그림 3.18]과 같이 설정하였다. 일반적인 수직 팔 도달범위는 바닥으로부터 380~1,200㎜ 사이로, 이 범위는 의자에 앉거나 휠체어를 사용하는 사람, 보행보조기구를 이용하여 서 있는 사람, 장애가 없는 성인이 모두 함께 사용할 수 있는 수납장, 콘센트, 스위치 등의 설치범위이다.

[그림 3.18]에서 보는 바와 같이 정면접근의 팔 동작범위는 작업면이나 세면대 하부에 무릎 여유공간이 확보된 상태에서의 도달범위이다. 하부의 무릎 여유공간은 세면대 사용자체와도 관계가 있으며, 그 상태에서의 팔 동작범위에도 영향을 주므로 반드시 확보해야 한다. 또한 폭과 깊이가 넓은 세면대를 설치할 경우에는 욕실용품을 올려놓을 수 있고 사용 시 물이 적게 튀어 보다 안정적으로 사용할 수 있는 이점이 있으나, 세면대의 돌출길이가 깊어져 휠체어사용자의 손이 닿지 않는 부분이 있을 수 있으므로 세면대의 크기와 돌출길이, 수전 조작부의 위치를 계획할 때에는 주의를 기울일 필요가 있다. 본서에서는 세면대의 돌출길이는 600㎜ 미만, 수전 조작부의 위치는 세면대의 중심선으로부터 좌우 150㎜ 이내에 설치하는 것을 기준으로 설정하였다.

[그림 3.19]의 (a)와 같이 욕조 수전의 조작부가 욕조 중심선상에 있을 경우에는 휠체어사용자나 허리를 굽히기 힘든 사람이 욕조 밖에서 조작하기가 불편하고 안전에도 문제가 있으며, (b)와 같이 욕조 측면에 변기가 설치된 경우에는 샤워밸브를 조작하기는 더욱 어려워진다.

따라서 욕조측면에는 반드시 여유공간을 확보해야 하며, 욕조 밸브의 조작부는 (c)와 같이 욕조 측면의 여유공간에 가까이 설치하여 욕조 밖에서 쉽게 사용할 수 있도록 계획하는 것을 기준으로 설정하였다. 이는 휠체어사용자와 허리를 굽히기 힘든 사람은 물론 장애가 없는 사람이 사용하기에도 편리하므로 충분히 고려할 필요가 있다.

앞서 서술한 바와 같이, 본서에서는 욕실 안으로 열리는 여닫이문을 설치하되, 차후에 필요한 경우 밖으로 열리는 여닫이문으로 개조하여 사용하는 것을 원칙으로 하였다. 팔 도달범위와 관련하여 출입문의 손잡이의 설치위치에 대해서는, 우리나라의 규정에서는 손잡이의 중앙부분을 높이 800~900㎜의 높이에 설치하도록 규정하고 있고, 미국의 경우에는 860~1,200㎜의 높이에 설치하도록 규정하고 있는데, 이는 각 국가별 국민의 신장(身長) 차이가 적용된 결과로 판단된다.

따라서, 본서에서는 출입문의 손잡이는 바닥에서부터 높이 800~900㎜의 지점에 손잡이의 중앙부가 위치하도록 설치하는 것을 기준으로 설정하였다.

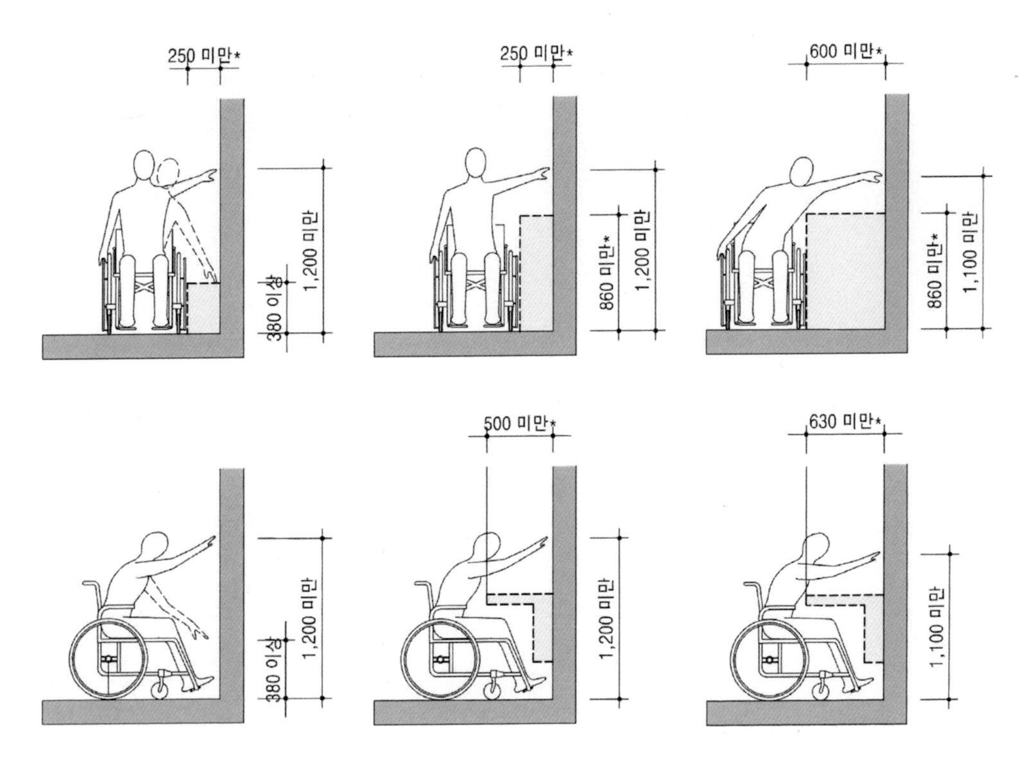

* 팔 도달범위와 관련된 장애물의 범위

출처: US Access Board, 2004, pp.151~153을 재구성함

그림 3.18 사용이 편리한 도달범위

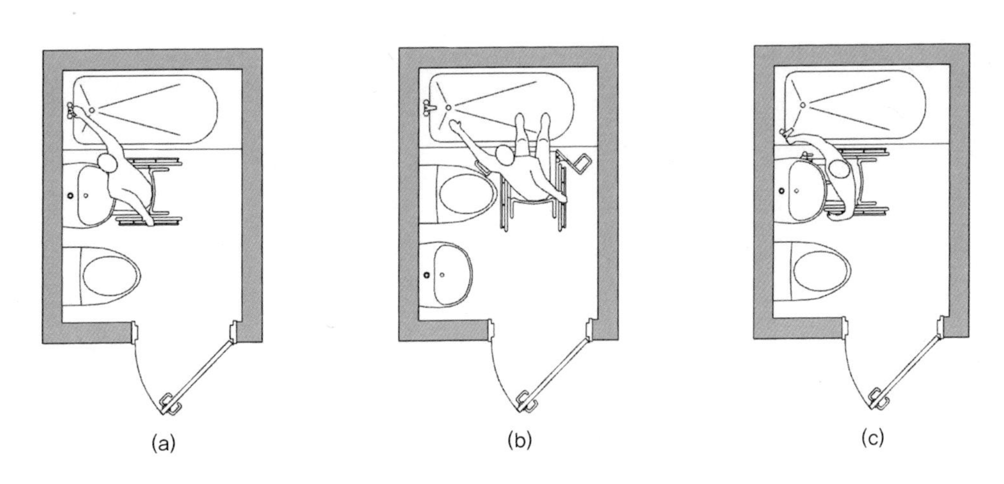

출처: HUD, 1998, p.7.55를 재구성함

그림 3.19 욕조의 수전 사용과 관련된 팔 도달범위

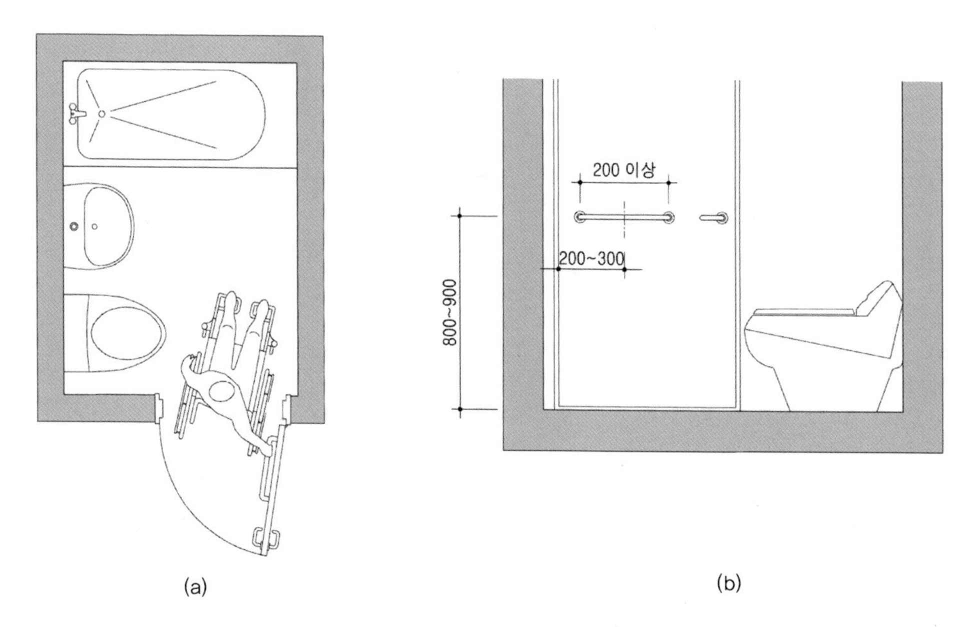

출처: (a) 보건복지가족부 외, 1998, p.117; (b) B.C. Building Code, 1998을 재구성함

그림 3.20 팔 도달범위를 고려한 여닫이문의 추가손잡이 설치

면적이 협소한 아파트 욕실에서는 휠체어사용자의 방향전환에 어려움이 있으며, 이로 인해 욕실 밖으로 열리는 여닫이문을 열고 욕실에 진입한 후에 열린 출입문을 다시 닫기 곤란한 경우가 많다.

이와 관련하여 우리나라의 장애인 편의시설 상세표준도에서는 [그림 3.20]의 (a)와 같이 출입문의 경첩 쪽에 문을 당겨 닫을 수 있는 손잡이를 추가로 설치하면 매우 편리하다고 소개하고 있으며, 캐나다의 The Building Access Handbook에서는 이와 같은 손잡이의 설치 범위에 대해 길이 140㎜ 이상의 손잡이를 손잡이의 중앙부가 힌지에서 수평거리 200~300㎜, 바닥에서 높이 800~1,000㎜에 위치하도록 설치할 것을 규정하고 있다.

따라서, 본서에서는 밖으로 열리는 여닫이문으로 개조할 경우에는 반드시 출입문 안쪽에 추가적인 손잡이를 [그림 3.20(b)]와 같이 설치하는 것을 기준으로 설정하였다.

다. 작업동선(Work Flow)

작업동선은 욕실의 출입문을 열고 들어간 후 문을 닫고, 세면대, 변기, 욕조로 접근한 다음, 변기에 앉거나 욕조로 들어가는 과정, 그리고 다시 반대의 순서로 욕실 밖으로 나온 후 출입문을 닫는 과정을 의미한다. 욕실에서의 이동과정과 작업패턴을 고려하여 각 설비 간의 위치관계 및 거리를 적절히 조절함으로써, 불필요하거나 필요이상의 움직임을 최소화해야 한다.

(1) 단차

우리나라의 욕실 사용특성상 욕실의 바닥은 물이 흐를 수 있는 구조이며 물에 젖어 있는 경우도 많아, 거실의 바닥면보다 약간 낮게 계획되는 것이 일반적이다. 그러나 이러한 단차는 공간의 폭과 더불어 휠체어사용자의 작업동선에 큰 영향을 주고 불편함을 초래하는 대단히 중요하고 기본적인 요소이다.

이와 관련하여 우리나라의 규정에서는 대부분 단차를 제거하거나 가능한 한 15㎜ 이하로 최소화하도록 하고 있으며, 미국의 경우 13㎜ 이하로 하도록 규정하고 있다. 거실과 욕실 사이의 단차를 제거하는 것은 휠체어사용자나 보행이 어려운 욕실 사용자를 고려했을 때 바람직한 것이나, 거실로 물이 넘치는 등의 문제로 관리상의 어려움이 발생할 수 있다.

따라서 본서에서는 거실과 욕실 바닥의 높이차를 15㎜ 이하로 하고, 높이차가 없는 경우에는 물이 넘치지 않도록 하는 형태의 문턱을 15㎜ 높이로 설치하며, 단차나 문턱이 생기는 경우에는 경계면을 45° 이하의 경사로 처리하는 것을 계획기준으로 설정하였다.

(2) 휠체어사용자의 변기로의 이동방법

휠체어사용자의 변기로의 이동방법에는 [그림 3.21]과 같이 여러 가지 방법이 있으나, 본서의 대상인 중소규모 아파트의 대부분의 욕실에서는 (a)와 같은 대각접근만이 가능하며, 경우에 따라 휠체어사용자가 뒷바퀴부터 욕실에 진입하거나 변기 전면에 충분한 공간이 확보되어 있는 경우, 혹은 욕실 내부에 휠체어사용자가 360° 회전이 가능한 공간이 확보된 경우에는 나머지 다양한 접근방법이 가능할 수도 있다.

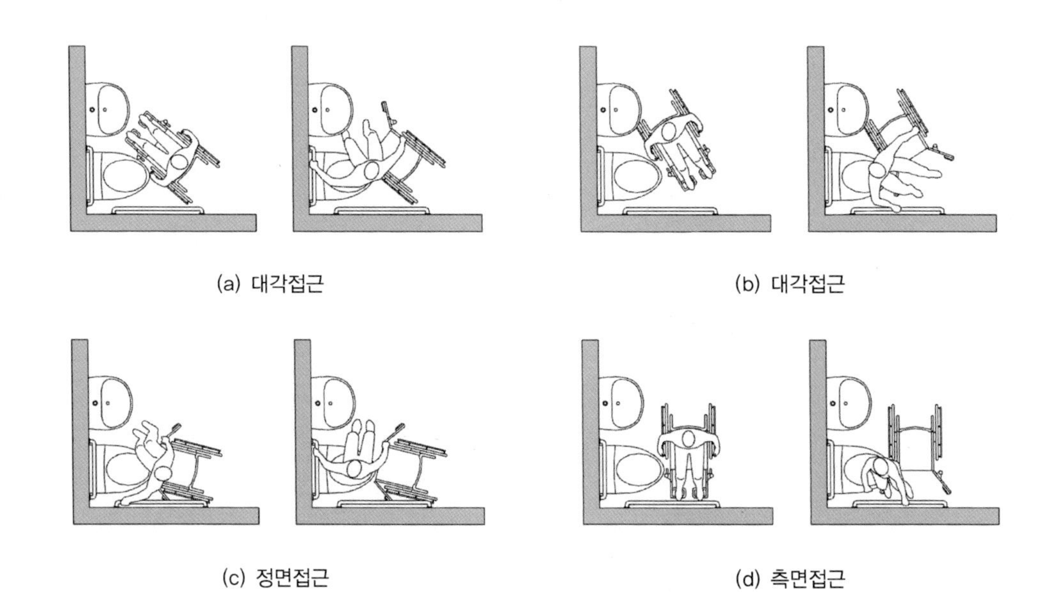

출처: HUD, 1998, pp.7.41~7.42를 재구성함

그림 3.21 휠체어사용자의 변기로의 이동방법

휠체어사용자가 변기로 이동함에 있어서는 접근방향에 따른 여유공간의 확보와 손잡이의 설치도 중요하지만, 변기의 좌대높이와 휠체어의 좌석부분의 높이의 차이를 최소화하여 이동과정의 불편함과 위험요소를 줄이는 것 또한 중요하다. 변기의 좌대 높이에 대해서는, 우리나라의 모든 규정에서 400~450㎜로 설치하도록 규정하고 있다. 이는 국내의 표준규격휠체어의 좌석 높이를 고려한 것으로 판단되며, 본서에서도 위와 같이 변기의 좌대는 바닥에서부터 400~450㎜ 높이에 설치하는 것을 기준으로 설정하였다.

(3) 휠체어사용자의 욕조로의 이동방법

휠체어사용자의 욕조로의 이동은 [그림 3.22]와 같이 크게 두 가지 형태로 이루어지며, 본서의 대상인 중소규모 아파트의 욕실은 대부분 면적이 협소하여 (a)와 같이 주로 정면으로 접근하여 욕조를 사용하게 된다. 욕실의 면적이 넓은 경우에는 (b)와 같이 측면으로 접근하여 사용할 수도 있으나, 욕조 머리 부분에 좌석을 설치함에 있어서는 휠체어의 뒷부분이 점유하는 면적을 고려하여 [그림 3.7]과 같이 300㎜ 이상의 여유공간을 추가적으로 포함해야 한다. 측면접근을 선호하나 욕실이 협소하여 욕조 머리부분에 좌석 및 추가

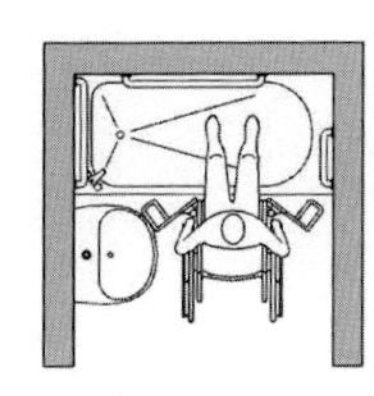 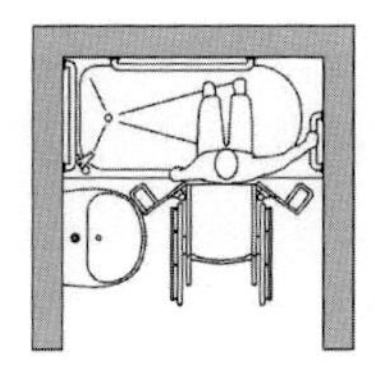 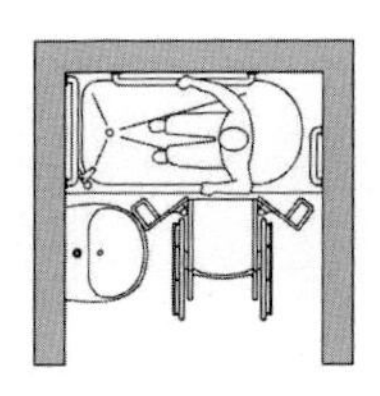 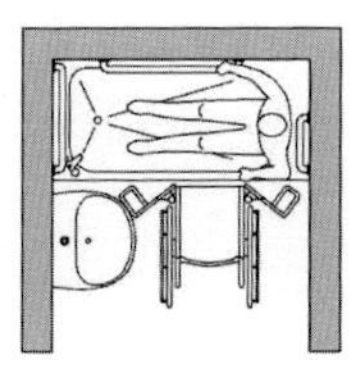

(a) 정면접근

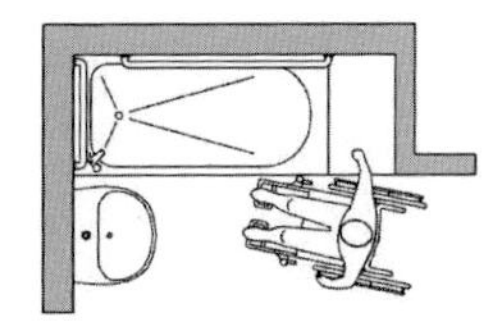 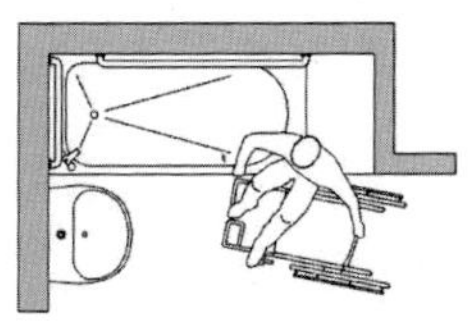 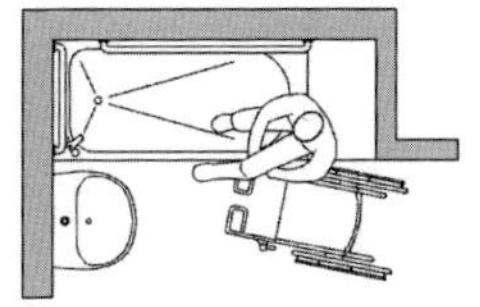 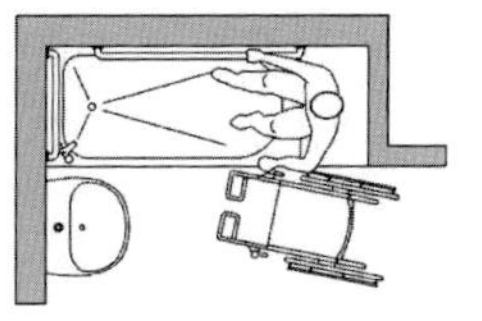

(b) 측면접근

출처: 보건복지가족부 외, 1998, p.149를 재구성함

그림 3.22 휠체어사용자의 욕조로의 이동방법

적인 여유공간을 확보하지 못하는 경우에는 이동 및 탈착이 가능한 부가적인 좌석을 욕조에 설치하는 것이 바람직하다.

욕조의 상단높이에 대해서는, 변기의 좌대와 마찬가지로 우리나라의 모든 규정에서 400~450㎜로 설치하도록 규정하고 있다. 이는 국내의 표준규격휠체어의 좌석 높이를 고려한 것으로 판단되며, 본서에서도 위와 같이 욕조의 상단은 바닥에서부터 400~450㎜ 높이에 설치하는 것을 기준으로 설정하였다.

라. 차후 개조를 위한 공간(Area for Later Use)

차후 개조를 위한 공간은 현재 반드시 설치할 필요는 없는 설비를 차후에 추가로 설치할 수 있도록 제공하는 공간을 의미한다. 본서는 장애인이나 노인 주거의 전용욕실을 대상으로 하는 것이 아니기에, 욕실의 변기와 욕조 주변에 반드시 손잡이를 설치할 필요는 없으나, 차후에 가족 구성원 중 욕실 사용이 어려운 사람이 발생할 경우에는 손잡이를 설치할 수 있어야 한다.

차후에 손잡이를 설치할 벽면은 사용자의 체중과 근력에 의해 작용하는 하중이나 충격을 지지할 수 있는 강도를 지닌 구조로 계획, 시공해야 하며, 실제 거주자와 관리자는 손잡이의 설치위치와 설치방법에 대해 알고 있어야 한다. 따라서 욕실의 벽면 중 차후에 손잡이가 설치될 부분은 주변과 색채, 재질 등을 다르게 마감하여 시각적으로 쉽게 식별할 수 있도록 하는 것이 바람직하며, 이는 차후에 손잡이를 설치한 후에도 안경을 벗은 사용자나 노인 등의 시각적 기능이 저하된 사용자도 쉽게 손잡이의 위치를 파악하고 이용할 수 있다.

(1) 손잡이의 기본규격

변기와 욕조 주변의 벽면에 고정하여 설치하는 손잡이는 우리나라의 규정에 따라 [그림 3.23(a)]와 같이 벽면에서 50㎜의 거리에 직경 32~38㎜의 원형 또는 타원형으로 설치하는 것을 기준으로 설정하였다. 또한 원형 단면이 아닌 경우에는, 미국의 ADA and ABA Accessibility Guidelines와 캐나다의 The Building Access Handbook에서 규정하는 바와 같이 손으로 쉽게 쥘 수 있는 형태의 것으로 설치하되, [그림 3.23(b)]와 같이 단면의 최장축 길이가 57㎜를 넘지 않도록 하고 단면의 둘레길이는 100~160㎜ 사이가 되도록 계획하는 것을 기준으로 설정하였다. 손잡이를 잡은 상태에서 손잡이가 회전하거나, 뒤틀리거나, 혹은 움직이지 않도록 손잡이의 각 부분을 접합해야 하며, 손잡이의 재질은 차갑거나 미끄럽지 않은 것을 선택한다.

욕실의 좌변기는 측벽으로부터 410㎜의 거리에 변기의 중심선이 위치할 수 있도록 설치하는 것을 원칙으로 하였고, 욕조 또한 여유공간의 확보와 동선을 고려하여 욕실의 벽면에 접하도록 설치하는 것을 원칙으로 하였다. 따라서 변기와 욕조 주변의 벽면에 고정 설치된 손잡이가 벽으로부터 너무 많이 이격된 경우에는 손잡이가 공간을 침범하여 변기

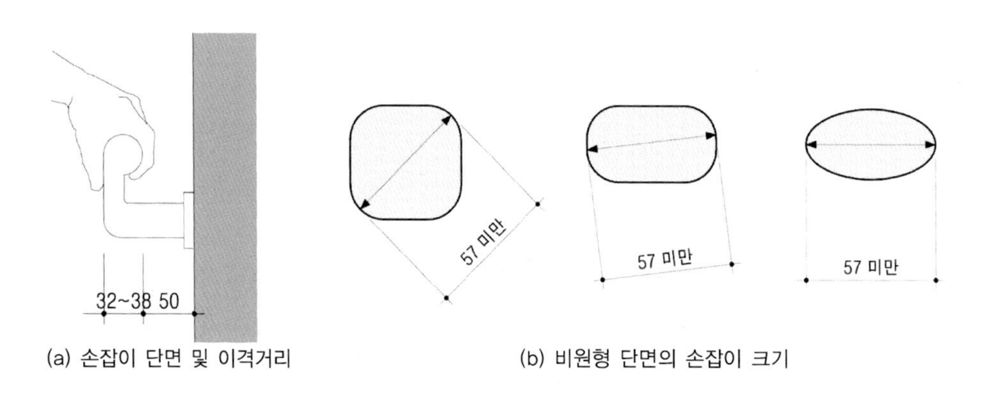

(a) 손잡이 단면 및 이격거리　　(b) 비원형 단면의 손잡이 크기

출처: (a) 보건복지가족부, 2008; (b) US Access Board, 2004, p.193을 재구성함

그림 3.23 손잡이 단면 및 벽과의 이격거리

와 욕조로 이동하거나 사용하는 과정에 불편하거나 위험할 수 있고, 손이 미끄러져 손잡이와 벽 사이에 팔이 끼어 부상을 당할 수도 있으며, 반대로 손잡이와 벽과의 이격거리가 너무 좁을 경우에는 손등이 벽에 긁히거나 손이 낄 수 있다. 따라서 손잡이와 벽과의 이격거리는 50㎜로 유지해야 한다.

(2) 변기의 손잡이 설치

우리나라의 규정에서는 변기 주변의 손잡이는 반드시 변기 양측면에 모두 설치하되, 한쪽은 회전식이나 접이식으로 설치하도록 규정하고 있다. 변기의 양측면에 손잡이를 설치하도록 한 것은 변기로 정면접근하여 양손으로 손잡이를 이용하고, 변기에 앉아있는 동안에 균형을 유지하며 변기에서 일어설 때 양손으로 손잡이를 이용할 수 있도록 배려한 것이라 판단된다.

이처럼 변기의 양측에 모두 손잡이를 설치할 경우에는 허리나 무릎관절의 근력이 약한 사람이 변기에서 일어서거나 앉는 과정에 양손으로 손잡이를 이용할 수 있어 많은 도움을 준다. 그러나 일부 휠체어사용자와 같이 하체에 힘이 없거나 손잡이에 의지해서라도 서있기가 곤란한 사람이 변기 양측의 손잡이를 사용할 경우에는 변기로의 이동과정에 있어서 양측 손잡이에만 의지한 채 움직여야 하며, 이 경우에는 수평손잡이가 충분한 길이로 이동경로 전체의 양 측면에 연속적으로 설치되어 있어야 한다.

본서에서 대상으로 하는 아파트 욕실에서는 욕실의 형상과 면적, 그리고 변기의 위치의 문제로 인해 휠체어사용자가 정면으로 접근한 후 양쪽의 손잡이를 모두 이용하여 변기로 이동하는 방법은 적용하기가 곤란하다. 연구문헌의 결과에서도 휠체어사용자의 경우 변기 측면의 여유공간에 설치된 손잡이가 변기로의 이동과정에 장애물이 되어 제거한 사례도 있었으며, 그러한 경우에는 변기의 탱크나 세면대 전면부를 손잡이처럼 사용하여 변기로 이동하는 사례도 있었다. 따라서 정면접근이 불가능한 형상의 욕실에서는 변기로의 대각접근이 주로 이루어지며, 이 경우에는 변기 측면의 여유공간에 설치된 손잡이는 반드시 회전식으로 하여 위쪽으로 접을 수 있도록 하거나 제거하여 변기로의 이동 과정에 장애물로 작용하지 않도록 해야 한다.

본서에서는 변기로의 접근 및 사용방법, 욕실면적의 협소함 등의 이유로 손잡이는 변기의 측면벽과 후면벽에만 설치하는 것을 기준으로 설정하였으며, 변기 주변의 손잡이의 설치범위는 [그림 3.24(a)]와 같다. 측벽의 손잡이는 후면벽에서부터 300㎜ 이내에서 시작

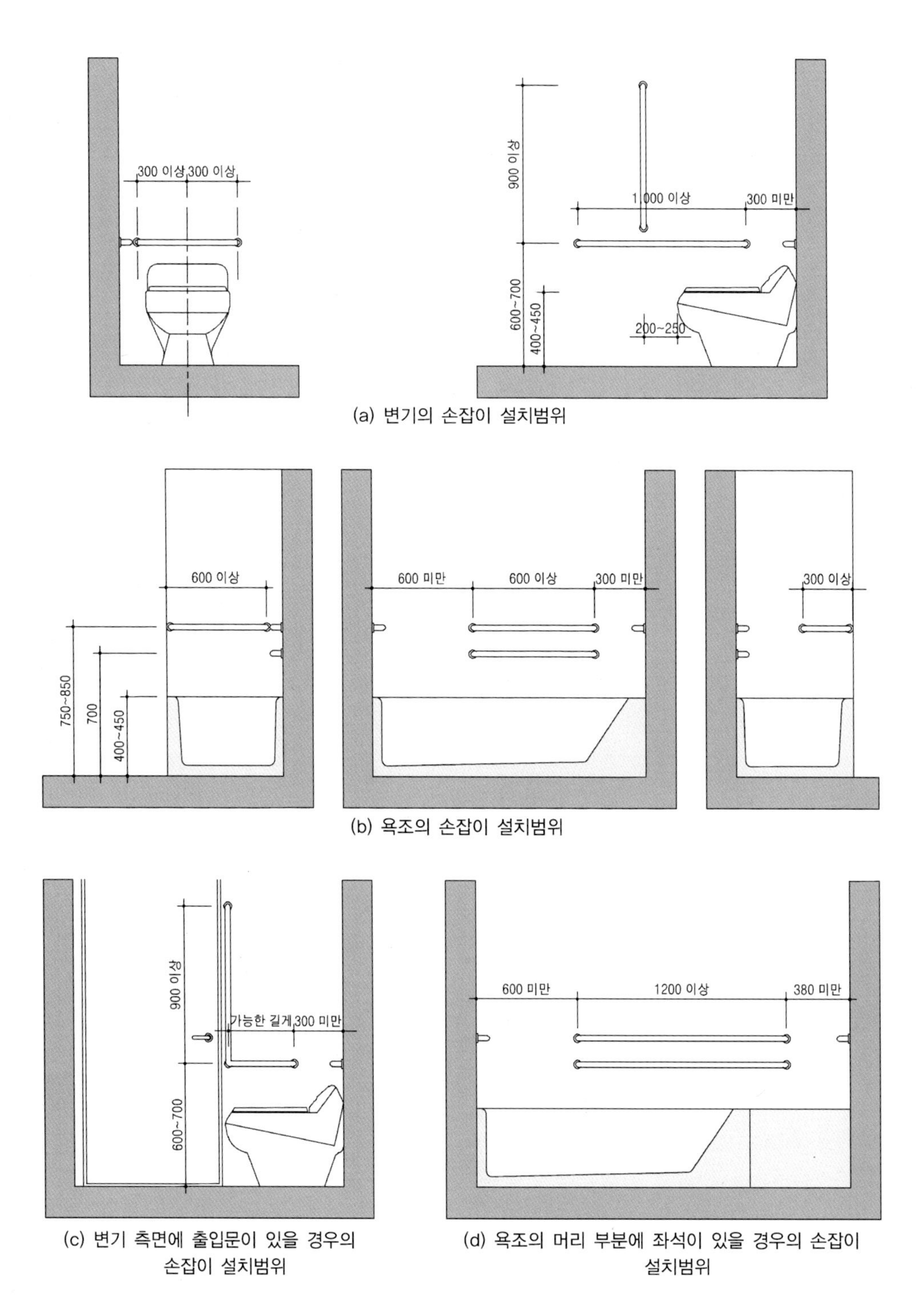

(a) 변기의 손잡이 설치범위

(b) 욕조의 손잡이 설치범위

(c) 변기 측면에 출입문이 있을 경우의 손잡이 설치범위

(d) 욕조의 머리 부분에 좌석이 있을 경우의 손잡이 설치범위

출처: 국내외 관련 규정을 참고하여 필자가 작성함

그림 3.24 변기와 욕조 주변의 손잡이 설치범위

하여 길이 1,000㎜ 이상으로 설치하고 후면벽의 손잡이는 변기를 중심으로 양쪽으로 300㎜ 이상의 길이로 설치해야 하며, 모든 수평손잡이는 바닥으로부터 높이 600~700㎜ 지점에 설치한다. 또한 변기 측벽에 설치하는 수직손잡이는 우리나라의 노인가구 주택개조 기준에서 규정하는 바와 같이 변기 전면에서 200~250㎜ 떨어진 지점에서 수평손잡이 위로 길이 900㎜ 이상으로 설치하는 것을 기준으로 설정하였다.

변기의 탱크로 인해 후면벽에 손잡이 설치가 곤란한 경우에는 탱크와 변기가 일체식으로 구성되어 있고 변기 탱크의 덮개가 볼트 등으로 단단히 접합되어 있으며, 변기 탱크 윗부분의 형상 및 강도가 손잡이 설치기준에 부합하는 형태인 경우에 한해서만 변기 탱크로 후면벽 손잡이를 대체할 수 있다.

이상과 같이 제시한 손잡이의 설치범위는 [그림 3.21]에서 보듯이 휠체어사용자가 정면, 측면, 대각 방향에서 접근하는 방법을 모두 수용하기 위한 기준이다. 그러나 대부분의 아파트 욕실에서는 [그림 3.24(c)]와 같이 욕실 출입문이 변기 측벽에 위치하여 측벽의 손잡이를 1,000㎜ 이상의 길이로 설치하기 곤란한 경우가 발생한다. 이 경우 주로 사용하는 변기로의 이동방법은 [그림 3.21(a)]의 대각접근 방법으로, 변기로 이동할 때에는 후면손잡이를 이용하고 측벽의 손잡이는 변기에 앉은 후에 균형을 잡거나 지지하는 목적으로 주로 사용하게 된다. 따라서 위의 설치범위를 준수하는 것을 원칙으로 하되, 욕실의 출입문 설치로 인해 손잡이를 충분한 길이로 설치하고 못하고, 동시에 변기로의 이동 과정에 큰 어려움이 없는 경우에 한해서만, 가능한 한 최대한의 길이로 손잡이를 설치하는 것을 원칙으로 설정하였다.

(3) 욕조의 손잡이 설치

우리나라의 고령자 배려 주거 시설 설계 치수 원칙 및 기준과 노인가구 주택개조 매뉴얼에서는 좌석 공간을 별도로 제공한 형태의 욕조에 대해서는 규정하고 있지 않은데, 욕조의 머리 부분에 좌석이 있는 경우에는 수평손잡이는 더욱 길게 설치하여 좌석으로부터 욕조로 들어가거나 나오는 과정에 사용할 수 있도록 해야 한다. 따라서 우리나라의 규정과 ADA and ABA Accessibility Guidelines를 참고하여 욕조 주변에 설치하는 손잡이의 설치범위를 [그림 3.24]의 (b), (d)와 같이 기준을 설정하였다. (b)는 일반적인 형태의 욕조가 설치된 경우를, (d)는 욕조의 머리 부분에 좌석이나 선반으로 사용할 수 있는 부분이 설치된 경우를 각각 나타낸다. (b)와 같은 형태의 욕조를 사용함에 있어 좌석이 필요한 경우에는 부가적인 좌석을 욕조 위에 설치할 수 있으며, 손잡이의 설치범위는 그대로 유지한다. 욕조의 측벽에는 경사형 손잡이를 설치할 수도 있으나, 정확한 설치범위와 기울기 등에 대한 관련 규정이 미비하고 실제 노인을 대상으로 한 실험 연구(주서령 외, 2006)에서 경사형 손잡이는 사용 중 미끄러지기 쉬워 사용을 기피하는 것으로 나타나 본서에서는 욕조 주변에 수평 손잡이를 설치하는 것을 원칙으로 하였다.

마. 안전(Safety)

욕실에서의 안전과 관련한 문제는 주로 낙상과 화상의 예방과 관련이 있다. 개인이 욕실을 독립적으로 안전하게 사용할 수 있기 위해서는 위와 같은 치수와 공간에 대한 고려도 필요하지만, 마감 등의 세밀한 부분에도 주의를 기울일 필요가 있다.

휠체어사용자와 목발을 사용하는 사람, 몸을 균형을 유지하는 데 어려움이 있는 사람뿐만 아니라 보행에 어려움이 적은 사람의 경우에도 바닥면을 미끄럽지 않게 마감하는 것은 낙상예방에 중요하다. 특히 우리나라 욕실의 경우 거실 바닥과 단차가 있으며 물에 젖어 있는 경우가 많으므로, 마감재의 선택 시에는 건조된 상태뿐만 아니라 표면이 젖은 상태에서의 마찰계수도 반드시 고려해야 한다.

이와 관련하여서 우리나라에서는 대부분의 규정에서 물에 젖어도 미끄럽지 않은 재질로 마감하도록 하고 있으며, 특히 장애물 없는 생활환경 인증제도 매뉴얼(건축물편)에서는 스티커형, 매트형, 액체형, 논슬립 타일매트, 엠보싱 타일 등으로 마감할 것을 규정하고 있고, 장애물 없는 생활환경 인증제도 시행지침에서는 물에 젖어도 미끄럽지 않은 재질로 마감하고 간격 10㎜ 이하의 줄눈을 시공하도록 구체적으로 규정하고 있다.

이와 같이 우리나라의 대부분의 규정에서는 욕실 내의 낙상 예방 차원에서 바닥표면을 물에 젖어도 미끄럽지 않은 재질로 마감하도록 명시하고 있다. 그러나 실제 목발을 사용하거나 휠체어를 사용하는 사람들을 고려했을 때, 욕실바닥의 마찰계수만큼 중요한 것이 욕실 출입문의 문턱을 포함하여 출입문에 접한 거실의 바닥면도 동일하게 미끄럽지 않아야 한다는 것이다. 욕실 안에서 개인 신체의 발이나 보행보조기구(목발), 휠체어바퀴를 완전히 건조시키기 쉽지 않아 물에 젖은 상태로 거실로 나오는 경우에 낙상의 위험은 여전히 존재하며, 단차나 문턱이 있는 경우는 더욱 위험하다.

따라서 욕실의 바닥뿐만 아니라 욕실의 문턱 및 출입문에 접한 거실의 바닥면 또한 물에 젖어도 미끄럽지 않은 재질로 마감해야 하며, 러그 등의 깔판을 설치할 경우에는 밀리거나 움직이지 않도록 바닥에 단단히 고정해야 한다.

세면대 하부에 확보된 여유공간은 휠체어사용자나 앉아서 사용하는 사람들의 편의를 증진시킨다. 그러나 하부의 마감이 매끄럽지 않은 경우에는 찰과상의 위험이 있으며, 배관이 단열처리되지 않은 경우에는 화상의 위험이 있다. 특히 휠체어사용자 중 하체의 감각이 무딘 경우에는 다치거나 화상을 입어도 그에 대한 인식이 늦어 그 위험이 더 크다고 할 수 있다. 따라서 작업면 하부의 거친 마감면이나, 뜨거운 배관 설비 등으로부터 보호될 수 있도록 세면대 하부의 마감을 매끄럽게 하고 배관설비는 단열처리를 하는 것이 바람직하다. 판재 등으로 세면대 하부의 마감과 배관을 모두 가릴 경우에는 접촉 자체를 방지할 수 있고 미적으로도 정리되어 보이는 효과를 가지며 반복적인 충격으로부터 설비도 보호할 수 있다는 측면에서 유용하다.

2. 아파트 단위평면의 유형 분류

아파트 단위평면의 유형은 서울시의 강동구, 송파구, 강남구, 서초구, 동작구, 관악구, 금천구, 구로구, 영등포구, 양천구, 강서구 등 11개 구에 위치한 단지 중, 2000년 이후 입주한 단지의 단위평면을 대상으로 조사하였다. 아파트 백과(세진기획편집부, 2002)를 참고하여 분양면적 25~45평인 중소규모 단위세대 320세대를 분석한 결과, 평형은 크게 25평형(94세대), 33평형(146세대), 37평형(9세대), 42평형(71세대)의 4가지로 분류되었다.

각 평형별로 단위세대 내의 실의 구성방식에 따라 분류하고, 빈도수가 2세대 이하인 평면은 유형분류에서 제외한 결과, <표 3.2>와 같이 25평은 4개 유형, 33평형은 7개 유형, 37평형은 1개 유형, 42평형은 2개 유형으로 각각 분류되었으며, 이들 유형 중 상대적으로 빈도수가 높아 대표성을 갖는 유형을 추출하여 25평형 4개 유형(25A, 25B, 25C, 25D), 33평형 3개 유형(33A, 33B, 33C), 42평형 1개 유형(42A), 총 8개의 평면유형을 분석대상으로 채택하였다.

표 3.2 아파트 단위평면의 유형분류

(평균분양면적 / 빈도수)

<table>
<tr><th>평형</th><th colspan="4">평면유형</th></tr>
<tr><td rowspan="2">25평형</td><td>25A(24.93평 / 43세대)</td><td>25B(24.5평 / 4세대)</td><td>25C(25.76평 / 34세대)</td><td>25D(24.23평 / 4세대)</td></tr>
<tr><td>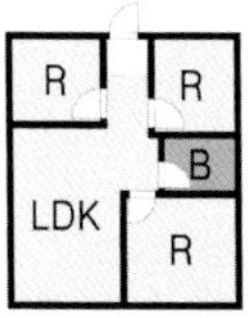</td><td>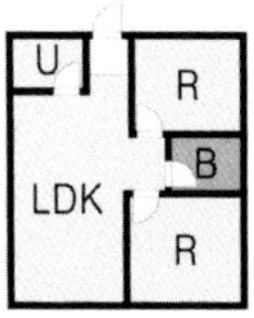</td><td>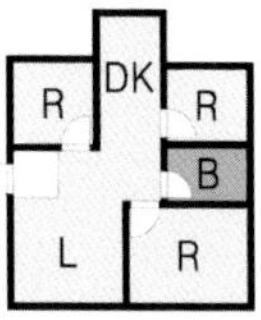</td><td>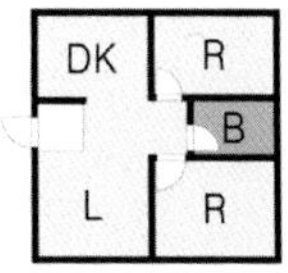</td></tr>
<tr><td rowspan="4">33평형</td><td>33A(32평 / 8세대)</td><td>33B(32.51평 / 86세대)</td><td>33C(34.06평 / 16세대)</td><td>33D(33평 / 7세대)</td></tr>
<tr><td>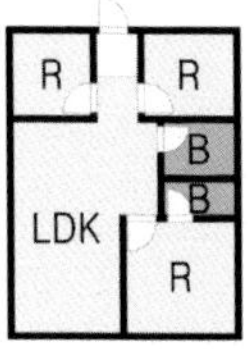</td><td>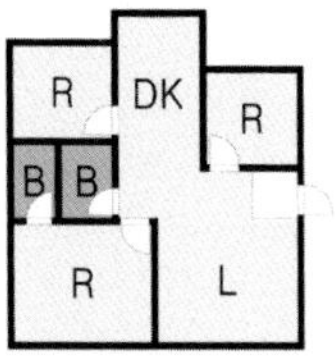</td><td>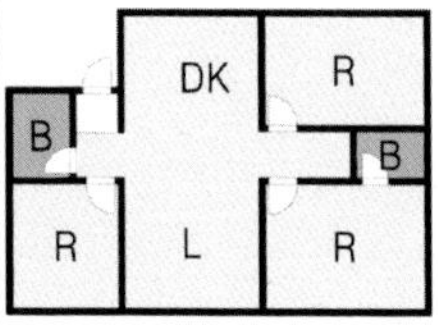</td><td>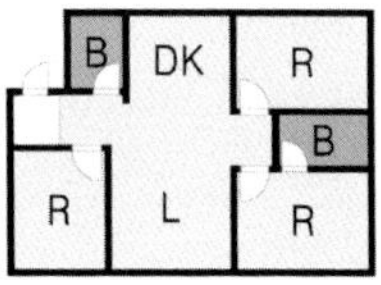</td></tr>
<tr><td>33E(33.5평 / 4세대)</td><td>33F(33평 / 3세대)</td><td>33G(33.3평 / 3세대)</td><td></td></tr>
<tr><td>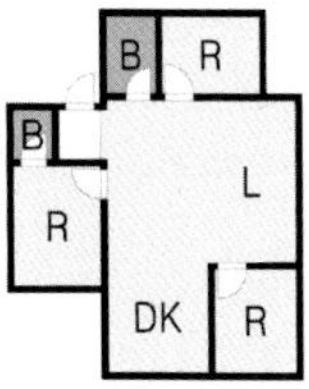</td><td>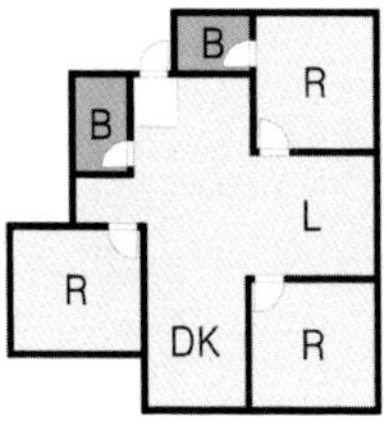</td><td>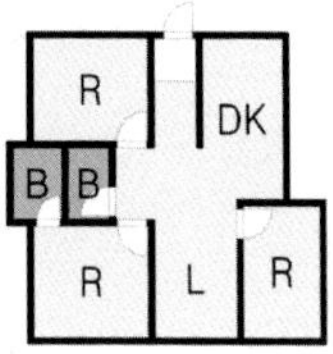</td><td></td></tr>
<tr><td rowspan="2">37평형</td><td>37A(37.5평 / 6세대)</td><td></td><td></td><td></td></tr>
<tr><td>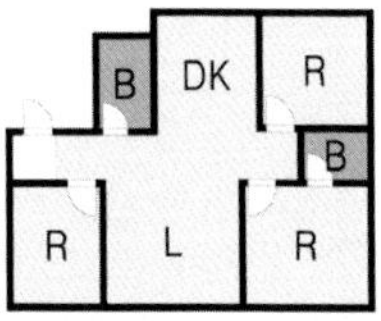</td><td></td><td></td><td></td></tr>
<tr><td rowspan="2">42평형</td><td>42A(42.96평 / 59세대)</td><td>42B(41평 / 3세대)</td><td></td><td></td></tr>
<tr><td>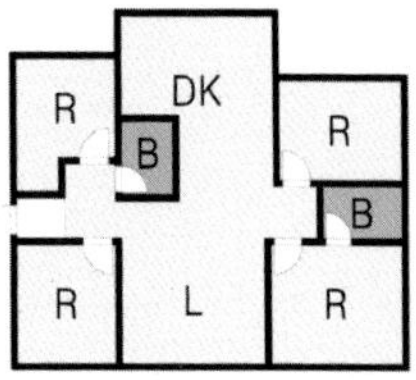</td><td>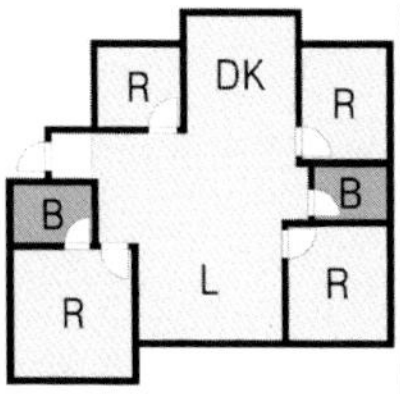</td><td></td><td></td></tr>
</table>

3. 평형별 욕실 분류

가. 25평형의 욕실 분류

25평형의 분석대상으로 채택된 4개 유형의 단위평면은 [그림 3.25]와 같다. 25A 유형은 복도형 아파트로 전면에 안방과 거실이 위치하며, 후면에 현관과 2개의 침실이 위치하고, 욕실은 두 침실 사이에 위치하고 있다. 25B 유형은 25A 유형과 유사한 형태로, 주방에 인접한 후면의 침실을 제거하고 작은 면적의 다용도실을 설치하여 주방, 거실 및 후면의 침실의 면적을 넓힌 형태이다. 25C 유형은 계단실형 아파트로 전면에 거실과 안방이 위치하고 후면에 2개의 침실, 그리고 침실 사이에 주방이 위치하고 있다. 25D 유형은 25C 유형과 유사하나 후면의 침실을 하나 없애고, 주방과 후면의 침실의 면적을 증가시킨 형태이다.

25평형의 분석대상인 25A, 25B, 25C, 25D의 4가지 유형에 있어 공용욕실은 모두 [그림 3.25]의 (a), (b), (c), (d)와 같이 두 침실 사이에 위치하며, 욕실의 면적과 구성은 단위평면의 유형에 따라 차이를 보이는 것이 아니라, 평면유형과는 관계없이 인접침실의 붙박이 장, 욕실의 여유공간, 덕트 등의 구성에 따라 다르게 나타났다. 따라서 25평형의 욕실은 평면유형별로 분류하지 않고 욕실 구성형태에 따라 다음과 같이 3가지의 규모로 분류하여 검토하였다.

(1) 25평형 최소규모의 욕실

25평형의 최소규모의 욕실은 그 면적이 다양하게 분포하였고 1,700㎜×2,400㎜ 규모의 욕실이 가장 많았으나, 휠체어사용자를 고려하여 중심거리 1,800㎜×2,400㎜의 규모로 검토하였으며, 세면대, 좌변기, 욕조만을 포함하는 형태로 덕트는 이 면적에 포함되지 않았다.[9] 욕실 가구의 배치는 [그림 3.26]과 같이 한쪽 벽면으로부터 좌변기, 세면대, 욕조 순으로 배치되어 있고 욕실의 출입문은 변기 측면의 벽에 설치되어 있다.

9) 본서의 욕실규모는 안목치수가 아닌 중심선 치수로 정리하였다. 이는 욕실 구성에 있어 덕트 및 인접침실에 설치한 붙박이장과 부부전용욕실의 면적까지 포함하여 분석하기 때문이다. 또한, 안목치수와 관련하여 의미가 있는 것은 실제 욕실의 면적보다는 욕실의 가구배치, 즉 가구의 크기, 방향, 위치에 의해 형성되는 여유공간의 크기이다. 따라서 욕실에서의 안목치수의 개념은 각각의 계획기준의 항목으로 구분하여 각각의 경우에 필요한 여유공간으로 설정하였다.

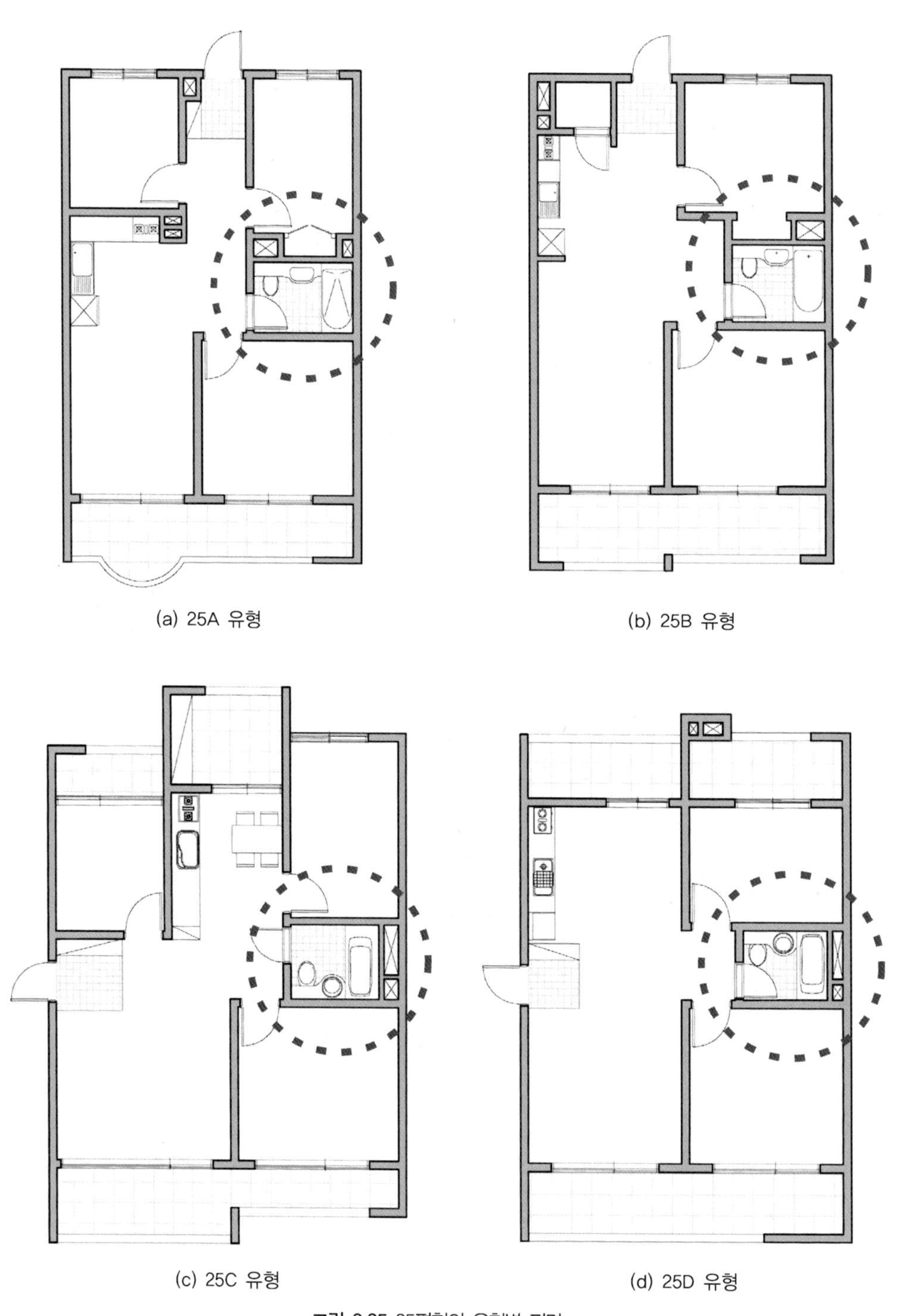

(a) 25A 유형

(b) 25B 유형

(c) 25C 유형

(d) 25D 유형

그림 3.25 25평형의 유형별 평면

(2) 25평형 두 번째 규모의 욕실

25평형의 두 번째 규모의 욕실은 실의 형상과 면적이 다양하게 분포하였으나, 본서에서는 침실 등의 실의 치수와 관련하여 최소 규모의 욕실에 덕트를 추가로 포함하는 포함한 2,100㎜×2,400㎜의 규모로 검토하였다. 이 규모의 사례들은 [그림 3.27]과 같이 구성되어 있는데, (a)의 경우는 욕실 후면에 덕트가 설치된 것으로 최소면적의 욕실과 동일한 형태이나 출입문의 위치만 변기 전면으로 바뀐 형태이고, (b)의 경우는 욕실전면에 덕트가 설치되어 최소면적의 욕실보다 세면대 전면의 공간이 확장되고 출입문의 위치도 변기 전면으로 변화한 형태이며, (c)의 경우는 최소 규모의 욕실과 동일하나 출입문 측의 공간에 여유가 생긴 형태이다.

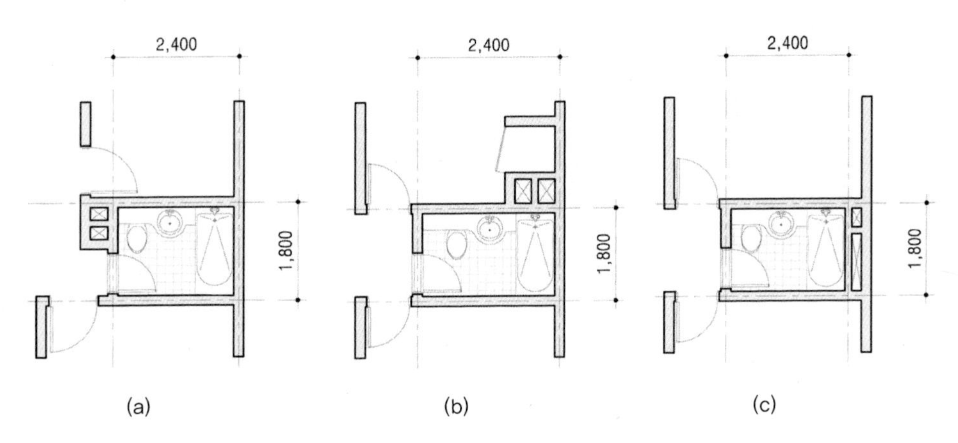

그림 3.26 25평형 최소규모의 욕실 사례

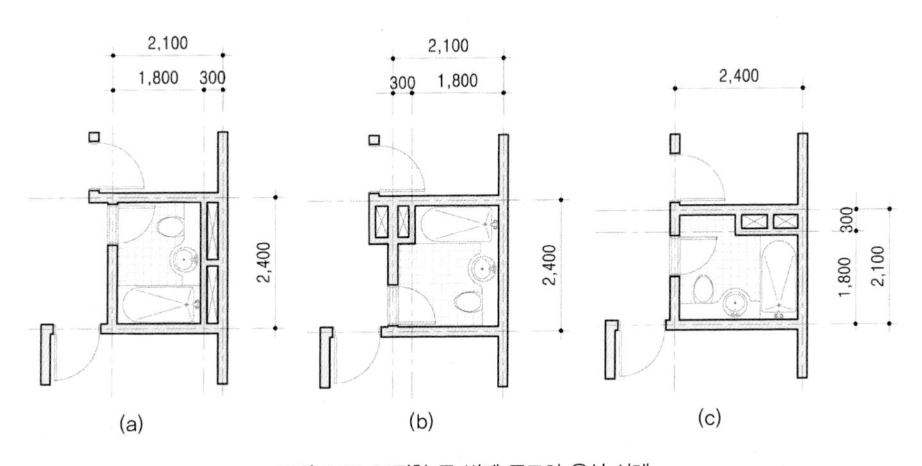

그림 3.27 25평형 두 번째 규모의 욕실 사례

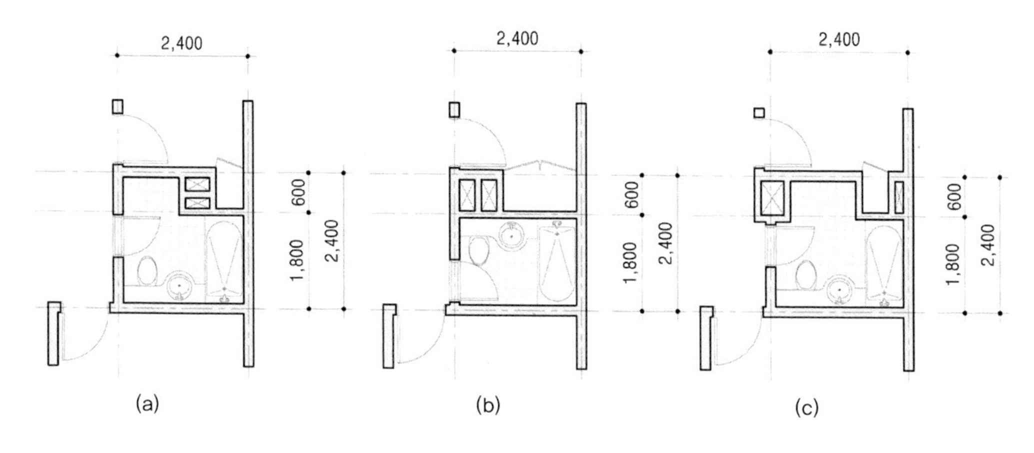

그림 3.28 25평형 최대규모의 욕실 사례

(3) 25평형 최대규모의 욕실

25평형의 최대규모의 욕실은 실의 형상과 면적이 다양하게 분포하였으나, 본서에서는 덕트와 인접침실의 붙박이장을 포함한 2,400㎜×2,400㎜의 규모로 검토하였다. 최소규모의 욕실과 구성이 동일한 1,800㎜×2,400㎜의 욕실에 600㎜×2,400㎜의 면적을 추가로 포함한 형태이며, 추가된 면적은 [그림 3.28]과 같이 덕트, 욕실의 여유공간, 인접한 침실의 붙박이장 등의 형태로 구성되어 있다. 즉, 출입구의 위치와 가구의 배치에 있어서 욕실의 사용과 공간의 제약 등은 최소규모의 욕실과 동일하며, 덕트의 위치나 여유공간의 구성을 적절히 수정할 경우, 접근성과 편의성이 향상될 수 있으므로 이에 대한 고려가 필요하다.

나. 33평형의 욕실 분류

33평형은 실의 구성 및 배치에 따라 <표 3.2>와 같이 7개 유형으로 분류되었다. 표에서 알 수 있듯이 33평형의 단위평면은 33A, 33B, 33C, 33D 유형에 주로 분포하였으나, 본서에서 대상으로 하는 욕실만을 비교할 경우에는 33A, 33B, 33C 유형을 제외한 다른 유형의 욕실들은 33C 유형 및 25평형 유형의 욕실과 동일한 형태의 유형으로 분류될 수 있다. 따라서 33평형의 단위평면 유형에 있어 33D를 포함한 다른 유형의 욕실은 분석대상으로 채택한 다른 유형의 욕실에서 분석, 설명이 될 것이기에 분석대상에서 제외하여 33A, 33B, 33C 유형을 분석대상으로 채택하였다.

또한 37평형의 37A 유형 역시 33평형의 33D 유형과 구성은 동일하며 각 실의 면적만 증가한 형태이다. 앞서 설명한 것처럼 37A 유형의 내용도 분석대상으로 채택된 다른 유형의 욕실의 분석과정에서 설명할 수 있으므로 37평형은 분석대상에서 제외하였다.

(1) 33A 유형

33A 유형은 25A 유형과 유사하나 부부전용욕실이 추가되고 각 실의 면적이 증가된 유형으로, 욕실은 [그림 3.29]와 같이 공용욕실과 부부전용욕실이 단위평면의 깊이 방향으로 나란히 위치하고 있다. 두 욕실을 모두 포함하는 일반적인 규모는 2,700㎜×3,000㎜로 조사되었으며, 이는 1,800㎜×2,400㎜인 25평형 최소규모의 공용욕실에 부부전용욕실을 인접하여 붙인 형태로 인접한 부부전용욕실 및 덕트, 붙박이장의 위치와 크기를 변경하여 욕실 간의 구획을 조절할 경우 거실에서 사용하는 공용욕실의 접근 및 이용의 편의가 향상될 수 있다.

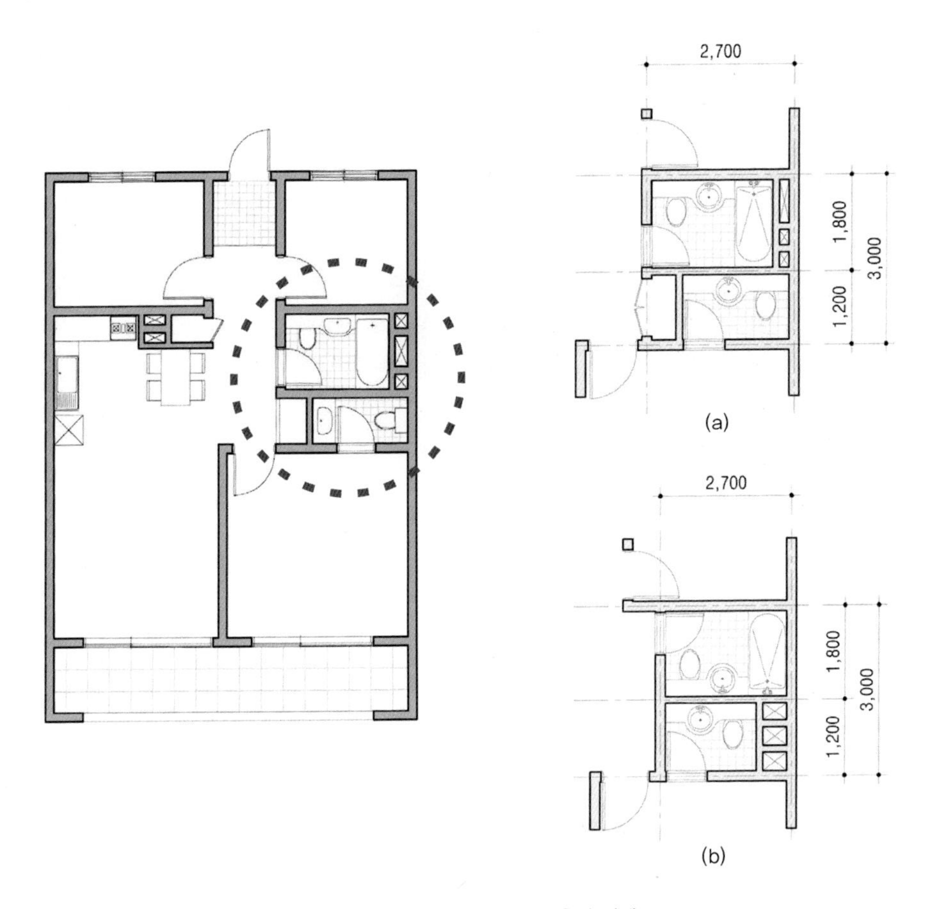

그림 3.29 33A 유형의 평면 및 욕실 사례

(2) 33B 유형

33B 유형은 25C 유형과 유사하나 부부전용욕실이 추가되고 각 실의 면적이 증가된 형태이다. [그림 3.30]과 같이 공용욕실과 부부전용욕실이 단위평면의 폭 방향으로 나란히 위치하며, 일반적인 규모는 3,300㎜×2,400㎜으로 조사되었다. 33A 유형과 마찬가지로 1,800㎜×2,400㎜인 25평형 최소규모의 욕실에 부부전용욕실을 인접하여 붙인 형태이다. 두 욕실 간의 구획을 조절할 경우, 거실에서 사용하는 공용욕실의 접근 및 이용의 편의 증진에 많은 융통성을 가질 수 있으며, 공용욕실에 있어 25평형의 최소규모의 욕실과 큰 차이를 보이는 부분은 출입문의 위치이다.

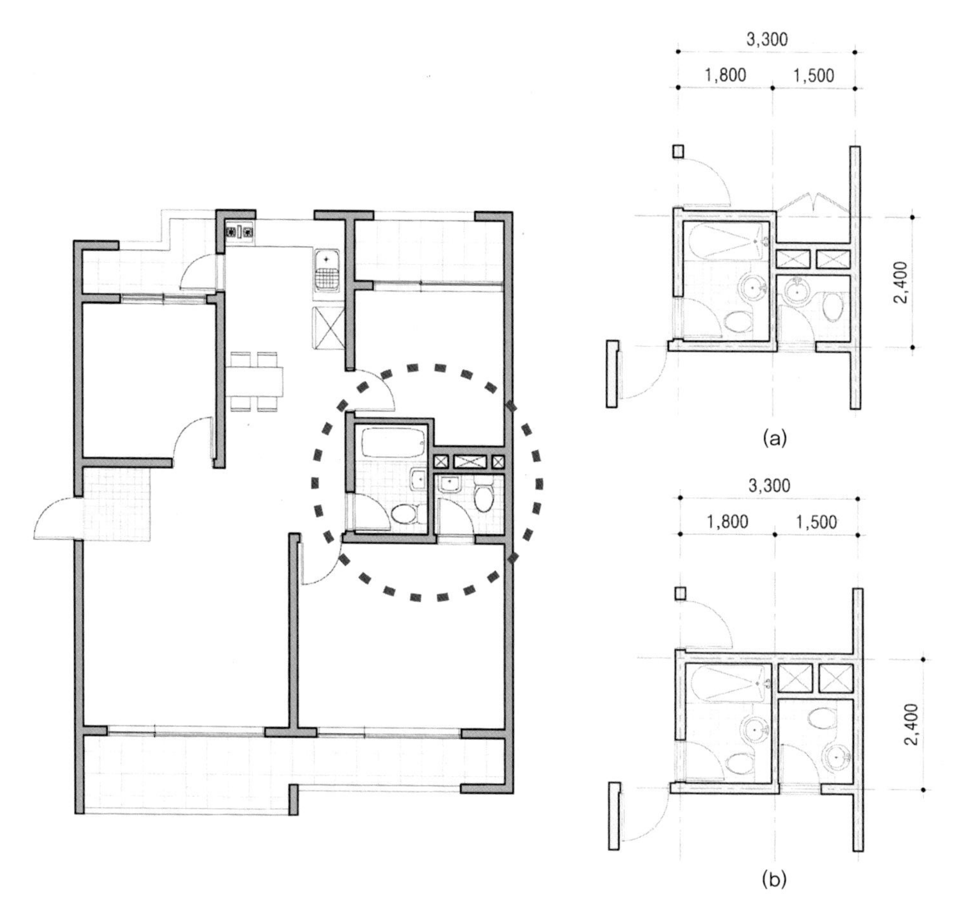

그림 3.30 33B 유형의 평면 및 욕실 사례

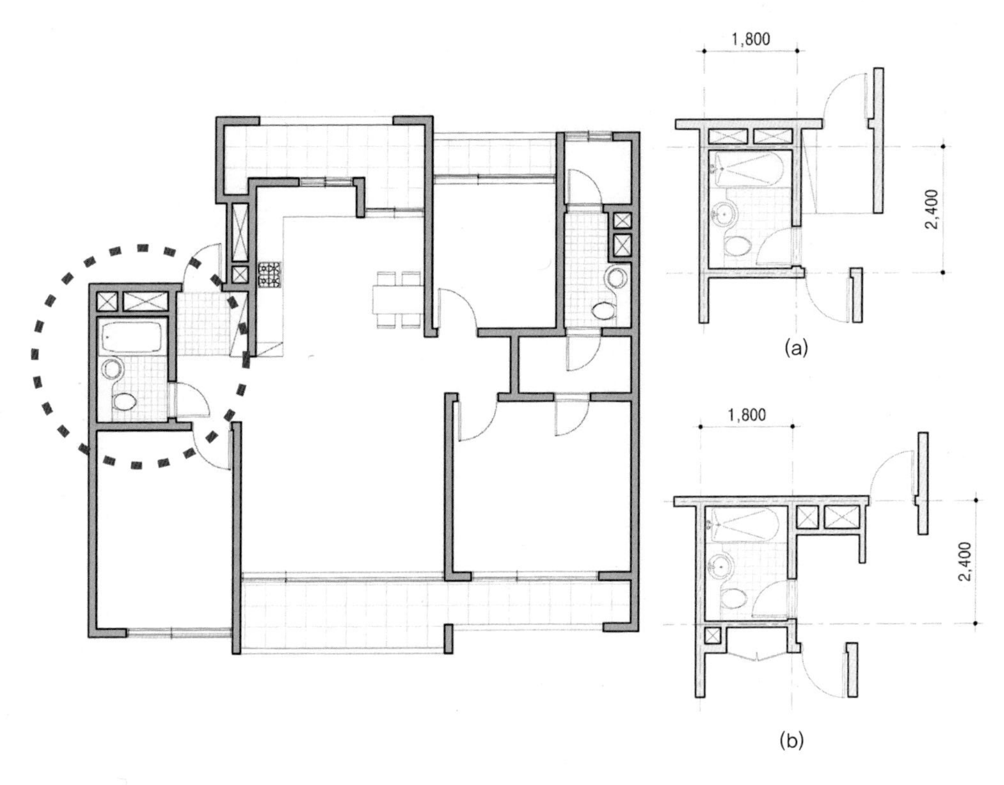

그림 3.31 33C 유형의 평면 및 욕실 사례

(3) 33C 유형

33C 유형은 전면에 거실과 2개의 침실을 배치한 형태로, 공용욕실은 [그림 3.31]과 같이 부부전용욕실과 분리되어 현관에 인접하여 설치되어 있으며 기본적으로 25평형의 최소 규모인 1,800㎜×2,400㎜의 욕실과 동일한 형태이나, 출입문이 변기 전면에 설치되어 있다는 차이점이 있다. 욕실의 출입방향, 현관의 크기 및 위치, 인접 덕트의 위치에 따라 욕실 사용의 편의성이 달라지므로 충분히 고려할 필요가 있다.

다. 42평형의 욕실 분류

42평형의 단위세대는 <표 3.2>와 같이 2개 유형으로 분류되었고, 이 중 빈도수가 높은 42A형을 분석 대상으로 채택하였다. 42A 유형은 [그림 3.32]와 같이 전면에 거실과 침실

2개를 배치한 형태이며, 공용욕실은 부부전용욕실과 분리되어 현관에 인접하여 설치되어 있다. 이 유형은 분석대상 유형 중 가장 큰 평형이나, 공용욕실은 다른 평형과 동일하게 최소규모로 계획되어 있어 25평형의 최소 규모인 1,800㎜×2,400㎜의 욕실과 동일한 형태이다.

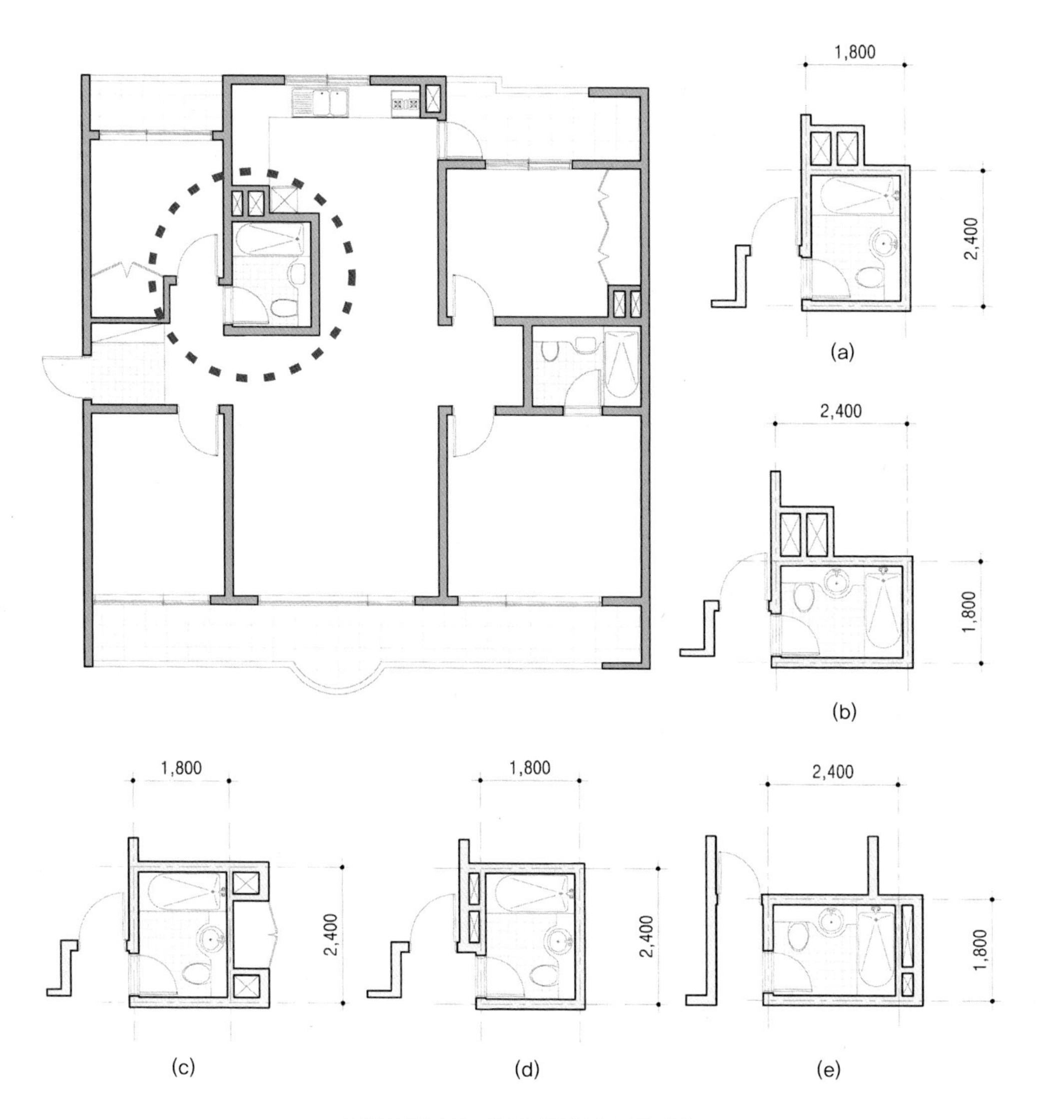

그림 3.32 42A 유형의 평면 및 욕실 사례

42A 유형의 욕실을 25평형의 최소욕실과 비교했을 때 차이가 있는 부분은 주방, 거실로부터의 동선과 시각적인 접근을 분리하기 위해 욕실의 출입문이 좁은 통로에 설치되어 있다는 점이다. 이로 인해 거실에서부터 출입문으로의 접근은 측면접근이 이루어지고 욕실 출입문 전면의 여유공간은 협소하며, 경우에 따라서는 출입문이 변기 전면에 설치되기도 하여 출입문 전후의 여유공간 확보가 주된 문제점이 될 수 있다. 욕실 벽체의 구획과 덕트의 형상 및 위치를 수정하고 욕실가구의 배치를 변경할 경우 접근과 사용의 편의가 향상될 수 있다.

4. 사례분석

욕실의 사례 분석은 8개 건설회사 8개 단지의 실시설계도면 중 욕실의 치수 및 가구배치에 차이가 있는 21개의 평면도, 18개의 상세도(전개도)를 이용하여 욕실 사용의 내용 및 순서와 관계되는 치수, 가구배치, 여유공간을 중심으로 분석하였다. 앞서 유니버설 디자인 계획 및 분석기준을 제시한 것과 동일한 순서로 각 항목을 분석하였으며, 안전과 관련된 요소 중 바닥마감재는 상세도(전개도) 및 평면도에 재료가 명시되어 있지 않고, 세면대 하부의 단열처리여부도 명시되어 있지 않아 분석내용에서는 제외하였다.

전체적인 분석절차 및 각 항목의 분석 내용은 <표 3.3> 및 [그림 3.33]과 같이 구성되며, 전체 욕실의 분석 내용을 요약하여 정리하면 <표 3.4>와 같이 나타낼 수 있다.

가. 여유공간

(1) 휠체어사용자 최소유효바닥면적

휠체어사용자가 욕실을 이용하기 위해 가장 기본이 되는 전제는 사용하고자 하는 설비나 가구에 인접하여 최소유효바닥면적 700㎜×1,200㎜를 확보하는 것이다. 분석결과 욕실의 출입문 전후, 대변기, 세면대, 욕조에 인접하여 최소유효면적을 확보하지 못한 사례는 총 7개였으며, 모두 욕실면적이 1,800㎜×2,400㎜ 미만인 사례로 욕실의 협소함으로 인해 최소유효면적을 확보하지 못하고 있으므로 공용욕실의 면적은 1,800㎜×2,400㎜ 이상으로 조절할 필요가 있다.

(2) 세면대 사용을 위한 공간

세면대 사용을 위한 최소유효면적 700㎜×1,200㎜는 1개소를 제외하고 모두 확보하고 있었다. 여유공간을 확보하지 못한 사례는 욕실의 규모가 1,800㎜×2,400㎜ 미만인 곳으로 욕실면적의 협소함으로 인해 여유공간을 확보하지 못하고 있었다.

모든 욕실 사례에 있어 휠체어사용자는 정면접근하여 세면대를 사용하게 되므로, 세면대의 중심선과 휠체어의 최소유효면적 700㎜×1,200㎜의 중심선은 [그림 3.3]과 같이 일치해야 하나, 분석 결과 일치하지 않는 사례는 4개소였다.

세면대의 중심선의 위치는 [그림 3.6]에서 보듯이 세면대 사용뿐만 아니라 변기 측면의 여유공간 확보와도 관련이 있으며, 세면대 전면의 여유공간의 폭은 변기, 세면대, 욕조를 사용하기 위해 이동하는 통로의 폭과도 관련이 있어 면밀히 검토하여 계획할 필요가 있다. 이에 대한 내용은 변기사용을 위한 공간과 세면대 앞까지의 이동의 항목에서 자세히 서술하였다.

(3) 세면대 하부의 여유공간

욕실의 세면대는 휠체어사용자가 정면접근, 혹은 측면접근하여 사용할 수 있으며 각각의 경우에 부합하도록 최소유효면적 700㎜×1,200㎜를 확보하는 것이 중요하다. 모든 사례 욕실의 위생도기는 [그림 3.33]과 같이 좌변기－세면대－욕조의 순으로 배치되어 있고 세면대 전면 공간의 폭이 협소하여, 휠체어사용자가 세면대를 사용할 경우에는 측면접근하여 사용하는 것은 불가능하고 정면접근 후 사용해야만 했다. 따라서 모든 사례의 욕실에서는 휠체어사용자가 정면접근하여 세면대를 사용할 수 있도록 세면대 하부에 무릎 여유공간을 반드시 확보할 필요가 있다.

분석결과 세면대 전면 상단의 높이는 모두 850㎜ 미만을 만족하였으며, 전면 하단의 높이는 4개소를 제외하고 모두 650㎜ 이상을 확보하고 있었으나, 깊이 200㎜까지 높이 650㎜를 유지한 사례는 1개소밖에 없었다. 다시 말해, 세면대 전면의 설치높이와 여유공간의 높이는 충족되었으나 하부여유공간의 높이가 세면대 전면으로부터 일정 깊이까지 유지되는 사례는 거의 없었다.

현재의 아파트 욕실과 같은 면적과 위생도기의 배치에서는, 휠체어사용자는 출입문을 열고 세면대 전면까지 이동한 후에 세면대를 사용하거나 변기나 욕조로 이동하게 된다. 즉, 세면대 하부의 여유공간은 세면대 사용뿐만 아니라, 변기로의 이동, 욕조 수전의 조절 등 휠체어사용자의 욕실사용 전체에 영향을 미치는 요인이므로 반드시 확보하도록 계획할 필요가 있다.

표 3.3 25평형 최소규모 욕실(a)의 사례분석

항목	도면	내용
세면대 사용 여유공간	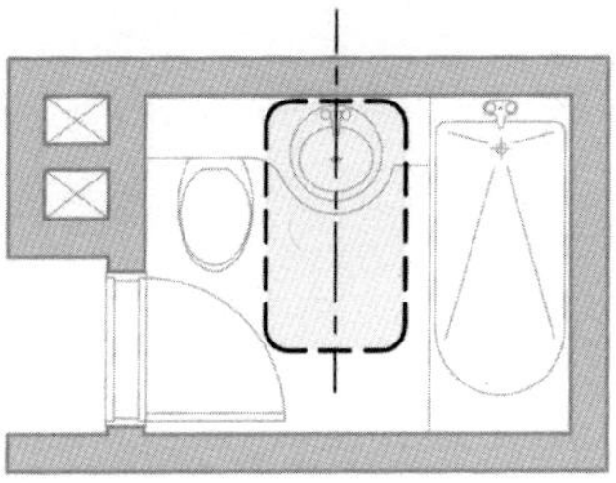	• 세면대 전면의 휠체어사용자 최소유효면적 700㎜×1,200㎜의 중심선과 세면대의 중심선이 일치하여 정면접근이 가능함 • 세면대 하부의 여유공간이 확보되지 않아 사용이 불편함
변기 사용 여유공간	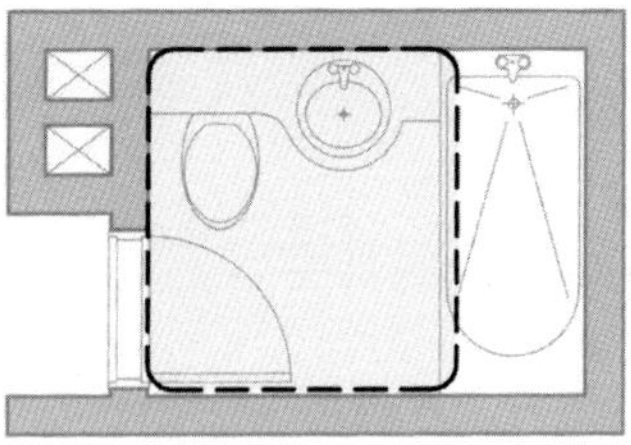	• 변기 사용을 위한 여유공간 1,500㎜×1,600㎜을 확보함
변기 위치	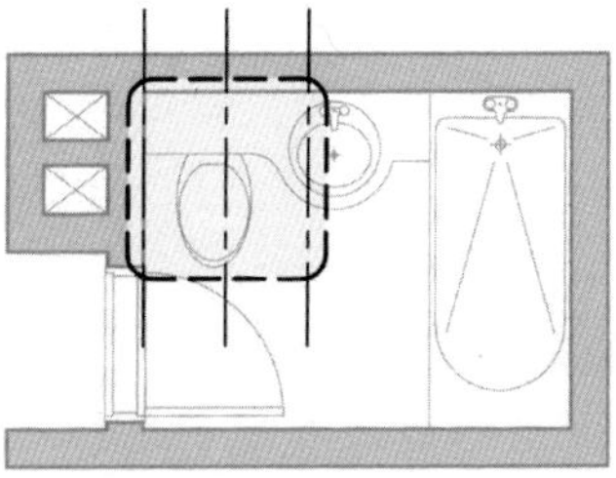	• 변기의 중심선으로부터 측벽과 세면대까지의 거리가 가까워, 변기로의 이동 및 사용이 불편함
욕조 사용 여유공간	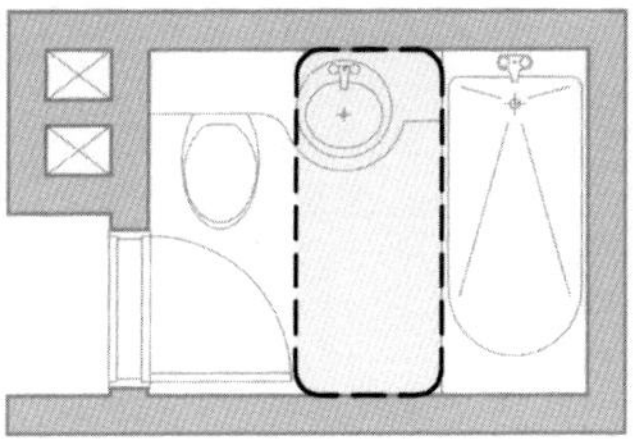	• 욕조로의 이동을 위한 유효폭 700㎜의 공간을 확보함
출입문 유효폭	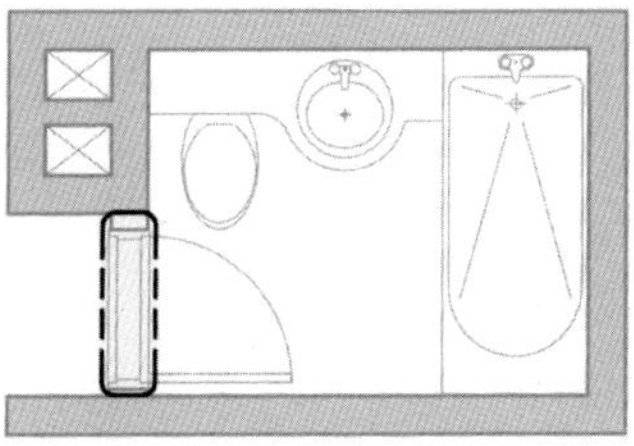	• 휠체어사용자가 통과하기 위한 유효폭 800㎜를 확보하지 못함 • 휠체어사용자가 사용할 경우에는 욕실진입 후 출입문을 닫기 곤란하므로 출입의 개폐방향을 밖으로 열리도록 조절해야 함

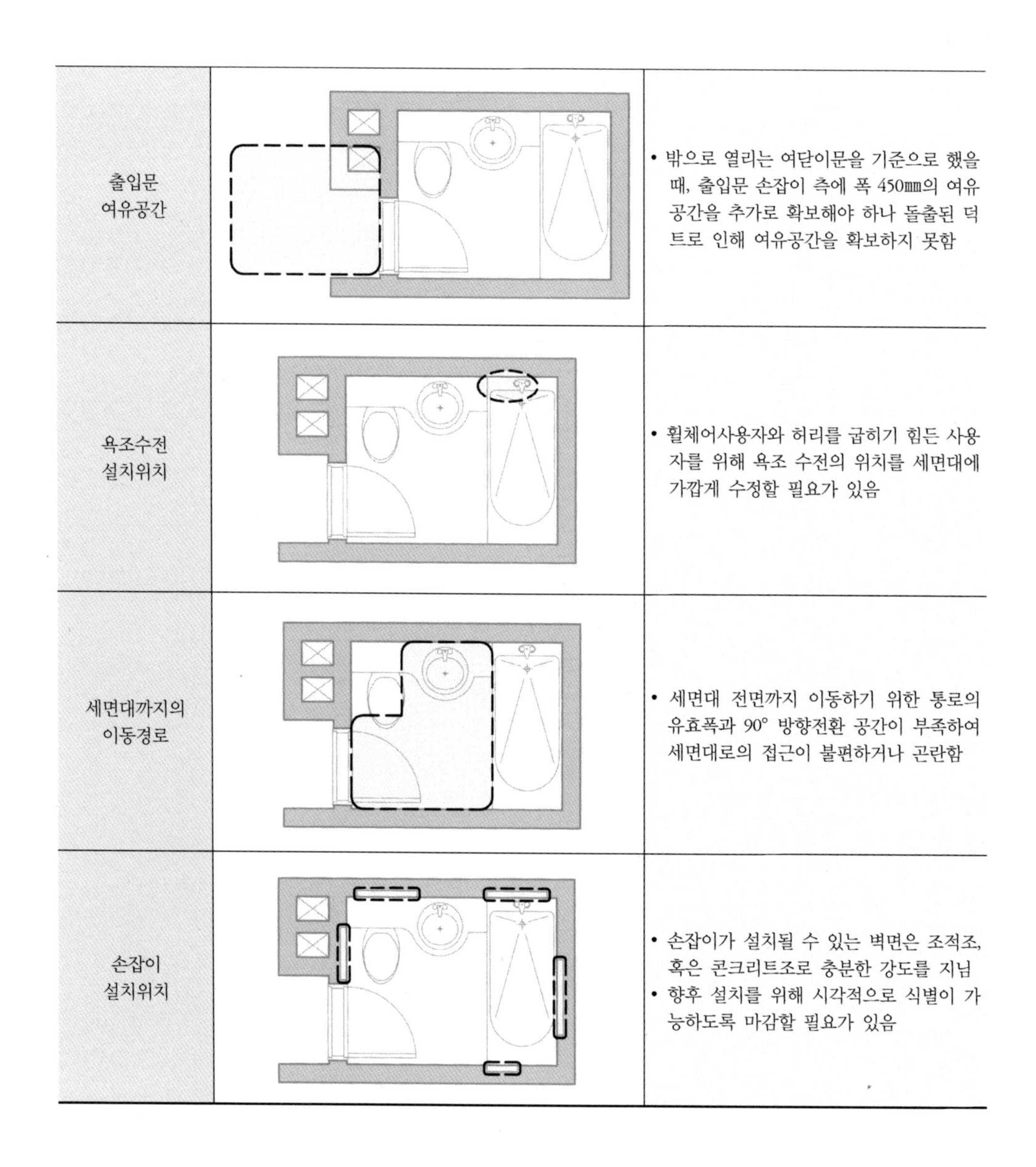

구분	설명
출입문 여유공간	• 밖으로 열리는 여닫이문을 기준으로 했을 때, 출입문 손잡이 측에 폭 450㎜의 여유공간을 추가로 확보해야 하나 돌출된 덕트로 인해 여유공간을 확보하지 못함
욕조수전 설치위치	• 휠체어사용자와 허리를 굽히기 힘든 사용자를 위해 욕조 수전의 위치를 세면대에 가깝게 수정할 필요가 있음
세면대까지의 이동경로	• 세면대 전면까지 이동하기 위한 통로의 유효폭과 90° 방향전환 공간이 부족하여 세면대로의 접근이 불편하거나 곤란함
손잡이 설치위치	• 손잡이가 설치될 수 있는 벽면은 조적조, 혹은 콘크리트조로 충분한 강도를 지님 • 향후 설치를 위해 시각적으로 식별이 가능하도록 마감할 필요가 있음

(4) 변기 사용을 위한 공간

변기의 사용을 위한 공간 1,500㎜×1,600㎜를 확보하지 못한 사례는 2개소였으며, 여유공간을 확보하지 못한 사례는 모두 욕실의 규모가 1,800㎜×2,400㎜ 미만인 곳으로 욕실면적의 협소함으로 인해 여유공간을 확보하지 못하고 있었다.

변기의 중심선과 인접벽면사이의 거리는 280~536㎜의 범위에 분포하고 평균 379.62㎜이었으며, 변기중심선과 세면대 측면사이의 거리는 288~467㎜의 범위에 분포하고 평균 368.76㎜이었다. 변기중심선의 경우 인접벽면과 가까운 경우에는 변기에 앉았을 때 불편하고, 먼 경우에는 차후에 설치할 손잡이의 사용에 불편함이 있을 뿐만 아니라 변기측면의 여유공간 및 세면대 전면의 여유공간을 확보하는 데 방해가 되므로 변기의 중심선의 위치를 정함에 있어 신중히 고려할 필요가 있다. 따라서 계획기준에서 제시한 바와 같이 변기 중심선은 인접벽면에서 410㎜의 거리에 위치하도록 하고, 변기중심선과 세면대의 측면 사이에도 폭 410㎜의 여유공간을 확보하도록 수정할 필요가 있다.

따라서, 욕실의 면적을 1,800㎜×2,400㎜ 이상으로 계획하고 세면대의 크기와 형상, 설치위치를 결정하는 과정에 있어서는 변기사용을 위한 여유공간을 침해하지 않는지, 또한 앞서 분석한 것처럼 세면대의 원활한 사용을 위해 세면대의 중심선과 휠체어사용자의 최소유효면적의 중심선이 일치하는지 등을 충분히 고려하여 계획할 필요가 있다.

변기의 좌대높이는 375~430㎜의 범위에 분포하고 평균 400.87㎜이었으며, 400㎜보다 낮아 사용상에 불편이 예상되는 곳은 7개소로, 변기의 좌대는 기준을 만족하거나 기준보다 약간 낮은 높이로 설치되어 있었다.

(5) 욕조 사용을 위한 공간

욕조의 사용을 위한 유효폭 700㎜의 공간을 확보하지 못한 사례는 세면대 사용을 위한 공간을 확보하지 못했던 사례 1개소였으며, 욕실의 규모가 1,800㎜×2,400㎜ 미만인 곳으로 욕실면적의 협소함으로 인해 여유공간을 확보하지 못하고 있었다. 욕조 경계부분의 높이는 440~530㎜의 범위에 분포하고 평균 495.13㎜이었으며, 2개소를 제외한 모든 욕조의 경계부가 450㎜보다 높아 휠체어사용자의 욕조 이용에 불편함이 예상된다.

(6) 출입문의 유효폭 및 여유공간

출입문의 유효폭은 660~790㎜ 사이에 분포하였고, 평균 유효폭은 698㎜로 휠체어사용자의 진입이 곤란하였으며, 출입문의 형식은 모두 여닫이문이고, 개폐방향은 2개를 제외한 모든 사례에서 욕실 안쪽으로 열리는 형식이어서 실제 휠체어사용자가 욕실에 들어간 후에는 출입문을 닫을 수 없었다. 출입문 유효폭을 800㎜ 이상 확보하도록 조절하고 출입문의 개폐방향을 밖으로 열리도록 수정할 필요가 있으며, 휠체어사용자가 욕실에 진입한 후에 출입문을 닫기 편리하도록 [그림 3.20(b)]와 같이 출입문 안쪽에 추가의 손잡이를 설치할 필요가 있다.

출입문 조작을 위한 여유공간은 현재 출입문의 크기와 개폐방향에 관계없이 모두 욕실 밖으로 열리는 유효폭 800㎜의 여닫이문으로 가정하여 출입문 조작에 필요한 여유공간을 분석하였다. 거실에서 출입문으로의 접근방향은 42A 유형은 측면접근, 나머지 유형은 모두 정면접근이었는데, 정면접근의 경우에는 2개소를 제외한 모든 사례의 욕실 전면은 좁은 통로가 아니며 통행을 방해하는 장애물도 없어 출입문으로의 접근과 출입문 조작을 위한 여유공간이 충분히 확보되어 있었다. 그러나 측면접근을 해야 하는 42A 유형의 경우에는 모든 사례에서 90° 방향전환과 출입문 조작을 위한 유효폭 1,200㎜을 확보하지 못하고 있어, 42A 유형의 욕실에 있어 출입문의 여유공간을 확보하도록 수정할 필요가 있다.

욕실 내부에서의 출입문에 대한 접근은 출입문이 변기 측면에 설치되어 있는 경우에는 정면접근, 변기 정면에 설치되어 있는 경우에는 측면접근이 이루어진다. 두 경우 모두 출입문 조작을 위한 여유공간에 영향을 주는 것은 벽면과 변기의 돌출부분 사이의 이격거리인데, 이에 대한 분석은 작업동선과 관련하여 욕실 내에서 세면대까지의 이동을 위한 공간의 분석에 포함하여 서술하였다. 다만, [그림 3.11]에서 보듯이 욕실 내부에서는 밖으로 열리는 여닫이문에 대해서는 정면접근하는 것이 편리하며, 필요한 여유공간의 규모도 출입문의 손잡이측에 추가적인 여유공간을 확보하지 않고 출입문 폭만큼의 공간을 확보하면 사용에 무리가 없으므로, 욕실 내부에서는 밖으로 열리는 여닫이문에 대해 정면접근할 수 있도록 변기나 출입문의 위치를 수정하는 것이 바람직할 것이다.

나. 사용이 편리한 도달범위

휠체어사용자가 욕조의 수전을 조작할 때는 [그림 3.19(a)]와 같이 세면대 전면에 위치한 상태에서 조작하게 된다. 따라서 욕조 수전의 조작부분을 [그림 3.19(c)]와 같이 세면대에 가깝게 설치하는 것이 바람직하며, 이는 휠체어사용자나 허리를 굽히기 힘든 사람뿐만 아니라 다양한 사용자의 편의를 향상시킬 수 있다. 분석 결과, 욕조 수전의 조작부분을 세면대에 가깝게 설치한 사례는 없었다. 또한, 휠체어사용자의 여닫이문 조작을 돕기 위해 힌지 측에 추가 손잡이를 설치한 사례도 없었다. 모든 사용자의 편의를 위해 욕조 수전의 위치를 수정하고, 추가의 손잡이를 설치하는 것을 고려할 필요가 있다.

다. 작업동선

(1) 단차

욕실바닥에서 출입문의 문턱까지의 높이는 50~80㎜ 사이에 분포하였으며 평균값은 63.33㎜로 휠체어사용자의 출입이 곤란하였다. 현재 아파트의 욕실 내부에서는 휠체어의 회전이나 자유로운 방향전환이 곤란하여, 휠체어사용자가 욕실 사용을 마치고 거실로 나올 경우에는 욕실로 들어간 순서 및 방향의 역순으로 이동해야 하며, 이 경우 출입문은 휠체어로 후면접근하여 조작해야 한다. 또한 목발을 사용하는 사람의 경우에는 단차나 문턱을 밟거나 뛰어넘듯이 이동해야 한다. 우리나라의 욕실 사용습관과 관련하여 욕실바닥이 물에 젖어 있는 경우가 많은데, 이처럼 휠체어사용자나 목발을 사용하는 사람이 물에 젖은 상태의 바닥에서 출입문을 조작하고 단차나 문턱을 넘어 출입하는 것은 큰 장애물이 될 수 있다. 따라서 원활하고 안전한 욕실 출입을 위해 단차나 문턱은 15㎜ 미만으로 최소화할 필요가 있다.

(2) 세면대 앞까지의 이동

모든 욕실에서 세면대가 욕조와 변기 사이에 위치하고 있었으며, 휠체어사용자의 변기와 욕조로의 이동, 세면대의 사용은 욕실에 들어간 후 세면대에 정면접근한 후에 이루어졌다. 따라서, 욕실 출입문을 열고 욕실로 들어간 후, 욕실 출입문을 닫고 세면대 앞까지 이동하는 과정에 장애물이 없는 통로를 확보해야 하며, 이는 욕실사용의 절차에서 기본적이고 중요한 사항 중의 하나이다. 출입문 유효폭이 800㎜ 이상으로 확보되고, 모든 출입문은 밖으로 열리는 여닫이문이며, 단차는 15㎜ 미만이고, 출입문 조작을 위한 여유공간이 확보되었다는 가정 하에, 세면대 전면까지의 접근을 위한 출입문 위치의 수정, 변기의 위치 및 크기의 수정의 필요성을 분석하였다.

25평형의 두 번째 규모의 욕실이나 33B, 33C 등과 같이 변기정면으로 출입하는 경우, [그림 3.33]에서 보듯이 변기의 돌출로 인해 휠체어사용자는 욕실 진입 자체가 곤란하거나 불가능했다. 이 경우 출입문의 위치를 세면대 앞으로 수정하면 방향전환 없이 세면대 앞까지의 이동이 간단하고 편리하므로 출입구의 위치를 변경할 필요가 있다.

25평형의 최소규모욕실이나 33A 유형과 같이 변기측면으로 출입하는 경우에는 <표 3.3>과 같이 휠체어사용자가 변기 앞을 지나 90° 방향전환하여 세면대 앞까지 이동하기 위한 통로의 유효폭 910㎜를 확보해야 하는데, 이 경우 욕실의 통로 유효폭은 변기의 돌출부분과 전면벽 사이의 거리, 그리고 변기의 측면과 욕조측면 사이의 거리에 의해 규정된다. 통로의 유효폭은 910㎜ 이상 확보하는 것을 기준으로 했으나, 변기 전면의 돌출부분은 돌출된 장애물로 보고 그 부분에 한하여 900㎜를 기준으로 분석하였다.

분석결과 변기의 돌출된 전면에서 벽면까지의 이격거리는 640~1,067㎜ 사이에 분포하였고 평균값은 771.24㎜이었으며, 변기측면과 욕조측면사이의 거리는 683~950㎜ 사이에 분포하였고 평균값은 829.38㎜이었다. 세면대 앞까지 이동을 위한 통로의 유효폭에 가장 큰 영향을 준 것은 욕실의 면적이었으므로 욕실의 면적을 1,800㎜×2,400㎜ 이상으로 계획하고, 욕실 전면에 출입문을 설치할 경우 세면대 앞에 설치해야 하며, 변기 배치에 있어서는 변기의 전면과 측면에 폭 910㎜ 이상의 공간을 확보하도록 계획하는 것이 바람직할 것이다.

라. 차후 개조를 위한 공간

현재는 사용의 요구가 적지만, 차후에 손잡이를 설치할 필요가 있을 경우에는 <표 3.3>에 나타낸 것과 같이 변기와 욕조 주변의 벽면에 손잡이를 설치해야 한다. 분석 결과, 욕실의 모든 벽체가 콘크리트 및 조적조로 되어 있어 구조적 강도에는 문제가 없었으나, 차후의 설치를 고려하여 설치범위를 시각적으로 구분이 되도록 마감하여, 사용자와 관리자가 차후에 설치할 경우에 도움이 되도록 하고 손잡이 사용 시에도 벽면과의 대비를 통해 쉽게 손잡이를 식별할 수 있도록 하는 것이 바람직할 것이다.

또한 변기의 후면벽에 설치하는 손잡이는 변기탱크나 세면대 선반으로 인해 설치가 곤란한 사례가 있었는데, 이 경우에는 변기탱크나 세면대 선반을 충분한 강도로 고정하고, 손으로 지지할 수 있는 형태와 미끄럽지 않은 재질로 설치하여 손잡이를 대체할 수 있도록 계획할 필요가 있다.

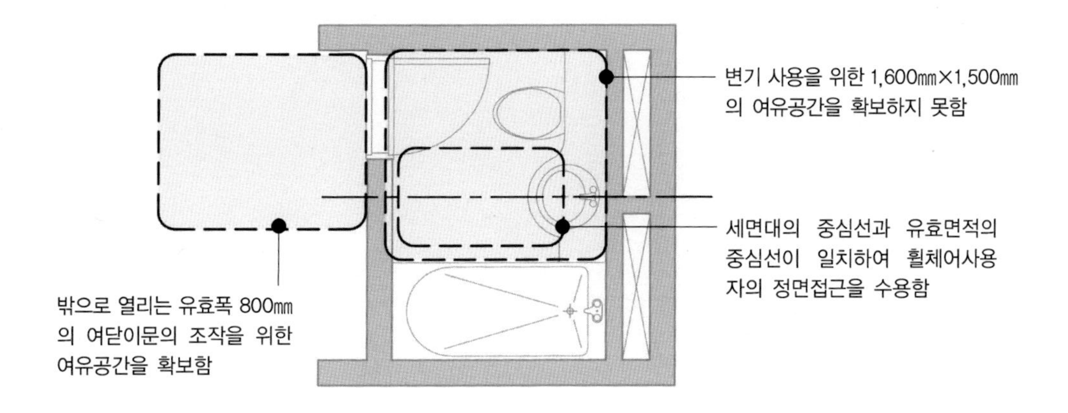

출입문 유효폭 800㎜를 확보하지 않고, 출입문 전면에 변기가 설치되어 있어 휠체어사용자의 진입이 곤란하므로, 출입문의 위치, 유효폭, 개폐방향의 수정이 필요함

변기 중심선의 인접벽면으로부터의 거리는 적절하나, 세면대 가장자리로부터의 거리가 짧아, 변기로의 이동 및 사용이 불편함

출입문과 변기의 위치 문제로 인해 세면대로의 접근을 위한 통로가 확보되지 않음

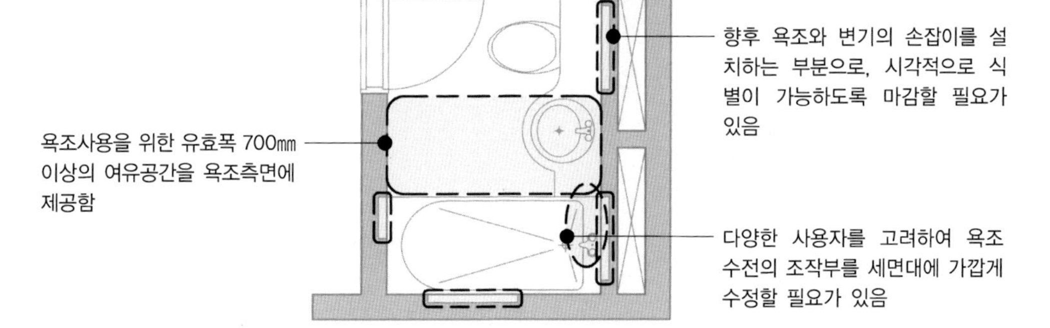

그림 3.33 25평형 두 번째 규모 욕실의 사례 분석

표 3.4 욕실 사례 분석 요약

분류	25 최소	25 두 번째	25 최대	33A	33B	33C	42A
사례도면							
구성	공용욕실	공용욕실+덕트	공용욕실+덕트+붙박이장	공용욕실+붙박이장+덕트+부부전용욕실		공용욕실	공용욕실
규모	1,800㎜×2,400㎜	2,100㎜×2,400㎜	2,400㎜×2,400㎜	2,700㎜×3,000㎜	3,300㎜×2,400㎜	1,800㎜×2,400㎜	1,800㎜×2,400㎜
출입문 위치	변기 측면	변기 정면	변기 측면	변기 측면	변기 정면	변기 정면	변기 정면/측면
출입문 유효폭	660~790㎜(평균 698㎜)						
출입문 접근	정면접근						측면접근
출입문 여유공간*	1,250㎜×1,500㎜ 확보 (2개소 미확보)						1,400㎜×1,200㎜ 미확보
세면대 하부 여유공간	전면하단 높이 650㎜ 이상 확보(4개소 미확보) 깊이 200㎜까지 높이 650㎜ 유지한 사례 없음(1개소 유지)						
욕실사용공간	변기 사용공간(1,500㎜×1,600㎜): 2개소 미확보, 변기 좌대높이: 375~430㎜(평균 400.87㎜) 욕조 사용공간(700㎜×욕조길이): 1개소 미확보, 욕조 상단높이: 440~530㎜(평균 495.13㎜) 세면대 사용공간(700㎜×1,200㎜): 1개소 미확보, 최소유효면적과 세면대 중심선 일치: 4개소 불일치						
변기중심선	인접벽면과의 거리: 280~536㎜(평균 379.62㎜) 세면대 측면과의 거리: 288~467㎜(평균 368.76㎜)						
단차	50~80㎜(평균 63.33㎜)						
세면대까지 이동	90° 방향전환	진입불가	90° 방향전환	90° 방향전환	진입불가	진입불가	90° 방향전환/진입불가
세면대 앞까지 통로	변기 전면과 벽면 사이 거리: 640~1,067㎜(평균 771.24㎜) 변기 측면과 욕조측면 사이 거리: 683~950㎜(평균 829.38㎜)						
개선이 필요한 부분	변기, 세면대, 욕조의 구성을 위한 최소면적 1,800㎜×2,400㎜ 이상 확보 출입문 유효폭 800㎜ 이상 확보, 출입문 단차 15㎜ 미만으로 최소화 변기, 세면대, 욕조의 사용공간을 고려한 변기, 세면대의 중심선 위치 선정 세면대 앞까지의 이동을 고려한 이동 경로의 유효폭 유지						
	—	출입문 위치 수정	—	—	출입문 위치 수정	출입문 위치 수정	출입문 전면 여유공간 확보

* 욕실 밖으로 열리는 유효폭 800㎜의 여닫이문으로 변경했을 경우의 여유공간

5. 대안제시

본 절에서는 단위평면의 유형별로 적용할 수 있는 유니버설 디자인 욕실의 대안을 몇 가지 제시하였다. 중소규모의 아파트 단위세대에서 욕실의 면적을 넓히는 것은 다른 실의 면적이 축소되는 결과를 가져오며, 이는 사용자나 건설사에게 설득력이 떨어지므로, 현재의 욕실의 면적과 구성을 크게 변화시키지 않는 범위에서 계획하되, 차후 필요한 경우에 출입문의 개폐방향을 밖으로 열리도록 수정하고 추가적인 손잡이를 설치하는 등의 작은 개조를 통해 휠체어사용자를 포함한 보다 많은 사용자가 사용할 수 있도록 대안을 고찰하였다.

개선방향은 주택건설기준 등에 관한 규칙 제3조 치수 및 기준척도와 한국산업규격 F2222 주택용 조립식 욕실의 표준모듈호칭치수를 참고하여 침실 및 거실 등의 실은 각 300㎜ 단위로, 주방과 욕실은 100㎜ 단위로 검토하였고, 벽체는 두께 180㎜, 120㎜의 벽체로 구성하였다. 대안의 제시에 있어서는 벽체와 각 설비의 치수보다는, 벽체와 설비의 위치 및 그 주위의 여유공간의 크기와 위치에 중점을 두었으며, 협소한 면적 내에서 변기나 욕조로의 이동이 이루어지는 장소이므로 설비 사이의 여유공간을 충족시키는 것을 중심으로 고찰하였다.

제시한 대안에 대한 설명은 모든 욕실에 공통적으로 적용되는 욕실설비의 단면치수와 재질 및 마감에 대한 사항을 서술한 후, 각 평형별 욕실의 평면치수에 대한 제안의 내용을 서술하였으며, 평면치수에 있어서는 25평형의 최소규모 욕실을 기준으로 전반적인 사항을 서술하고, 그 이후의 유형에 대해서는 대안별로 차이가 있거나 추가되는 사항을 중심으로 서술하였다.

가. 평형별 공통사항에 대한 제안

(1) 욕실 설비의 단면치수

세면대의 상단높이는 850㎜ 이하, 하단높이는 650㎜ 이상으로 설치한다. 세면대 하부의 무릎 여유공간은 세면대 전면으로부터 높이 650㎜ 이상의 공간이 깊이 200㎜ 이상 유지되도록 하며, 휠체어의 발판을 고려하여 벽면에서부터 150㎜ 이하의 깊이까지는 높이 230㎜ 이상의 여유공간을 확보한다. 세면대와 욕조의 수전은 각 설비의 상단에 설치하되, 바닥에서부터 높이 1,200㎜ 이하의 위치에 설치한다.

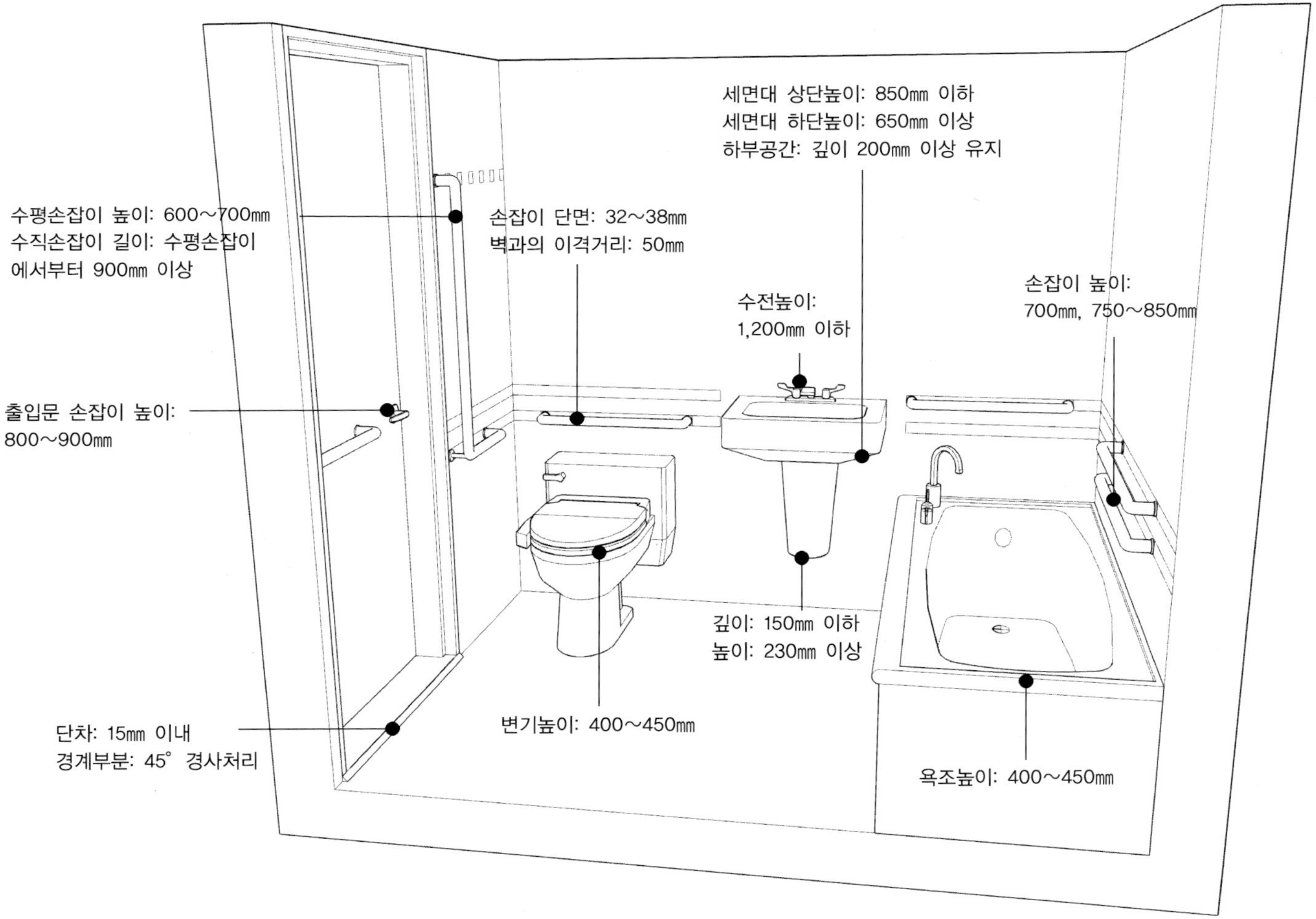

세면대 상단높이: 850㎜ 이하
세면대 하단높이: 650㎜ 이상
하부공간: 깊이 200㎜ 이상 유지

수평손잡이 높이: 600~700㎜
수직손잡이 길이: 수평손잡이
에서부터 900㎜ 이상

손잡이 단면: 32~38㎜
벽과의 이격거리: 50㎜

손잡이 높이:
700㎜, 750~850㎜

수전높이:
1,200㎜ 이하

출입문 손잡이 높이:
800~900㎜

깊이: 150㎜ 이하
높이: 230㎜ 이상

단차: 15㎜ 이내
경계부분: 45° 경사처리

변기높이: 400~450㎜

욕조높이: 400~450㎜

그림 3.34 욕실설비의 단면치수 제안

출입문의 단차는 15㎜ 이하로 하되 단차나 문턱의 경계부분은 45° 경사처리하며, 출입문의 손잡이는 높이 800~900㎜ 지점에 설치한다.

변기와 욕조의 높이는 400~450㎜로 설치한다. 변기 주변에 설치하는 수평손잡이는 높이 600~700㎜의 지점에 설치하고, 수직손잡이는 수평손잡이의 높이에서 시작하여 길이 900㎜ 이상으로 설치한다. 욕조 주변에 설치하는 수평손잡이는 높이 700㎜와 750~850㎜의 두 곳에 설치한다. 손잡이의 단면은 지름 32~38㎜인 원형으로 하되, 벽과의 이격거리는 50㎜로 설치한다. 원형단면이 아닌 경우에는 손으로 쉽게 쥘 수 있는 형태의 것으로 설치하며 단면의 최장축 길이가 57㎜를 넘지 않도록 하고 단면의 둘레길이는 100~160㎜ 사이가 되도록 설치한다.

(2) 재질 및 마감

욕실 바닥과 욕실 전면의 거실부분의 바닥은 물에 젖어도 미끄럽지 않은 재질로 마감하며, 거실 부분에 러그 등의 깔판을 설치할 경우에는 밀리거나 움직이지 않도록 바닥에 고정한다.

변기와 욕조 주변에 설치하는 손잡이는 손으로 잡은 상태에서 회전하거나 움직이지 않도록 고정하며, 사용자의 체중을 지지할 수 있는 강도의 재질과 접합으로 설치한다. 세면대 하부는 매끄럽게 마감하되, 세면대의 배관은 단열처리를 하거나 외부와 접촉하지 않는 형태로 마감한다.

나. 25평형 욕실의 평면계획 제안

(1) 25평형 최소규모의 욕실

최소규모의 욕실은 1,800㎜×2,400㎜의 형태로 세면대, 변기, 욕조를 포함하며, [그림

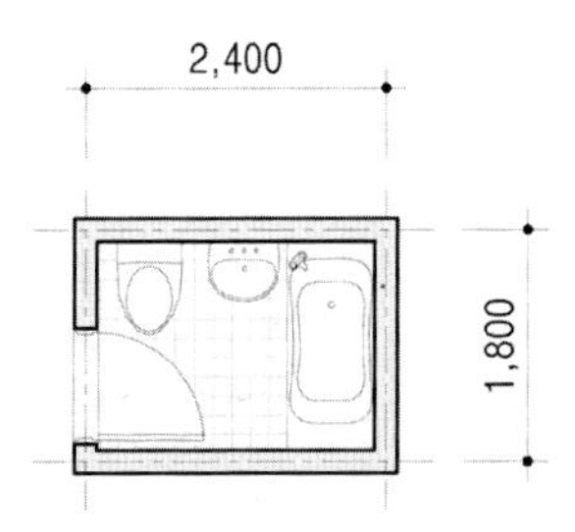

그림 3.35 25평형 최소규모의 욕실 제안

3.35]와 같다. 이 형태의 욕실에서 휠체어사용자는 세면대 앞에서 세면대, 욕조, 좌변기를 사용하게 되므로 세면대 앞까지의 진입이 근본적인 문제이다.

출입문은 욕실 안쪽으로 열리는 유효폭 800㎜의 여닫이문으로 제안하며, 차후에 휠체어사용자가 사용할 경우에는 [그림 3.37]과 같이 욕실 바깥쪽으로 열리도록 개폐방향을 변경하여 사용할 수 있도록 한다. 출입문 조작을 위한 여유공간은 욕실 밖으로 열리는 여닫이문을 기준으로 하여 거실 측에는 1,250㎜×1,500㎜, 욕실측에는 출입문과 동일한 유효폭으로 깊이 1,200㎜의 공간을 확보한다.

25평 최소 규모의 욕실에서는 욕실진입 후 세면대 앞까지는 90°의 방향전환이 있으므로, 방향전환을 위해 좌변기의 전면 벽과의 이격거리를 900㎜로, 욕조와 변기 사이의 폭을 910㎜으로 한다. 세면대의 사용은 휠체어사용자가 정면접근하여 사용해야 하므로 세면대의 중심선과 휠체어사용자의 최소유효바닥면적 700㎜×1,200㎜의 중심선이 일치할 수 있도록 세면대를 배치하며, 세면대 하부에는 무릎 여유공간을 확보하도록 한다.

변기의 중심선은 인접한 벽면에서 410㎜ 이격시키고, 변기 중심선에서 세면대 방향으로도 거리 410㎜ 이내에는 장애물이 없도록 하여, 변기로의 이동과 사용에 불편함이 없도록 하며, [그림 3.36]의 향후에 추가로 손잡이가 설치될 부분은 시각적으로 구별이 가능하도록 충분한 강도의 벽체로 시공한다. 욕조의 수전은 세면대 앞에서 휠체어에 앉은 상태에서 조작하게 되므로 [그림 3.36]과 같이 세면대에 가깝게 설치한다. [그림 3.37]은 여닫이문의 개폐방향을 밖으로 열리도록 개조하고 출입문의 힌지 측에 추가적인 손잡이를 설치한 최소규모욕실의 안목치수를 나타낸다.

(2) 25평형 두 번째 규모의 욕실

25평형의 두 번째 규모의 욕실은 2,100㎜×2,400㎜의 형태로 세면대, 좌변기, 욕조와 덕트를 포함하고 있다. [그림 3.38]의 (a), (b), (c)의 경우는 욕실에 대해 정면으로 출입하는 형태로 일반적인 내용은 [그림 3.39]와 같다.

출입문의 유효폭과 개폐방향은 25평형 최소 규모의 욕실과 동일하며, 이 경우에 있어 다른 점은 욕실 진입 후 90° 의 방향전환이 없어 휠체어사용자의 욕실 이용이 보다 편리하다는 것이다. 따라서 출입문으로부터 세면대까지의 직선형태로 유효폭 910㎜ 이상의 통로를 확보하고, 세면대의 전면접근 사용을 위해 최소유효면적의 중심선과 세면대의 중심선을 일치시킨다.

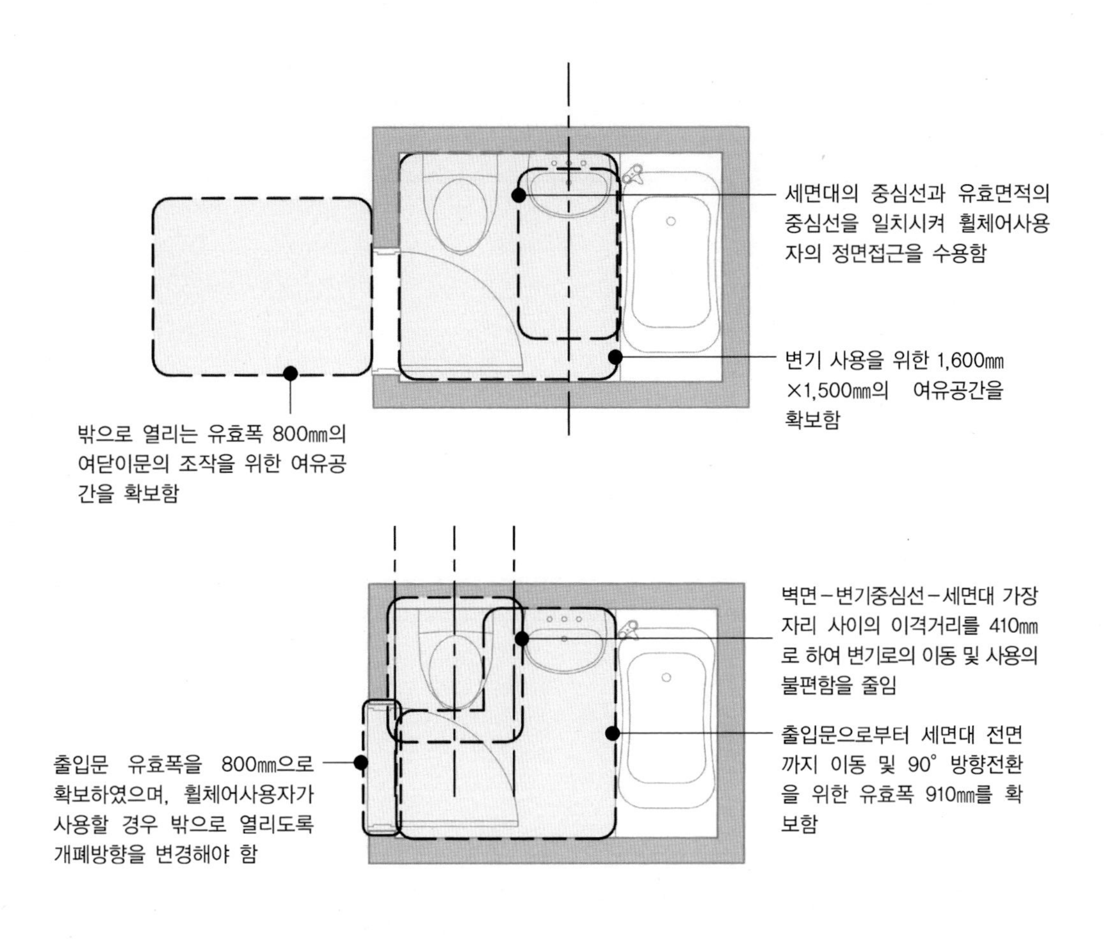

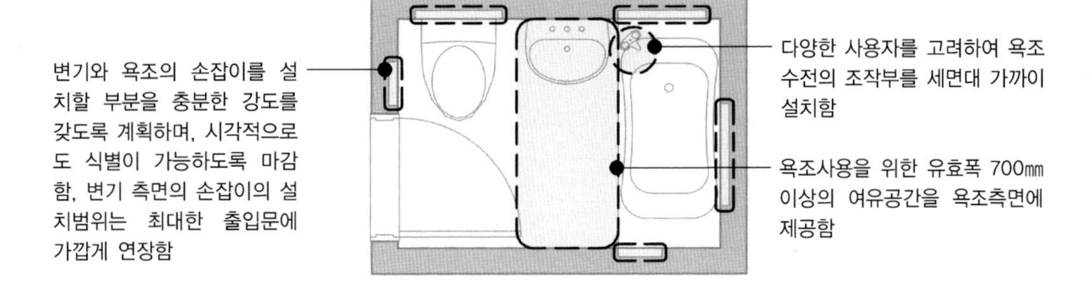

그림 3.36 25평형 최소규모 욕실의 제안 내용

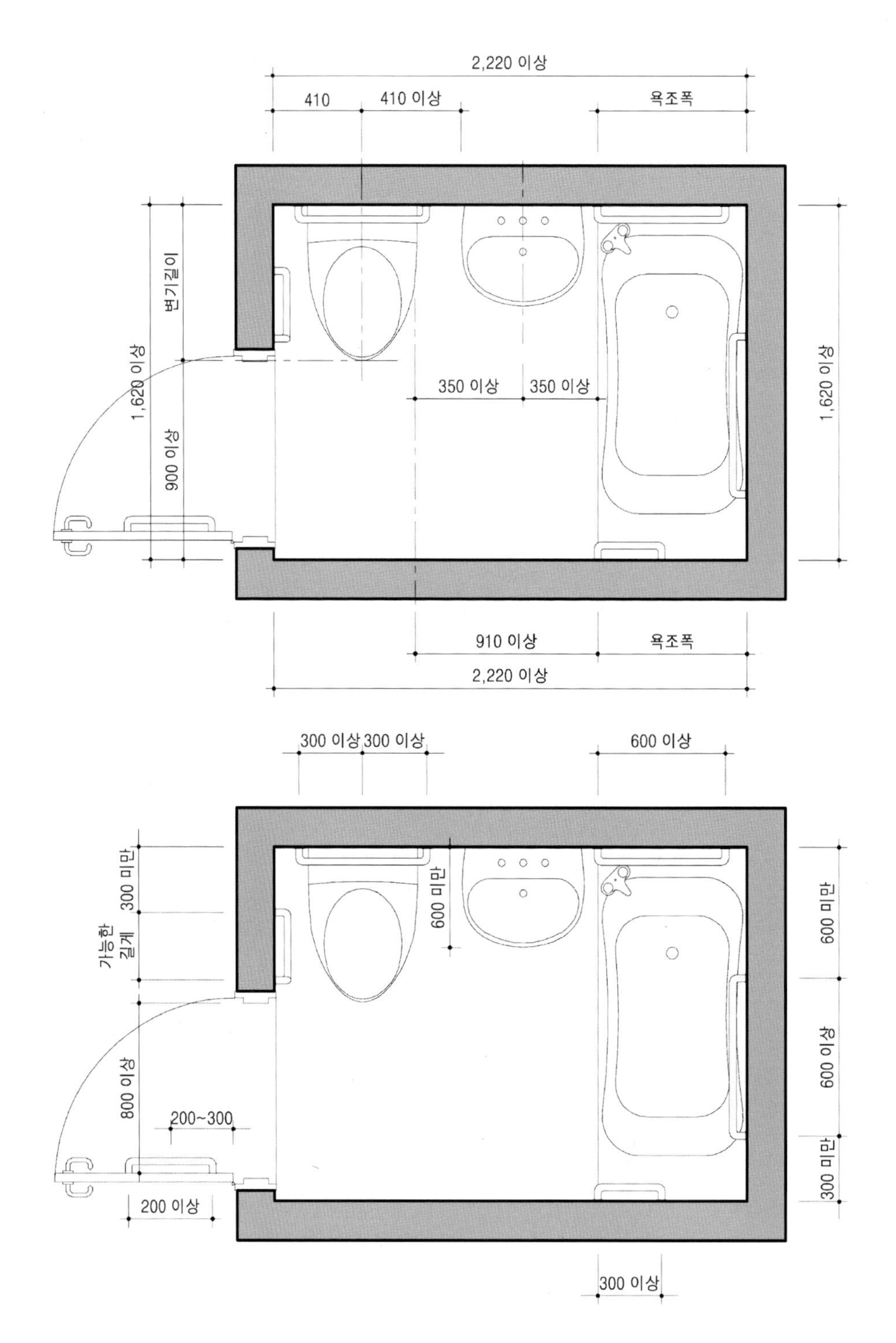

그림 3.37 25평형 최소규모 욕실의 안목치수

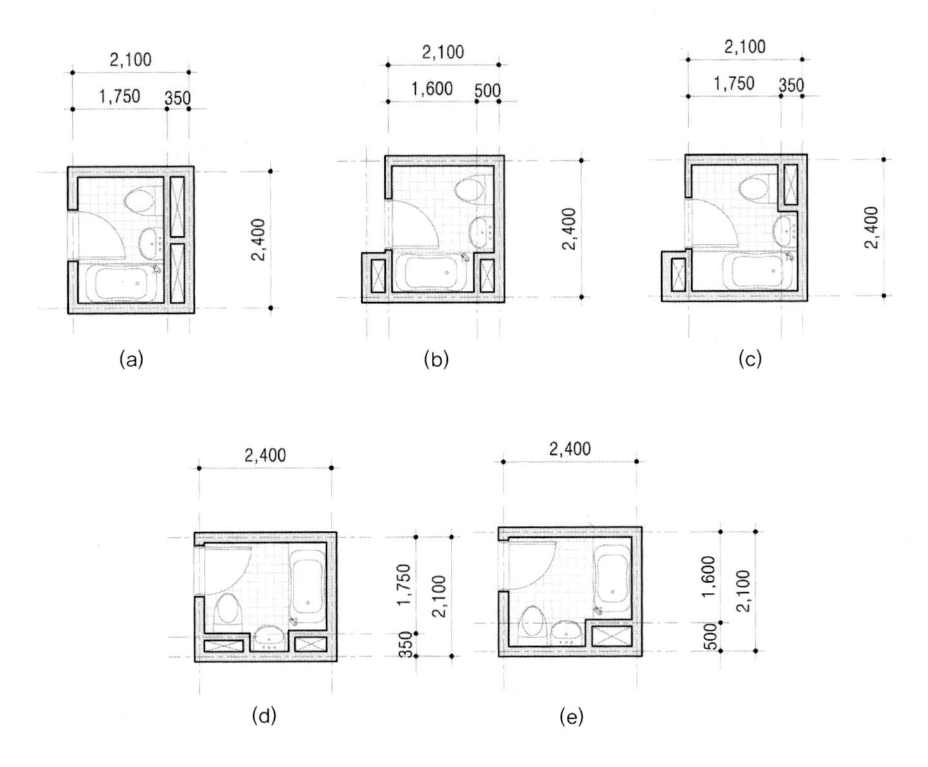

그림 3.38 25평형 두 번째 규모의 욕실 제안

[그림 3.38]의 (b)는 욕조를 다른 설비에 비해 돌출시켜 욕조의 수전을 조작하기가 편리한 형태이며, (c)의 경우는 변기가 돌출되어 변기로의 이동을 위한 공간이 넓어지고, 욕조의 머리부분에도 여유공간이 생겨 욕조로의 이동시에 좌석으로 이용할 수 있는 형태이다.

[그림 3.38]의 (d)의 경우는 출입문이 변기 측면에 위치하여 25평형 최소 규모의 욕실과 동일한 방법으로 욕실에 출입하게 된다. 이 경우에는 방향전환을 위한 폭 910㎜의 통로를 세면대 전면까지 제공해야 하며, 세면대의 중심선과 휠체어사용자의 최소유효바닥면적의 중심선을 일치시킨다. (d), (e)와 같이 세면대에 비해 돌출된 욕조나 변기는 앞서 설명한 것처럼 사용상의 편의를 향상시킨다.

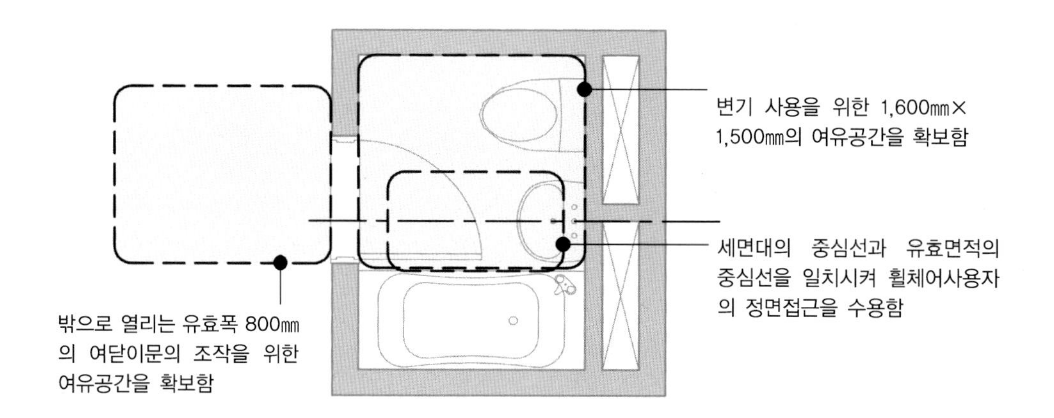

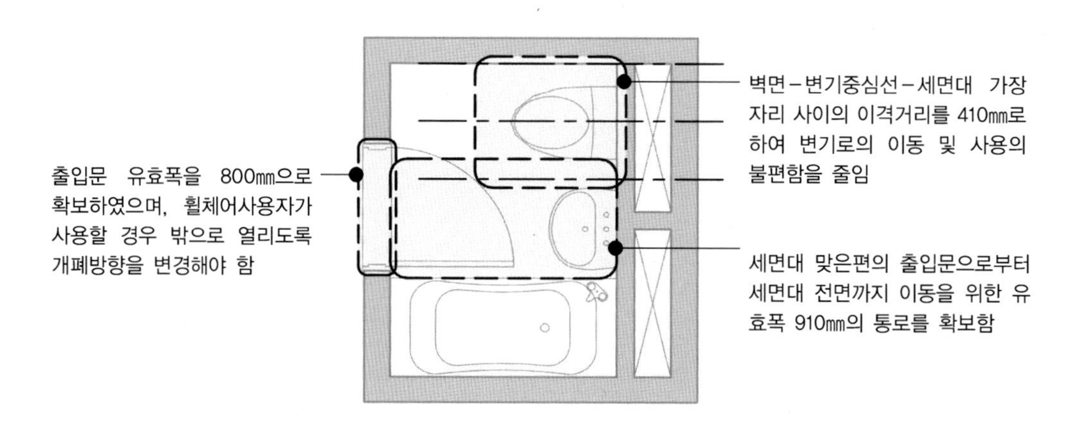

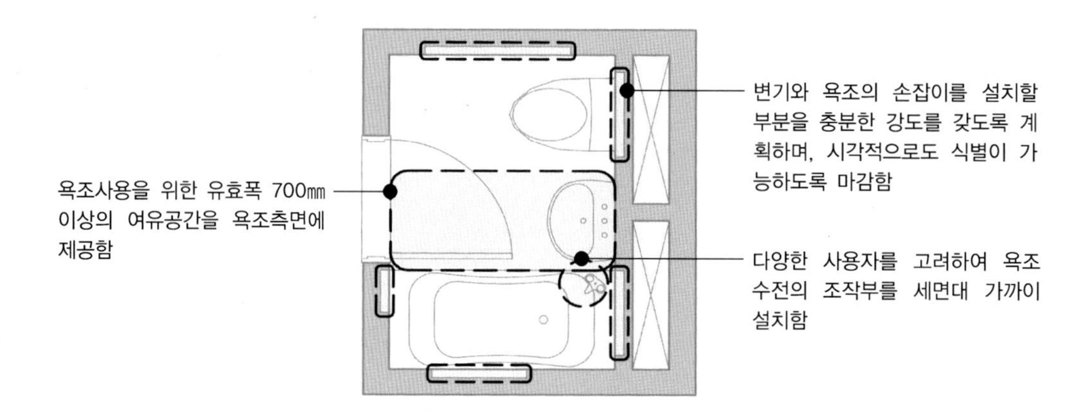

그림 3.39 25평형 두 번째 규모 욕실 제안 (a)의 내용

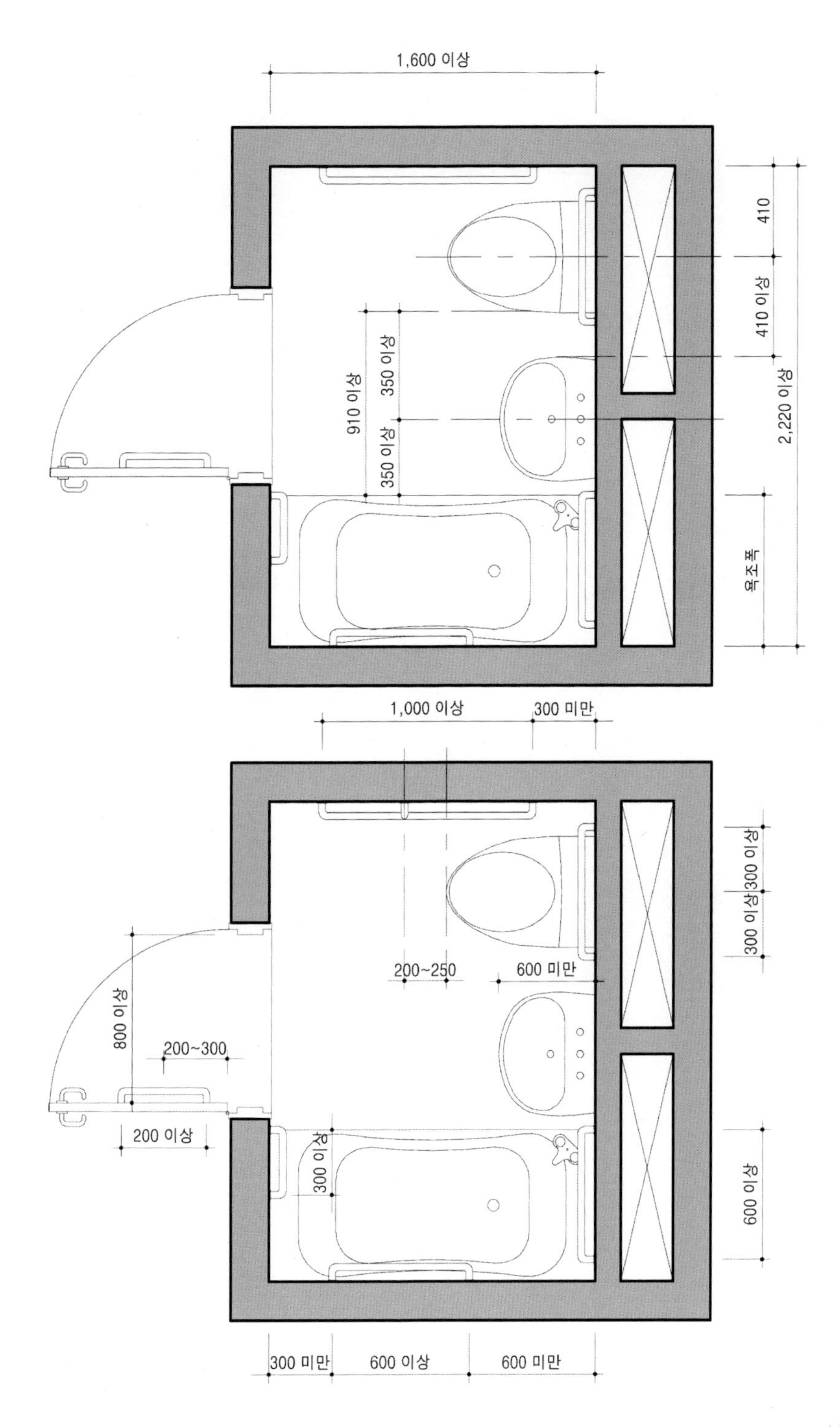

그림 3.40 25평형 두 번째 규모 욕실 제안 (a)의 안목치수

(3) 25평형 최대규모의 욕실

25평형의 최대규모의 욕실은 [그림 3.41]과 같이 2,400㎜×2,400㎜의 형태로 일반적으로 세면대, 좌변기, 욕조, 덕트, 인접침실의 붙박이장을 포함하거나, 욕실의 바닥면적을 증가시킨 형태이다.

[그림 3.41]의 (a)는 25평형 최소규모의 욕실에 덕트와 붙박이장을 붙인 형태로 욕실의 구성과 사용은 최소규모의 욕실과 동일하다.

지금까지의 욕실 대안에서는 휠체어사용자의 경우 욕실 면적이 협소하여 욕실 내에서 자유롭게 회전하지 못하고 욕실에 진입한 순서의 역순으로 욕실에서 나와야만 했으나, [그림 3.41]의 (b)와 같이 인접침실의 붙박이장에 해당하는 면적을 욕실바닥의 면적에 포함시켜 욕실의 면적을 증가시킬 경우에는 휠체어사용자가 욕실 내부에서 360° 회전할 수 있는 1,500㎜×1,500㎜의 공간을 제공할 수 있으며, 욕조 수전 조작을 위한 공간 또한 넓어져 모든 사용자의 편의가 증대될 수 있다.

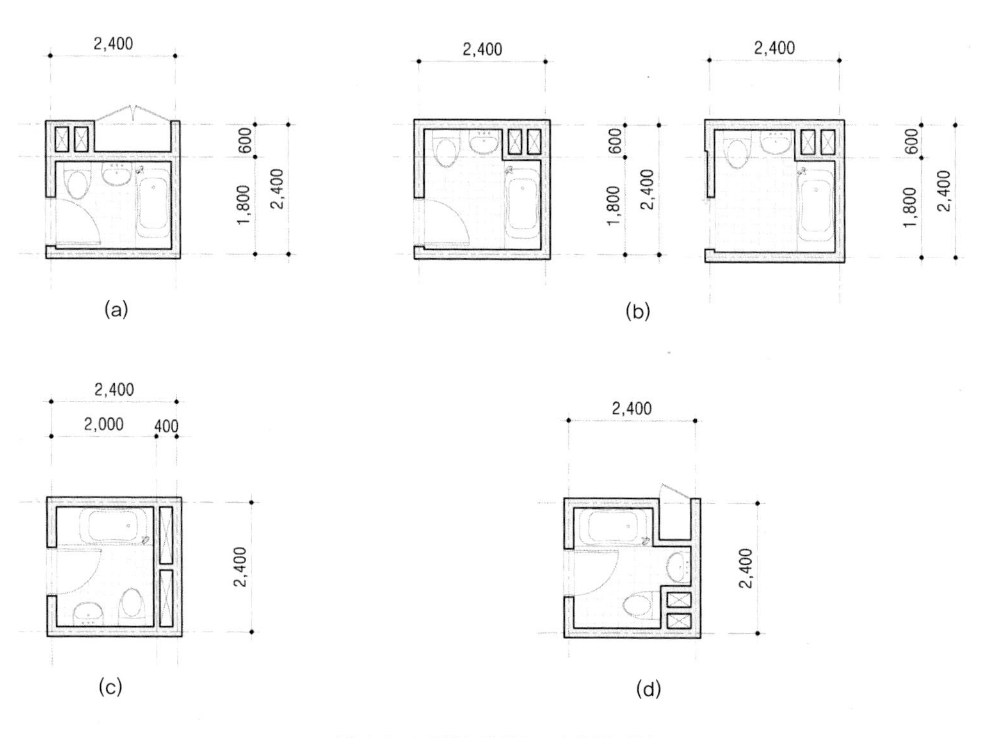

그림 3.41 25평형 최대규모의 욕실 제안

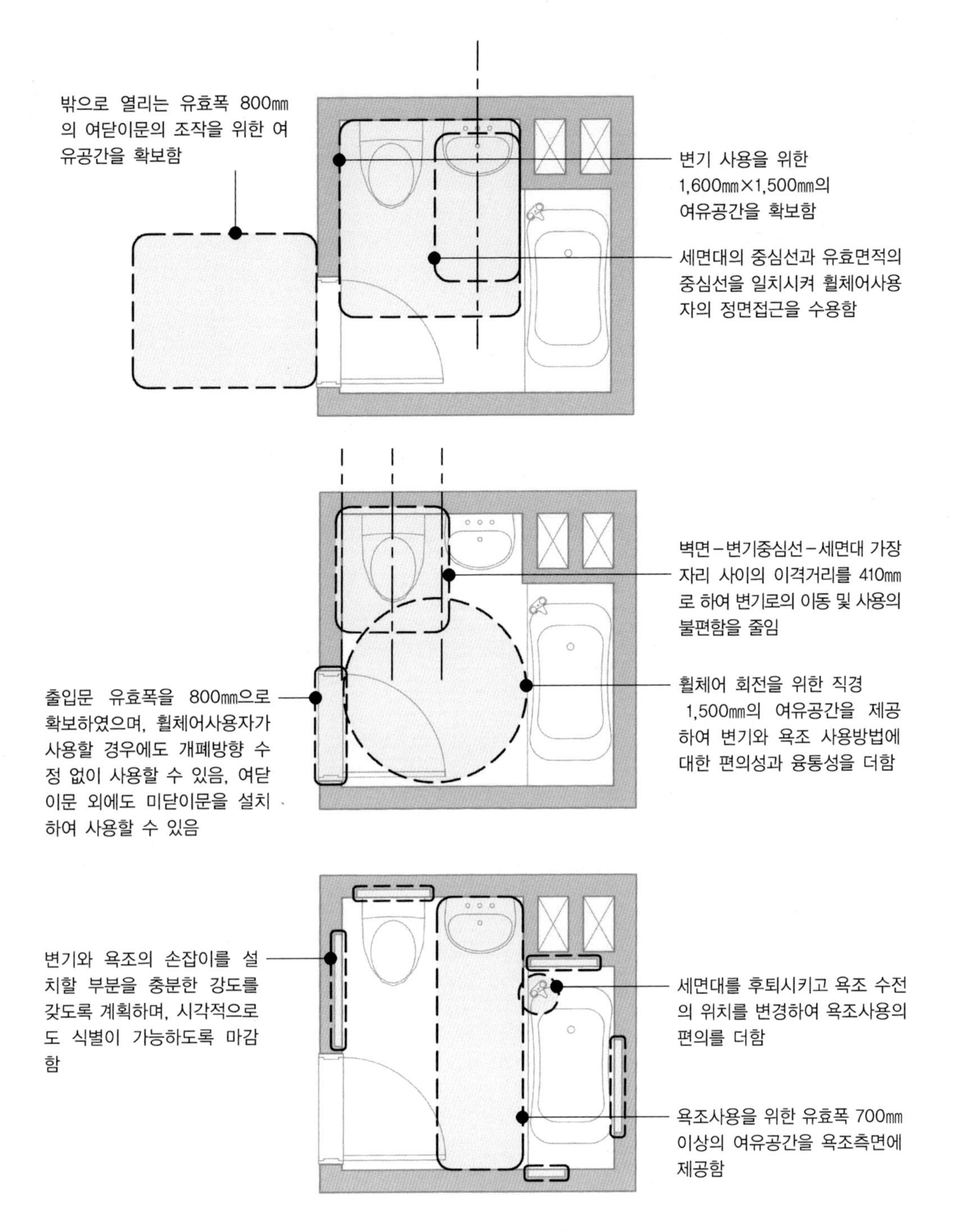

그림 3.42 25평형 최대 규모 욕실 제안 (b)의 내용

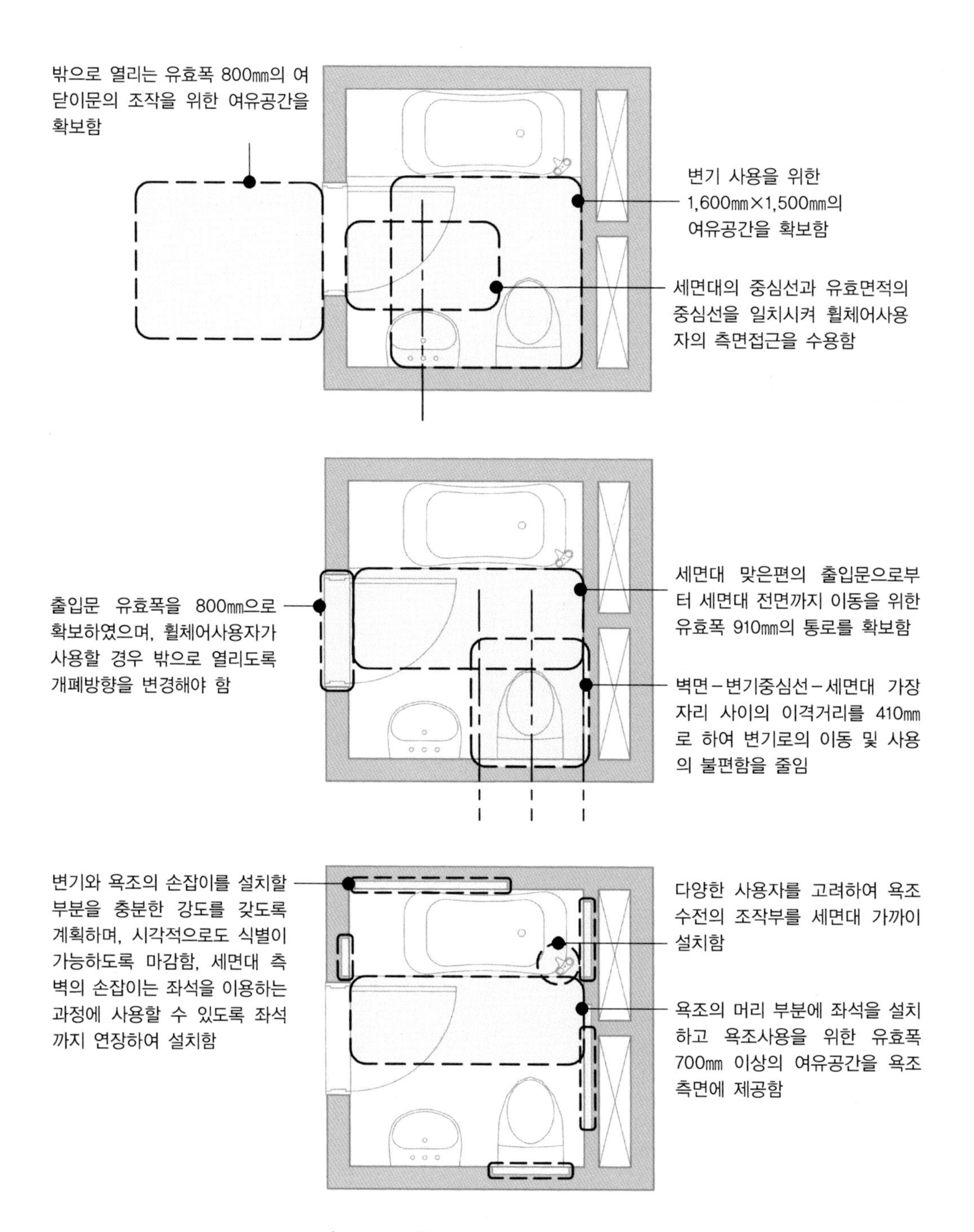

그림 3.43 25평형 최대규모 욕실 제안 (c)의 내용

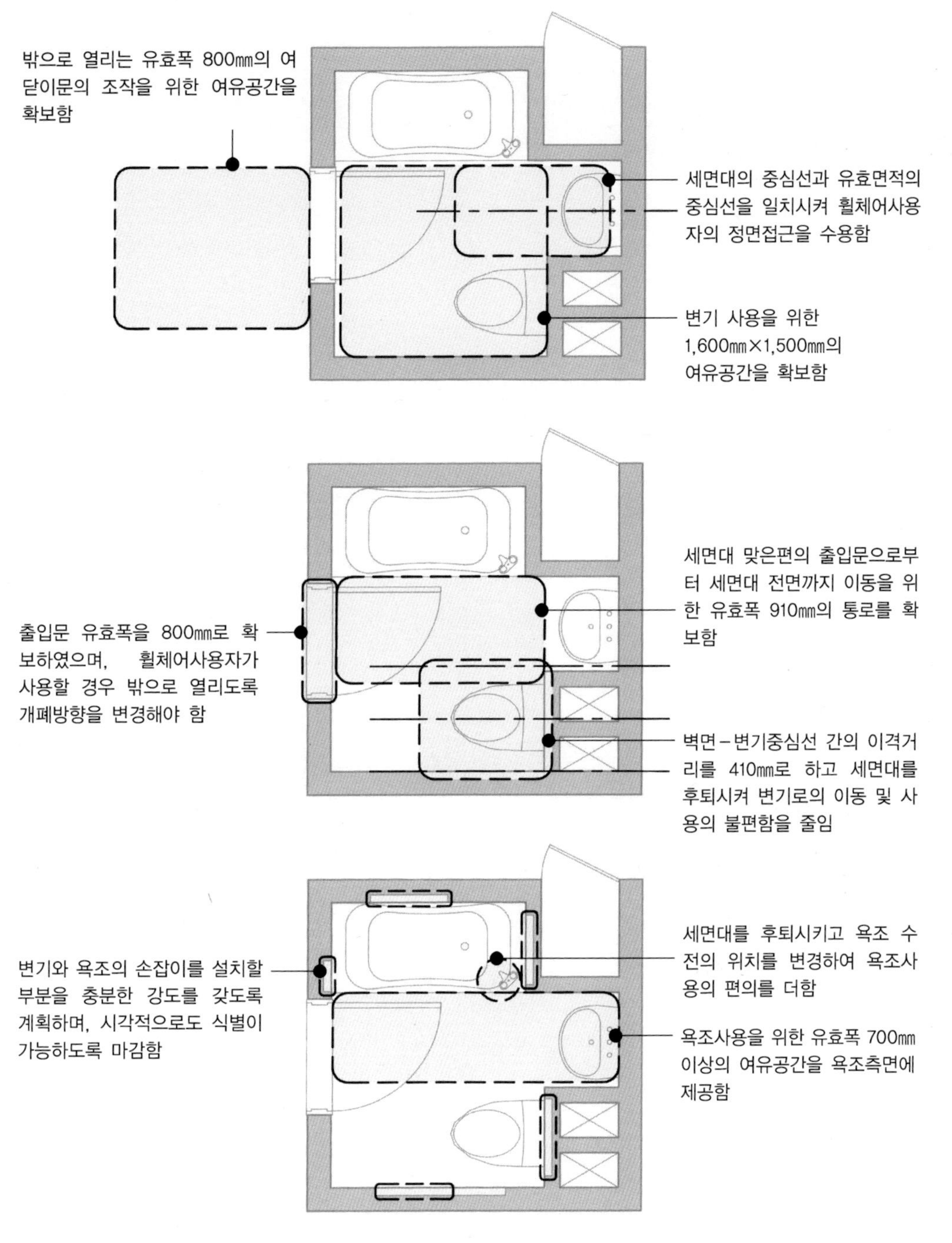

그림 3.44 25평형 최대규모 욕실 제안 (d)의 내용

또한 지금까지 대안에서는 휠체어사용자가 욕실 진입 후 방향전환이 어려워 밖으로 욕실 밖으로 열리는 여닫이문에 추가로 손잡이를 설치하여 출입문을 닫아야 했으나, 그림의 (b)에는 휠체어사용자가 360° 회전이 가능한 공간이 제공되어 출입문 조작을 위한 공간을 충분히 확보하였고, 따라서 안으로 열리는 여닫이문을 개조 없이 사용할 수 있으며, 미닫이문을 설치하여 사용할 수도 있다. 출입구의 위치를 변기 측면벽의 중앙으로 이동할 경우에는 휠체어사용자가 없는 세대에서는 변기의 맞은편 벽 앞에 다양하게 사용할 수 있는 여유공간을 제공할 수 있다.

[그림 3.41]의 (c), (d)는 25평형 최소 규모의 욕실과는 달리 욕실의 정면으로 출입하는 형태이다. (c)는 [그림 3.43]과 같이 세면대, 좌변기, 욕조로의 접근방법이 모두 측면 접근이며 필요한 여유공간을 모두 확보하고 있다. (d)의 경우는 앞서 살펴본 것처럼 돌출된 욕조와 좌변기가 사용상의 편의를 더하는 형태이다.

다. 33평형 욕실 제안

(1) 33A 유형의 욕실

33A 유형의 욕실은 [그림 3.45]와 같이 2,700㎜×3,300㎜의 면적 안에 공용욕실과 부부전용욕실이 인접해 있다. (a), (b)의 공용욕실의 구성과 사용은 25평형 최소 규모의 욕실과 동일하며, (c)의 구성과 내용은 [그림 3.38]의 (b)와 같이 25평형의 두 번째 규모의 욕실과 유사하다.

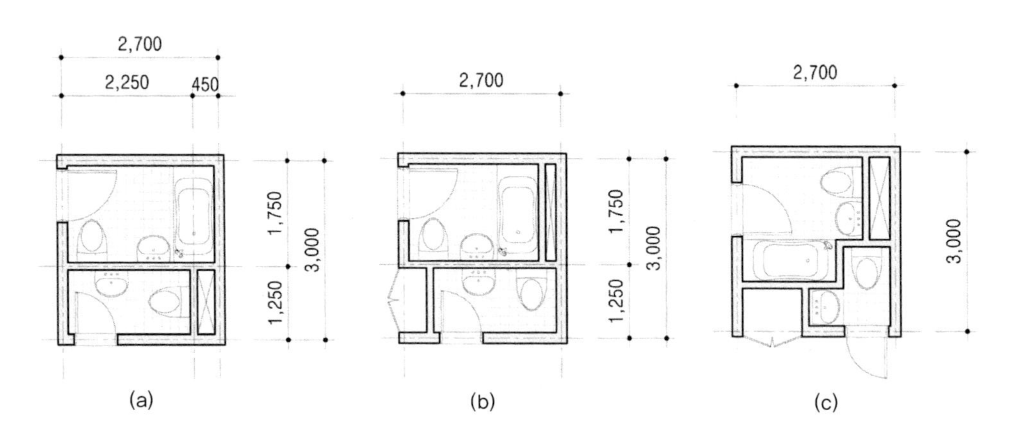

그림 3.45 33A 유형의 욕실 제안

(2) 33B 유형의 욕실

33B 유형의 욕실은 [그림 3.46]과 같이 3,300㎜×2,400㎜의 형태로 공용욕실과 부부전용욕실이 인접해 있다. (a)의 경우는 25평형의 두 번째 규모의 욕실에서 살펴본 것과 동일한 형태이며, (b)의 경우는 [그림 3.48]과 같이 변기와 세면대를 후퇴시켜 욕조의 사용상의 편의를 더하고, 휠체어사용자의 회전공간 1,500㎜×1,500㎜를 확보하였으며, 휠체어사용자가 없는 세대에서는 변기 전면의 여유공간을 다양하게 사용할 수 있다.

또한 (b)의 경우 휠체어사용자가 360° 회전이 가능한 공간이 제공되어 출입문 조작을 위한 공간을 충분히 확보하였고, 따라서 안으로 열리는 여닫이문을 개폐방향의 수정 없이 그대로 사용할 수 있으며, 미닫이문을 설치하여 사용할 수도 있다.

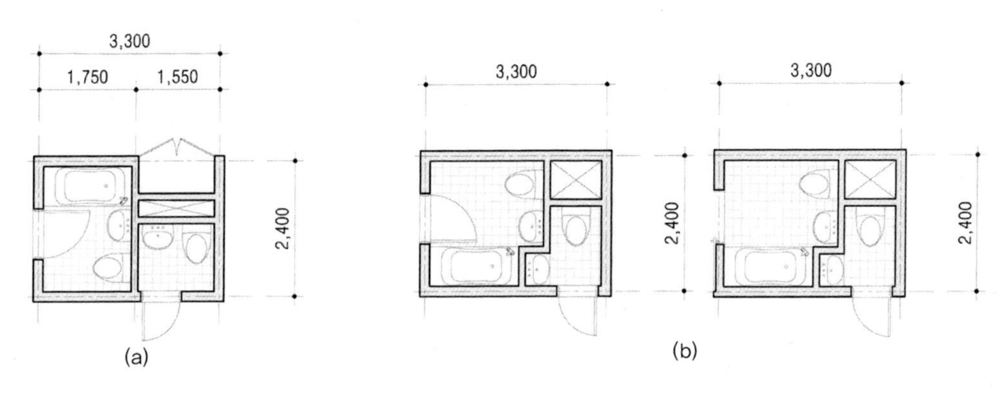

그림 3.46 33B 유형의 욕실 제안

(3) 33C 유형의 욕실

33C 유형의 욕실은 [그림 3.47]과 같이 25평형의 최소 규모의 욕실과 동일한 형태와 규모이나, 변기와 맞은편의 벽면의 출입문으로 출입하는 차이점이 있다. 휠체어사용자의 욕실진입을 고려하여 출입문을 변기가 아닌 세면대 전면에 설치한다.

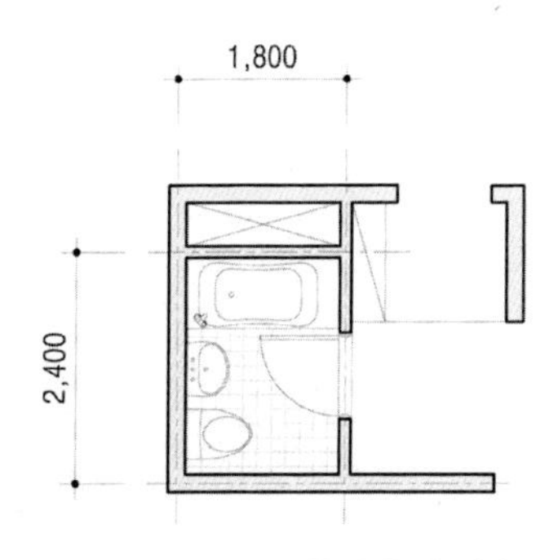

그림 3.47 33C 유형의 욕실 제안

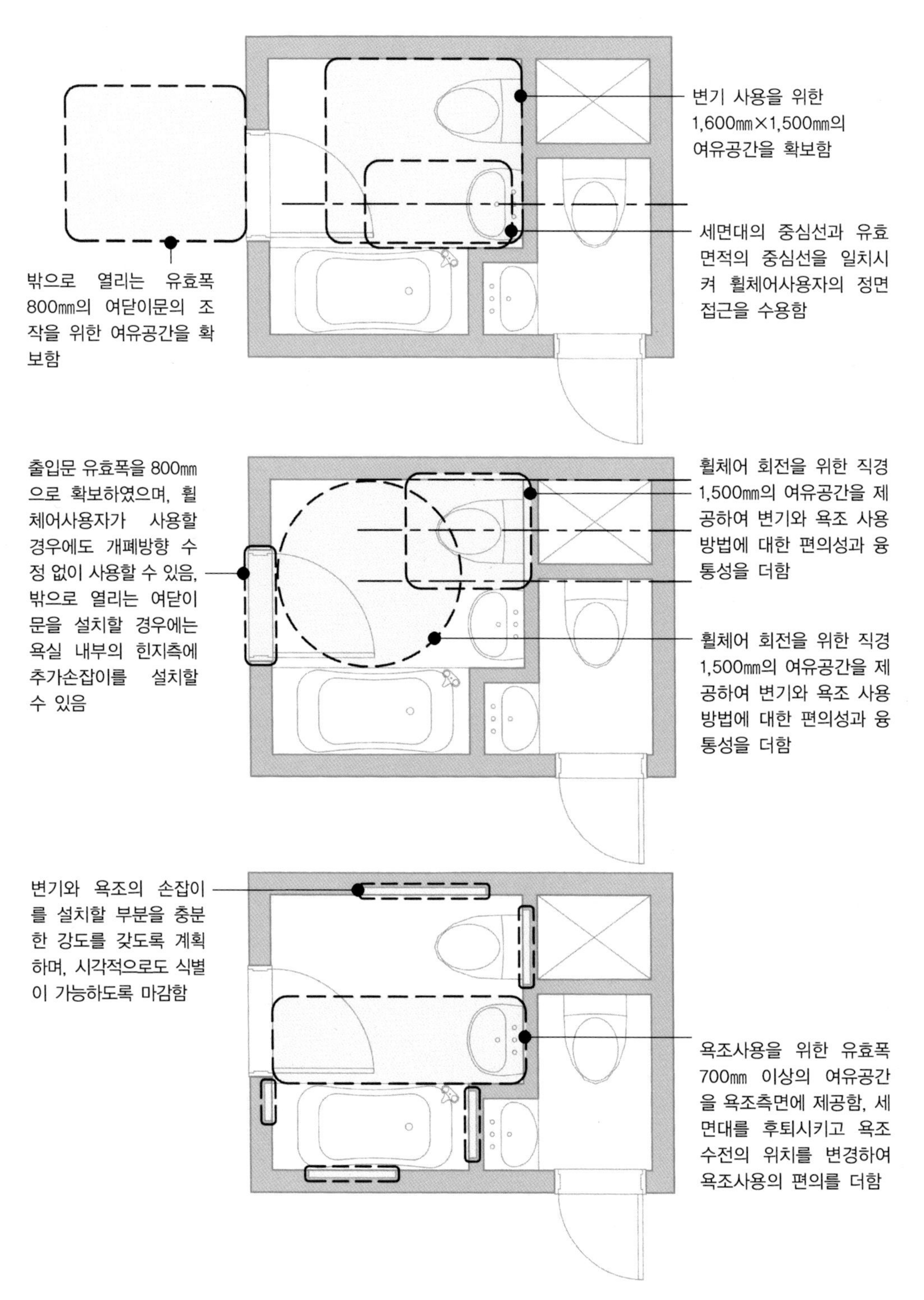

그림 3.48 33B 유형의 욕실 제안의 내용

라. 42평형 욕실 제안

42A 유형의 욕실은 그 형태에 따라 인접한 주방의 구성에 영향을 주므로 주방과 연관하여 고려해야 한다. 주방의 폭과 깊이의 비율에 따라 세 가지의 유형으로 구분하여 대안을 고찰하였다. 42A 유형 욕실에서의 주된 문제점은 욕실 출입문 전면의 출입문 조작을 위한 여유공간이다. [그림 3.49]에서 보듯이 42A 유형의 욕실출입문으로의 접근방향은 측면접근이며, 욕실 출입문을 밖으로 열리는 여닫이문으로 가정했을 때 필요한 통로의 유효폭 1,200㎜ 이상이다. 대안에서는 현관과 인접침실의 붙박이장의 치수를 변경하여 유효폭을 확보한다.

[그림 3.49]의 (a)와 (b)는 42A 유형 중 가장 폭이 넓은 주방에 인접한 욕실로 2,400㎜× 2,400㎜ 규모로 구성되어 있다. (a)는 25평형 최소 규모의 욕실에 덕트와 주방의 붙박이장

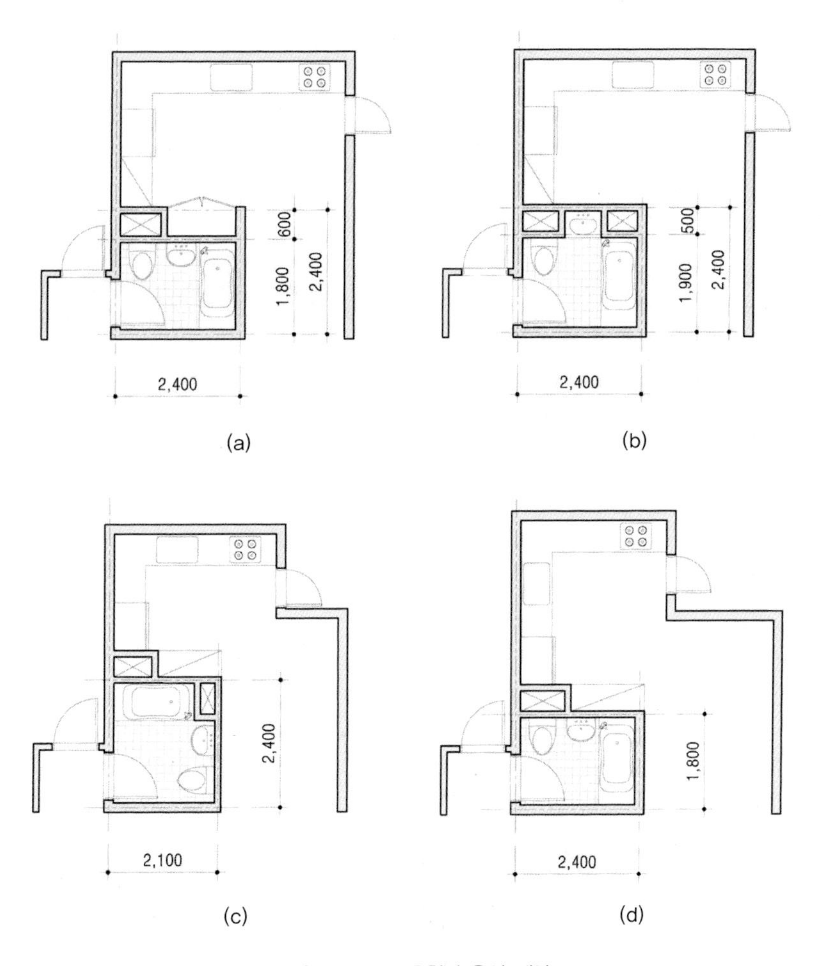

그림 3.49 42A 유형의 욕실 제안

을 추가한 형태로, 욕실의 구성이나 사용은 최소 규모의 욕실과 동일하다. (b)는 최소규모의 욕실의 구성에서 세면대를 후퇴시켜 변기와 욕조의 사용의 편의를 더한 형태이다.

[그림 3.49]의 (c)는 42A 유형의 폭이 중간 정도인 주방에 인접한 형태로 2,100㎜×2,400㎜으로 구성되어 있다. 욕실로의 출입은 변기와 세면대 전면의 벽에 설치된 출입문을 통해 이루어진다. 이 경우 출입문이 세면대 전면에 설치되는 것이 사용상에 유리하나, 욕실의 구성과 위치 문제로 변기 앞으로만 진입할 수 있으며, 출입문으로부터 충분히 후퇴한 변기로 인해 출입 및 사용에 대한 불편은 없다. 그림의 (d)는 42A 유형 중, 폭이 가장 좁은 주방에 인접한 형태로 1,800㎜×2,400㎜의 최소 규모의 욕실로 구성되어 있으며, 욕실의 출입과 사용은 25평형 최소 규모의 욕실과 동일하다.

6. 소결

본 장에서는 아파트의 욕실의 치수 및 가구배치 측면의 유니버설 디자인 적용방안을 여유공간과 작업동선 중심으로 검토하였으며, 지체장애인에게 필요한 공간을 확보할 경우 대부분의 사용자가 편리하게 사용할 수 있다는 관점에서 휠체어사용자를 중심으로 공간의 구획과 가구 배치를 분석하였다.

분석결과, 욕실의 최소면적, 출입문 유효폭 및 개폐방향, 단차, 세면대 앞까지의 이동을 위한 통로, 변기와 세면대의 중심선 위치, 세면대 하부의 여유공간 등의 문제로 인해 사용상의 불편이 예상되었다. 개선을 위한 제안에서는 가능한 한 각 실의 면적변화를 최소화하는 범위에서 대안을 도출하려 하였다. 분석 및 대안 제시의 작업 결과로부터, 욕실의 면적을 최소규모(1,800㎜×2,400㎜) 이상만 확보한다면 현재의 상태에서 각 실의 면적을 크게 변화시키지 않고도 개구부 및 설비의 크기와 위치를 적절하게 조절함으로써 개인의 작업에 필요한 공간을 확보하여 이용상의 편의가 향상될 수 있음을 확인하였다. 즉 욕실 사용에 있어서는 벽체나 가구의 치수와 배치 자체보다는 그 사이에 형성되는 공간의 형상과 규모가 사용의 편의에 더 큰 영향을 주며, 그 공간 규모의 사소한 차이가 사용상의 편의에는 큰 차이를 줄 수 있음을 확인하였다. 따라서 아파트 공용욕실의 치수 및 가구배치에 있어서는 출입문, 변기, 세면대, 욕조 사용을 위한 각각의 여유공간 및 각 욕실기기의 크기와 설치위치가 서로 밀접한 관계가 있음을 유의하여 계획할 필요가 있다. 마지막 절에서 제시한 대안은 적용 가능한 수많은 대안 중의 하나이며, 사용자에게 적절한 공간을 더욱 효율적으로 제공하는 다른 디자인은 충분히 가능하다. 다시 말해 치수와 가구배치의 측면에서 욕실의 유니버설 디자인은 특별히 고안된 디자인이 아니며, 디자인 과정에서 좀 더 세심하게 고려할 경우 현재의 상태에서도 적용 가능한 개선안이 도출될 수 있다는 것이다.

4장 색채계획에서의 유니버설 디자인

1. 색채 체계(Color System)

색채의 정의, 색채의 분리 및 관리, 색채의 전달 등 색채의 이해와 사용의 측면에 있어 색채의 구성요소를 구분하고 이해하는 것은 중요하다. 이와 같이 색채를 구성하고 있는 요소를 정의하고 그 구조를 체계화하려는 노력들이 여러 학자와 관련 단체에 의해 지속적으로 이어져 왔으며, 그 결과로 다양한 색체계(color system)가 제안되었다.

현재까지 널리 인정받고 통용되는 색체계로 먼셀(Munsell)과 오스트발트(Ostwalt)가 각각 제안한 두 가지 색체계가 있는데, 이들 색체계에서는 색채의 구성요소의 정의와 색채 구성요소의 구조에 대해 규칙적으로 설명하고 있다. 먼셀 색체계에서는 색채의 구성요소를 색상(hue), 명도(value), 채도(chroma)로, 오스트발트 색체계에서는 색상(hue), 흑색량(blackness), 백색량(whiteness), 순색량(saturation)으로 구분하여 정의하고 있다. 이 중 먼셀 색체계는 현재 국제표준(ISO) 색표계로 등록되어 사용되고 있으며, 우리나라 KS 산업규격상의 색표집에도 적용되고 있다.[10)]

본서에서는 우리나라의 산업규격 준수, 색조(tone)와 이미지 스케일(image scale) 개념의 적용, 측색결과의 변환과 해석, 색채의 차이 계산 및 평가 등의 목적을 염두에 두고 먼셀 색체계를 계획 및 분석의 기준으로 채택하였으며, 각각에 대한 내용은 이후에 자세히 서

10) KS A 0062, 색의 3속성에 의한 표시방법(한국표준협회, 2003)에서는 색상, 명도, 채도의 3속성을 이용하여 표면색을 표시하는 방법에 대해 규정하고 있으며, 표준색표는 먼셀 10색상환의 각 색상을 2.5, 5, 7.5, 10의 4개의 단계로 구분한 총 40색상환의 색상으로 구성되어 있다.

술하였다.

가. 먼셀 색체계(Munsell System)

1905년 먼셀이 고안한 색체계로, 인간의 색채 지각의 감각적이고 심리적인 측면을 기초로 색채의 속성을 색상, 명도, 채도의 세 가지로 구분하고 있다.

(1) 색상(Hue)

색상은 파장에 따른 색의 종류를 의미하는 것으로, [그림 4.1]과 같이 빨강(R), 노랑(Y), 초록(G), 파랑(B), 보라(P)의 5개 색상과 각 색상 사이의 중간 색상인 주황(YR), 연두(GY), 청록(BG), 남색(PB), 자주(RP)의 5개 색상, 총 10개의 색상을 기본 색상으로 한다. 10개의 기본 색상은 다시 각각 10개의 단계로 구분되어 총 100 색상환으로 표기하거나, 4개의 단계로 구분하여 총 40색상환으로 표기할 수 있으며, 우리나라의 산업규격 상의 표준색표집은 40색상환을 기준으로 작성되어 있다. 각 색상 기호 앞에는 1부터 10 사이의 숫자를 표기하여 색상의 단계를 나타내는데, 이 중 중간 단계인 5에 해당하는 것이 기본 색상이며, 5R, 5YR 등으로 표기한다.

(2) 명도

명도는 빛의 반사율에 따른 색의 밝고 어두운 정도를 의미하며, 이상적인 흑색을 0, 이상적 백색을 10으로 하여 1.5~9.5 사이에 분포한다. [그림 4.2]의 색상별 명도와 채도의 분포에 있어, 명도는 아래에서부터 위쪽으로 증가하며 가장 아래의 어두운 부분의 명도는 0, 가장 위의 밝은 부분의 명도는 9이다.

(3) 채도

색의 맑고 탁한 정도를 나타내는 채도는 색상 정보가 전혀 없는 무채색(흰색, 회색, 검정색)을 0으로 하여 색이 순수해질수록 채도가 높아진다. [그림 4.2]는 R계열과 B계열의 색채로 표현할 수 있는 명도와 채도의 범위를 보여주고 있다. 그림의 색채 중 가장 왼쪽에 있는 것이 채도가 0인 무채색이며 오른쪽으로 갈수록 채도는 증가하는데 채도의 최대값의 범위는 명도에 따라 달라짐을 알 수 있다. 이와 유사하게 [그림 4.3]은 다양한 명도에 있어 각

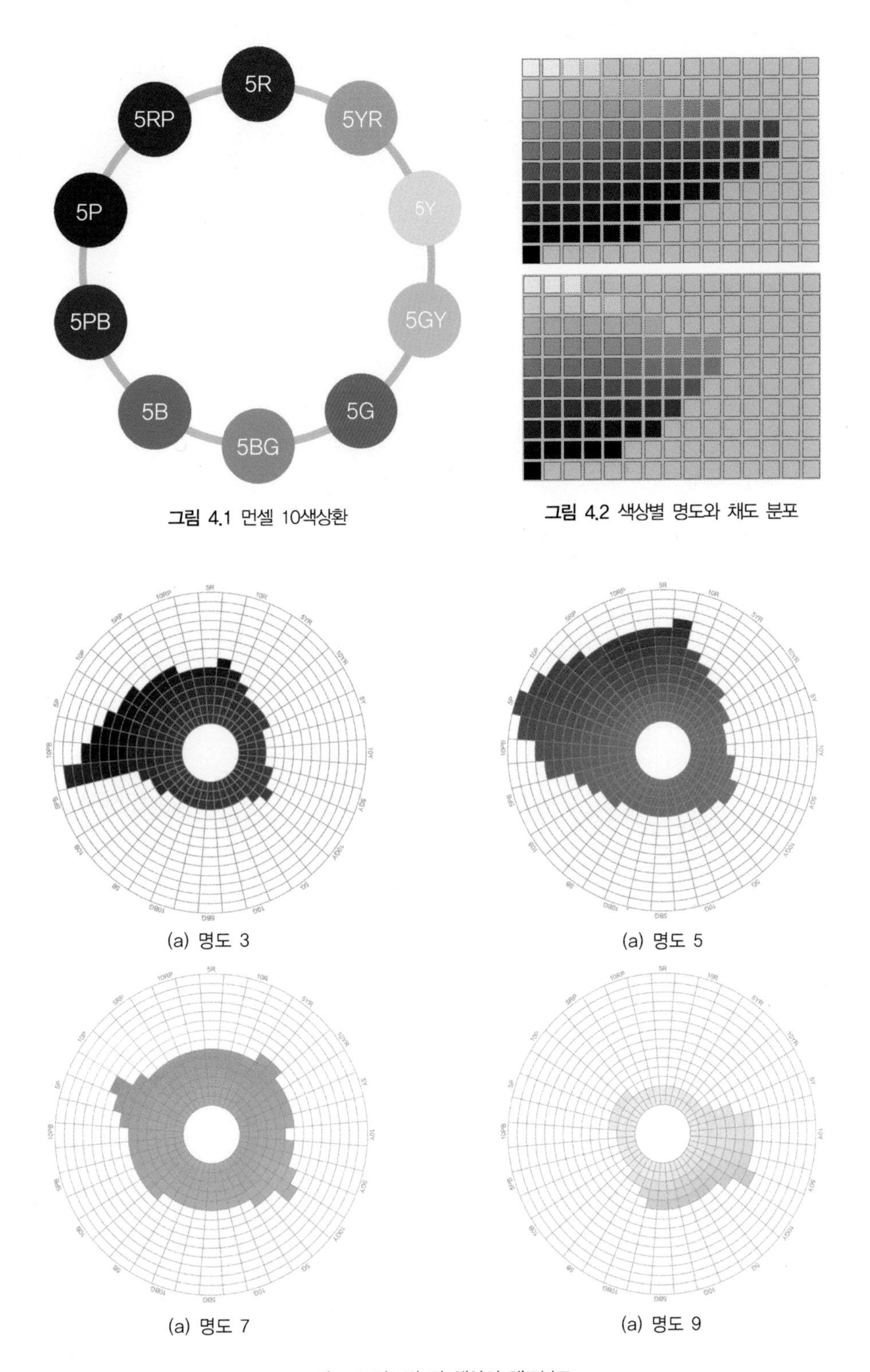

그림 4.1 먼셀 10색상환

그림 4.2 색상별 명도와 채도 분포

(a) 명도 3

(a) 명도 5

(a) 명도 7

(a) 명도 9

그림 4.3 명도별 각 색상의 채도분포

색상들이 표현 가능한 채도의 범위를 보여주고 있다. 원의 중심부는 무채색이고 원의 중심에서 멀어질수록 채도는 증가하며, 그림에서 보듯이 동일한 명도이더라도 각 색상이 표현할 수 있는 최대 채도에는 차이가 있으며, 각 명도별로 최대 채도값을 갖는 색상이 달라지는 것을 알 수 있다. 즉, 특정 색채가 표현할 수 있는 채도의 최대값, 즉 가장 순수한 색의 채도는 색채의 색상과 명도에 따라 다르게 분포한다.

(4) 색채 표기

색채의 표기는 '색상 명도/채도'의 형식으로 하는데, 예를 들어 '5Y 8/2'는 색상은 기본색인 5Y이며 명도가 8, 채도가 2인 색채, 즉 고명도 저채도의 엷은 노란색을 나타낸다. 또한 채도가 0인 무채색의 경우 'N명도'의 형식으로 표기하는데, 예를 들어 'N5'는 명도가 5인 무채색, 즉 밝기가 중간 정도인 회색을 의미한다.

나. IRI 색상 & 색조 색체계(Hue & Tone System)

IRI 색상 & 색조 색체계(Hue & Tone System)는 먼셀 색체계와 ISCC－NBS 색명법[11)]의 색상(Hue)과 색조(Tone)체계를 기초로, 2001년 우리나라의 IRI(Image Research Institute Inc)에서

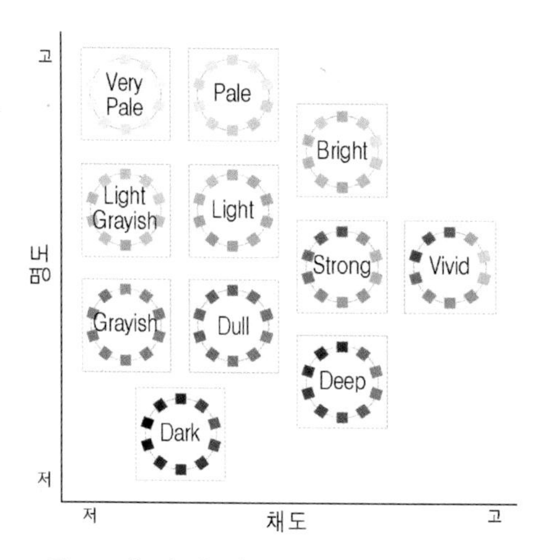

그림 4.4 명도와 채도의 범위에 따른 11개의 색조 분포

11) ISCC－NBS 색명법은 색채의 전달과 사용 상 편의를 목적으로 개발되어 세계적으로 공통으로 사용되고 있는 색명의 표준이다. 모든 물체색을 29가지의 색상으로 분류하고 각 색상의 명도와 채도의 변화는 20가지의 형용사를 사용하여 표기한다. 총 267가지의 색명에 대한 먼셀 기호를 지정하여 색명의 객관적 표시가 이루어질 수 있도록 하였다.

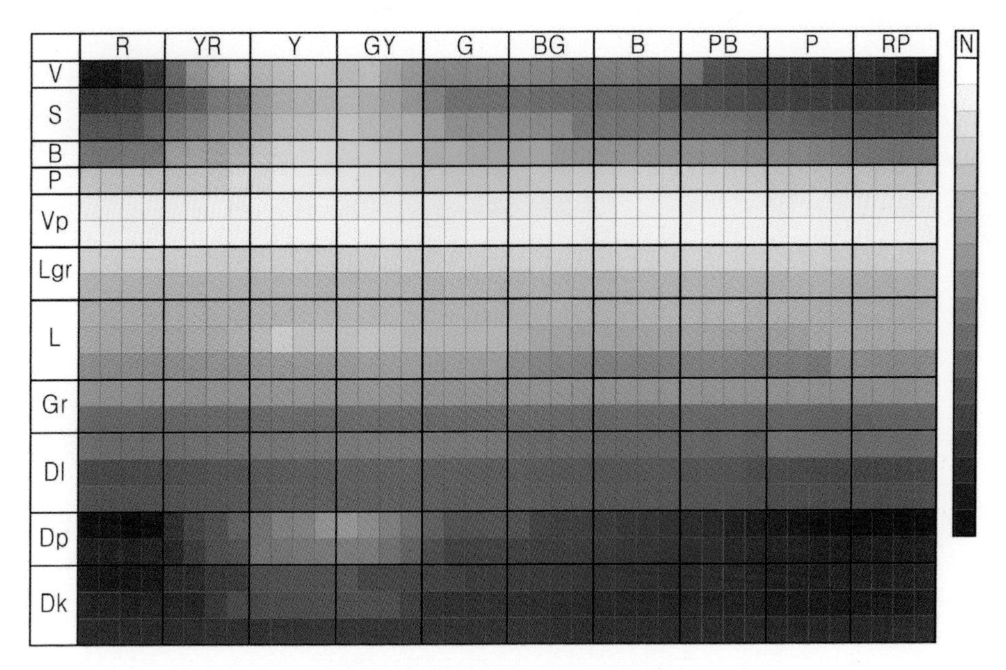

그림 4.5 IRI 898 색상 & 색조 시스템

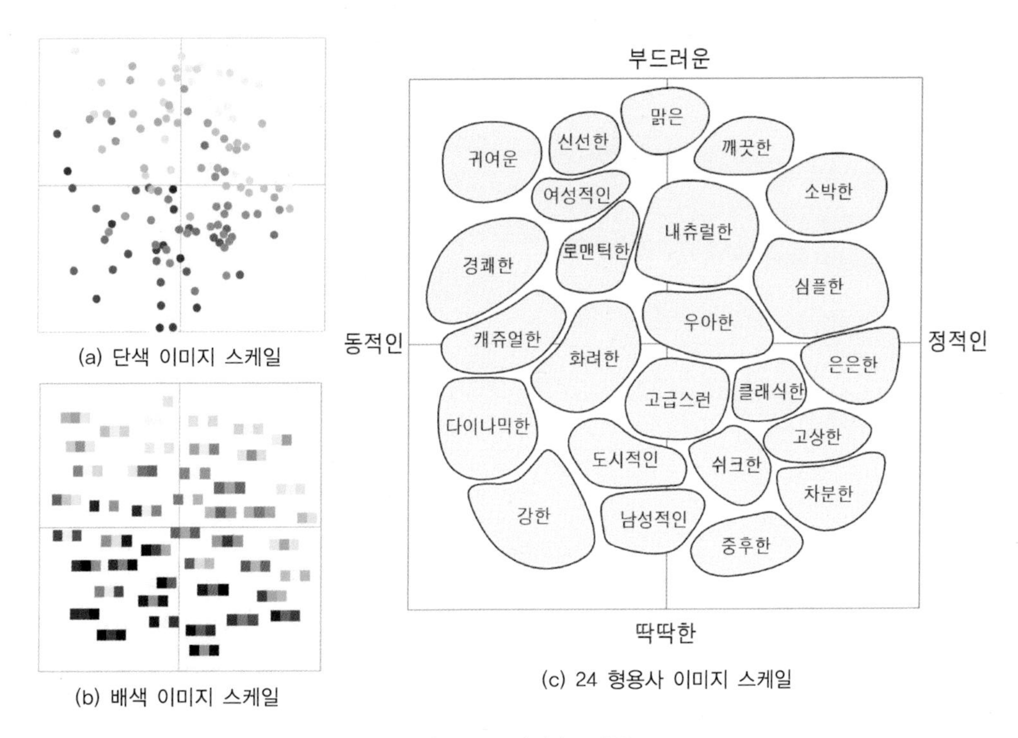

(a) 단색 이미지 스케일

(b) 배색 이미지 스케일

(c) 24 형용사 이미지 스케일

그림 4.6 IRI 이미지 스케일

표 4.1 IRI 898 색상 & 색조 색체계의 먼셀값 (명도/채도)

		R				YR				Y				GY				G				BG				B				PB				P				RP			
		2.5	5	7.5	10	2.5	5	7.5	10	2.5	5	7.5	10	2.5	5	7.5	10	2.5	5	7.5	10	2.5	5	7.5	10	2.5	5	7.5	10	2.5	5	7.5	10	2.5	5	7.5	10	2.5	5	7.5	10
V		4/14	4/14	4.5/16	4.5/16	5.5/16	6.5/15	7/15	7.5/15	7.5/15	7.5/14	7.5/13	7.5/13	7/12	7/12	6/12	5.5/12	5/12	5/11	5/11	5/11	5/11	5/11	5/11	5/11	5/11	5/11	5/11	5/12	5/12	4/12	4/12	4/12	4/12	4/12	4/12	4/12	4/12	4/12	4/13	4/14
S	2	4/11	4/10	4/10	4.5/11.5	5/12	5/12	5.5/11.5	5.5/11.5	6.5/11	7/11.5	7/11.5	7/11	7/10.5	6.5/10.5	6/10	5.5/10	5/10	4.5/9	4.5/9	4.5/9	4.5/9	4.5/8	4.5/8	4.5/8	4.5/8	4.5/9	4.5/9	4/10	4/10	4/10	4/10	4/10	4/10	4/10	4/10	4/10	4/10	4/10	4/10	4/10
	1	5/11.5	5/11.5	5/11.5	5.5/12	6/12	6/12	6.5/12	6.5/12	7/12	7.5/12	7.5/11	7.5/10	7.5/10	7/10	6.5/10	6.5/10	6/10	5.5/9	5.5/9	5.5/9	5.5/9	5.5/8.5	5.5/8	5/8	5/8	5/8.5	5/9	5/9.5	5/10	5/10	5/10	5/10	5/10	5/10	5/10	5/10	5/10	5/10	5/10	5/10
B		6/12	6/12	6/12	6/12	7/12	7/12	7/12	7.5/12	8/12	8.5/12	8.5/12	8.5/12	8/12	8/11	7.5/10	7.5/10	7/10	7/10	6.5/10	6.5/10	6.5/10	6.5/10	6/9.5	6/9.5	6/9.5	6/10	6/10	6/10	6/10	6/10	6/10	6/10	6/10	6/10	6/10	6/11	6/12	6/12	6/12	6/12
P		8/6	8/6	8/6	8/6	8/6	8/6	8/6	8.5/6	8.5/6	9/6	9/6	9/6	9/6	8.5/6	8/6	8/6	8/6	8/6	8/6	8/6	8/6	8/5	8/5	8/5	8/5	8/5	8/5	8/6	8/6	8/6	8/6	8/6	8/6	8/6	8/6	8/6	8/6	8/6	8/6	8/6
Vp	2	9/2	9/2	9/2	9/2	9/2	9/2	9/2	9/2	9/2	9/2	9/2	9/2	9/2	9/2	9/2	9/2	9/2	9/2	9/2	9/2	9/2	9/2	9/2	9/2	9/2	9/2	9/2	9/2	9/2	9/2	9/2	9/2	9/2	9/2	9/2	9/2	9/2	9/2	9/2	9/2
	1	9/0.8	9/0.8	9/0.8	9/0.8	9/0.8	9/0.8	9/0.8	9/0.8	9/0.8	9/0.8	9/0.8	9/0.8	9/0.8	9/0.8	9/0.8	9/0.8	9/0.8	9/0.8	9/0.8	9/0.8	9/0.8	9/0.8	9/0.8	9/0.8	9/0.8	9/0.8	9/0.8	9/0.8	9/0.8	9/0.8	9/0.8	9/0.8	9/0.8	9/0.8	9/0.8	9/0.8	9/0.8	9/0.8	9/0.8	9/0.8
Lgr	1	8/2	8/2	8/2	8/2	8/2	8/2	8/2	8/2	8/2	8/2	8/2	8/2	8/2	8/2	8/2	8/2	8/2	8/2	8/2	8/2	8/2	8/2	8/2	8/2	8/2	8/2	8/2	8/2	8/2	8/2	8/2	8/2	8/2	8/2	8/2	8/2	8/2	8/2	8/2	8/2
	2	7/2	7/2	7/2	7/2	7/2	7/2	7/2	7/2	7/2	7/2	7/2	7/2	7/2	7/2	7/2	7/2	7/2	7/2	7/2	7/2	7/2	7/2	7/2	7/2	7/2	7/2	7/2	7/2	7/2	7/2	7/2	7/2	7/2	7/2	7/2	7/2	7/2	7/2	7/2	7/2
L	1	7/4	7/4	7/4	7/4	7/4	7/4	7/4	7/4	7/4	7/4	7/4	7/4	7/4	7/4	7/4	7/4	7/4	7/4	7/4	7/4	7/4	7/4	7/4	7/4	7/4	7/4	7/4	7/4	7/4	7/4	7/4	7/4	7/4	7/4	7/4	7/4	7/4	7/4	7/4	7/4
	3	7/6	7/6	7/6	7/6	7/6	7/6	7/6	7.3/6	7.5/6	8/6	7.5/6	7.5/6	7.5/6	7.5/6	7.3/6	7/6	7/6	7/6	7/6	7/6	6.8/6	6.5/6	6.5/6	6.5/6	6.5/6	6.5/6	6.5/6	6.5/6	6.5/6	6.5/6	6.5/6	6.5/6	6.5/6	6.5/6	6.8/6	7/6	7/6	7/6	7/6	7/6
	2	6/6.5	6/6.5	6/6.5	6/6.5	6/6.5	6/6.5	6/6.5	6/6.5	6/6.5	6/6.5	6/6.5	6/6.5	6/6.5	6/6.5	6/6.5	6/6.5	6/6.5	6/6.5	6/6.5	6/6.5	5.5/6.5	5.3/6.5	5.3/6.5	5.3/6.5	5.3/6.5	5.3/6.5	5.3/6.5	5.3/6.5	5.3/6.5	5.3/6.5	5.3/6.5	5.3/.6.5	5.3/6.5	5.3/6.5	5.3/6.5	6/6.5	6/6.5	6/6.5	6/6.5	6/6.5
Gr	1	6/2	6/2	6/2	6/2	6/2	6/2	6/2	6/2	6/2	6/2	6/2	6/2	6/2	6/2	6/2	6/2	6/2	6/2	6/2	6/2	6/2	6/2	6/2	6/2	6/2	6/2	6/2	6/2	6/2	6/2	6/2	6/2	6/2	6/2	6/2	6/2	6/2	6/2	6/2	6/2
	2	4.5/2	4.5/2	4.5/2	4.5/2	4.5/2	4.5/2	4.5/2	4.5/2	4.5/2	4.5/2	4.5/2	4.5/2	4.5/2	4.5/2	4.5/2	4.5/2	4.5/2	4.5/2	4.5/2	4.5/2	4.5/2	4.5/2	4.5/2	4.5/2	4.5/2	4.5/2	4.5/2	4.5/2	4.5/2	4.5/2	4.5/2	4.5/2	4.5/2	4.5/2	4.5/2	4.5/2	4.5/2	4.5/2	4.5/2	4.5/2
Dl	1	5/4.5	5/4.5	5/4.5	5/4.5	5/4.5	5/4.5	5/4.5	5/4.5	5/4.5	5/4.5	5/4.5	5/4.5	5/4.5	5/4.5	5/4.5	5/4.5	5/4.5	5/4.5	5/4.5	5/4.5	4.5/4.5	4.5/4.5	4.5/4.5	4.5/4.5	4.5/4.5	4.5/4.5	4.5/4.5	4.5/4.5	4.5/4.5	4.5/4.5	4.5/4.5	4.5/4.5	5/4.5	5/4.5	5/4.5	5/4.5	5/4.5	5/4.5	5/4.5	5/4.5
	3	4/6	4/6	4/6	4/6	4/6	4/6	4/6	4/6	4/6	4/6	4/6	4/6	4/6	4/6	4/6	4/6	4/6	4/6	4/6	4/6	4/6	4/6	4/6	4/6	4/6	4/6	4/6	4/6	4/6	4/6	4/6	4/6	4/6	4/6	4/6	4/6	4/6	4/6	4/6	4/6
	2	4/4	4/4	4/4	4/4	4/4	4/4	4/4	4/4	4/4	4/4	4/4	4/4	4/4	4/4	4/4	4/4	4/4	4/4	4/4	4/4	4/4	4/4	4/4	4/4	4/4	4/4	4/4	4/4	4/4	4/4	4/4	4/4	4/4	4/4	4/4	4/4	4/4	4/4	4/4	4/4
Dp	2	3/10	3/10	3/12	3/11	3.5/10	4/9	4/9	4.5/9	5/9	5.5/9	5.5/9	6/10	6/10	5.5/10	5/10	4.5/10	4/10	3.5/10	3.5/10	3.5/10	3.5/9	3/8	3/8	3/8	3/8	3/8	3/9	3/10	3/10	3/10	3/10	3/10	3/10	3/10	3/10	3/10	3/10	3/10	3/10	3/10
	1	3/8	3/8	3/8	3/8	3/8	3.5/8	4/8	4/8	5/8	5/8	5/8	5/8	5/8	5/8	4.5/8	4/8	3.5/8	3/8	3/8	3/8	3/7	3/6.5	3/6.5	3/6.5	3/6.5	3/6.5	3/7	3/8	3/8	3/8	3/8	3/8	3/8	3/8	3/8	3/8	3/8	3/8	3/8	3/8
Dk	2	2.3/6	2.3/6	2.3/6	2.3/6	2.8/6	2.8/6	3/6	3/6	3.5/6	3.5/6	3.5/6	3.5/6	3.5/6	3/6	3/6	3/6	3/5	3/5.5	2.8/6	2.8/6	2.8/6	2.8/6	2.8/6	2.8/6	2.8/6	2.8/6	2.8/6	2.8/6	2.8/6	2.8/6	2.8/6	2.8/6	2.8/6.5	2.8/6.5	2.8/6.5	2.8/6.5	2.8/6	2.8/6	2.8/6	2.8/6
	1	2.3/4	2.3/4	2.3/4	2.3/4	2.3/4	2.3/4	2.8/4	3.3/4	3.3/4	3.3/4	3.3/4	3.3/4	3.3/4	3.3/4	3.3/4	2.8/4	2.3/4	2.3/4	2.3/4	2.3/4	2.3/4	2.3/4	2.3/4	2.3/4	2.3/4	2.3/4	2.3/4	2.3/4	2.3/4	2.3/4	2.3/4	2.3/4	2.3/5	2.3/5	2.3/5	2.3/5	2.3/5	2.3/5	2.3/5	2.3/5
	3	2.3/2.5	2.3/2.5	2.3/2.5	2.3/2.5	2.3/2.5	2.3/2.5	2.3/2.5	2.3/2.5	2.3/2.5	2.3/2.5	2.3/2.5	2.3/2.5	2.3/2.5	2.3/2.5	2.3/2.5	2.3/2.5	2.3/2.5	2.3/2.5	2.3/2.5	2.3/2.5	2.3/2.5	2.3/2.5	2.3/2.5	2.3/2.5	2.3/2.5	2.3/2.5	2.3/2.5	2.3/2.5	2.3/2.5	2.3/2.5	2.3/2.5	2.3/2.5	2.3/2.5	2.3/2.5	2.3/2.5	2.3/2.5	2.3/2.5	2.3/2.5	2.3/2.5	2.3/2.5

무채색
N9.5
N9
N8.5
N8
N7.5
N7
N6.5
N6
N5.5
N5
N4.5
N4
N3.5
N3
N2.5
N2
N1.5
N1

출처: IRI에서 제공받은 RGB 데이터를 먼셀값으로 변환, 정리하여 IRI의 허락 하에 인용함

우리말 색이름을 갖는 색들을 분석하고 최근에 상품색으로 등장했던 색들을 분석하여 한국인의 색채감성을 수용하면서도 세계적 범용성을 고려하는 방향으로 개발한 도구이다.

IRI 색상 & 색조 색체계에서는 먼셀 색체계의 색상, 명도, 채도의 3속성에 의한 색채표현을 색상과 색조(tone)로 단순화하여 색채 분포 분석을 보다 용이하게 하고 있는데, 색조라는 용어는 일정한 채도와 명도의 범위를 나타내는 것으로 색의 강하고 약함이나 어둡고 밝은 정도를 나타낸다.

IRI의 색조는 [그림 4.4]와 같이 명도와 채도의 범위에 따라 크게 V(Vivid), S(Strong), B(Bright), P(Pale), Vp(Very Pale), Lgr(Light Grayish), L(Light), Gr(Grayish), D(Dull), Dp(Deep), Dk(Dark)의 11개의 톤으로 구성되며, 색조별로 다시 세분화하면 [그림 4.5]와 <표 4.1>과 같이 총 22개의 톤으로 구분할 수 있다.

IRI의 색상은 먼셀 색체계의 색상과 동일하게 [그림 4.1]과 같은 10개의 기본 색상으로 구성되어 있고, 10개의 각 기본 색상별로 다시 2.5, 5, 7.5, 10의 4단계로 세분화하여 [그림 4.5] 및 <표 4.1>과 같이 40개의 색상으로 구분하여 구성할 수 있는데, 이 40색상환은 현재 우리나라 KS 산업규격 상의 색표집에 사용되고 있는 것이다.

본서에서는 [그림 4.5]와 같이 880개의 유채색(40개 색상, 22개 톤)과 18개의 무채색으로 구성된 898 색상 & 색조 색체계(898 Hue & Tone System)를 기준으로 분석하였으며, 각 색채의 먼셀값은 <표 4.1>과 같고, 표의 유채색 부분의 각 셀의 값은 해당 색채의 명도/채도를 의미한다.

다. IRI 이미지 스케일(Image Scale)

이미지 스케일은 [그림 4.6]과 같이 '부드러운(soft) – 딱딱한(hard)'과 '동적인(dynamic) – 정적인(static)'의 심리적 판단의 기본이 되는 2개의 축을 중심으로 하는 공간에 단일 색, 혹은 배색을 위치시키고, 각 색채 및 배색의 특징과 느낌에 해당하는 공통적인 키워드를 부여하여 표현하는 방식이며, 이를 통해 추상적인 이미지를 구체적인 색채로, 또는 구체적인 색을 추상적 이미지로 전환하여 해석할 수 있다. 본서에서는 IRI에서 24개의 형용사 이미지로 개발한 배색사전(IRI, 2004)을 분석기준으로 사용하였으며, 부드러운 – 딱딱한, 동적인 – 정적인 축 상에서의 각 형용사의 위치는 [그림 4.6(c)]와 같다.

2. 노인의 색채지각 특성

가. 노화에 따른 색채지각의 변화

사람이 살아가는 일생동안 계속하여 성장하는 수정체는 고령이 되면 두께가 두꺼워져 탄력이 떨어지고, 노랗게 변하며 불투명해진다. 연령의 증가에 따라 여러 안구조직과 근육 또한 노화가 진행되어 시각기능의 다양한 측면이 저하되지만, 색채지각 기능의 감퇴는 대부분 수정체의 황변화에 의한 것으로 색채지각의 정확성은 일반성인의 약 1/4 정도이다(이경은, 2004). 연령이 증가함에 따라 개인의 색채변별능력은 지속적으로 감소하여 점차 청황색약(靑黃色弱, tritan)과 유사한 색채지각 특성을 갖게 되는데(Knoblauch 외, 1987), 황변화된 수정체가 카메라 렌즈의 노란색 필터와 같은 역할을 하여 단파장(400~450㎚)의 빛을 걸러내고, G, B, P 계열 색에 대한 감도를 저하시킨다. 수정체의 황변화 속도는 60대 이후 급격히 증가하고, 70대에는 90%에 달하는 노인들이 황변화를 경험하며, 80대 이후에는 약 20%의 노인이 이로 인해 생활의 불편함을 겪는다(조성희 외, 2006; Ishihara 외, 2001; Werner 외, 1990).

나. 노인의 색채지각특성의 평가방법

(1) 색상배열평가(Arrangement Method)

노인의 색채지각 특성을 평가하는 방법의 하나로 색상배열평가(arrangement method)가 있다. 이 검사법은 피검사자로 하여금 일련의 색상칩을 서로 유사하게 지각되는 색상의 순으로 연속적으로 배열하도록 하는 것으로, 검사에 사용되는 각 색상칩의 명도와 채도는 동일하다. 즉, 각 색상칩의 색조는 유사하며 색상에만 차이가 있어, 색조가 유사한 색채에 대한 개인의 색상 변별능력, 색상 혼동구간, 무채색과 혼동하는 색상구간을 측정할 수 있다. 색상배열평가는 여러 종류가 개발되었으며 각 검사도구 별로 색상칩의 명도, 채도에 차이가 있다. 색상배열평가의 종류와 각 평가도구를 구성하고 있는 색상칩의 명도와 채도는 <표 4.2>와 같다.

표 4.2 색상배열평가의 종류 및 색상칩의 명도와 채도

측정도구	명도	채도
Farnsworth-Munsell 100－Hue Test	5	5
Farnsworth Dichotomous Panel D－15	5	4
Lanthony Desaturated D－15	8	2
Lanthony New Color Test	6	8
	6	6
	6	4
	6	2
	N4~N8(명도차 0.5간격)	

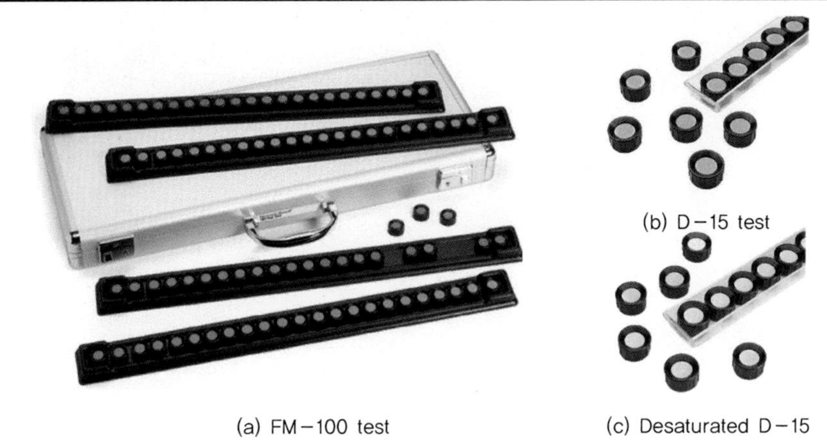

(a) FM－100 test

(b) D－15 test

(c) Desaturated D－15

출처: www.good-lite.com; www.colormanagement.com

그림 4.7 색상평가도구의 구성

(2) 모의 수정체 실험

노인의 색채지각 특성을 분석하는 또 하나의 방법으로 노안과 유사한 모의 수정체를 사용하여 노인의 색채지각을 모의 실험하는 방법이 있다. 앞서 밝힌 바와 같이 노인의 황변화된 수정체는 단파장(400~450nm)의 빛을 걸러내고, G, B, P계열 색상에 대한 감도를 저하시킨다.

일반적으로 모의 수정체 실험에서는 각 연령대의 수정체에 대응하는 카메라 렌즈나 필터를 사용하는데, 요시다(Yoshida, 1991)는 60~70세 노인의 수정체의 대응으로 Y－2 필터를, 70세 후반 대응으로는 YA3 필터를 사용하였다(조성희 외, 2006). 75세 노인의 수정체와 Y－2 및 YA3 필터의 파장별 투과율은 [그림 4.8]과 같다.

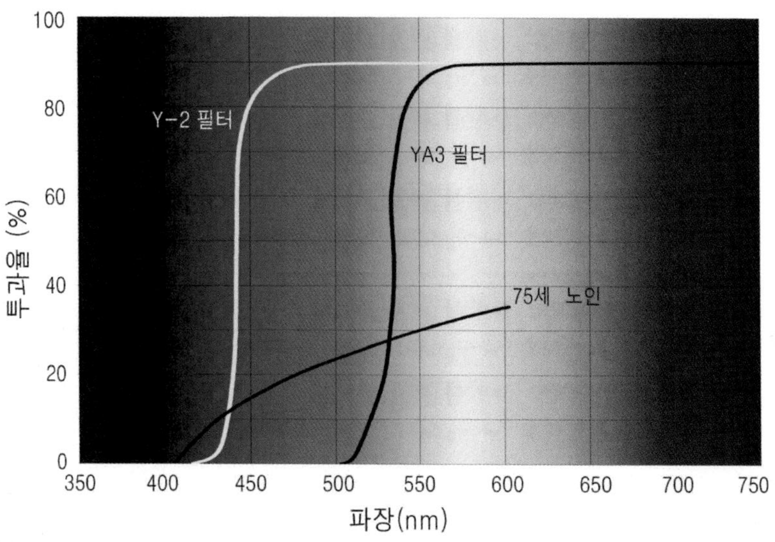

출처: 조성희 외, 2006, p.149를 재구성함

그림 4.8 Y-2, YA3 필터 및 75세 노인 수정체의 파장별 투과율

다. 노인의 색채지각 특성

위와 같은 다양한 방법을 이용하여 노인, 그리고 노인과 유사한 색채지각 패턴을 보이는 청황색약자의 색채지각의 특성을 조사한 연구의 결과를 분석하고, 그 내용을 IRI 색상 & 색조 체계를 기준으로 정리하면 다음과 같다.

(1) 색조(tone)가 동일한 색상(hue) 사이의 변별

① Farnsworth-Munsell 100-Hue Test(FM-100 test)

FM-100 test는 먼셀 색체계의 5R 5/5를 1번으로 하여 R, Y, G, B, P 계열의 색상 순으로 85번까지의 총 85개 색상칩을 4개의 그룹으로 나누고 각 그룹별로 연속되는 색상의 칩을 배열하도록 하여, 개인의 색채 변별력을 측정하는 검사이다. 평가도구를 구성하고 있는 모든 색상칩은 명도5/채도5의 색채이며, 이는 IRI 색체계의 Dl톤에 해당한다.

85개의 칩은 색채지각 특성에 따라 [그림 4.9]와 같이 Red-Green축(R-G축, 13~33, 55~75번 칩)과 Blue-Yellow축(B-Y축, 1~12, 34~54, 76~85번 칩)으로 구분할 수 있다(Smith 외, 1985). 색채 변별의 오차, 즉 색상환 상의 연속되는 색상 간의 변별 오차는 20대 이후로 연령이 증가함에 따라 커졌으며, 이러한 오차의 증가는 R-G축보다 B-Y축에서 현저하게 나타나 청황색약과 유사한 패턴을 보였다(Kinnear 외, 2002). 동양인 노인의 경우, [그림 4.9]의 음영부분과 같이 B-Y축 중에서도 36~54번, 76~83번 구간의 오차가 크게 나타났으며 각 구간의 최고오차는 각각 46번(BG계열)과 81번(RP계열)에서 나타났다(Woo 외, 2002).

[그림 4.10]은 898 색상 & 색조 체계의 880개 유채색을 먼셀 색상환의 형식으로 표현한 것이다. 각 동심원은 원의 중심부로부터 각각 Dk3, Dk1, Dk2, Dp1, Dp2, Dl2, Dl3, Dl1, Gr2, Gr1, L2, L3, L1, Lgr2, Lgr1, Vp1, Vp2, P, B, S1, S2, V톤을 나타낸다. 즉, 동일한 원주상에 위치한 색채들은 서로 색조가 같고 색상에만 차이가 있다. 원주를 따라 배열된 색상은 각 기본 색상별로 2.5, 5, 7.5, 10의 4개의 단계로 구성되어 총 40색상으로 구성되어 있다. 색채지각 관련 연구의 결과를 정리하여 색상환에 표기함에 있어서, 노인의 색채 변별 능력의 저하를 고려하여 10개 기본 색상의 4단계를 하나의 단계로 묶어서 표시하고 세분된 색조도 하나로 묶어서 다루었다. 예를 들면, 2.5Y의 L3톤, 5Y의 L2톤, 7.5Y의 L1톤 등은 모두 동일한 Y의 L톤으로 다루었다.

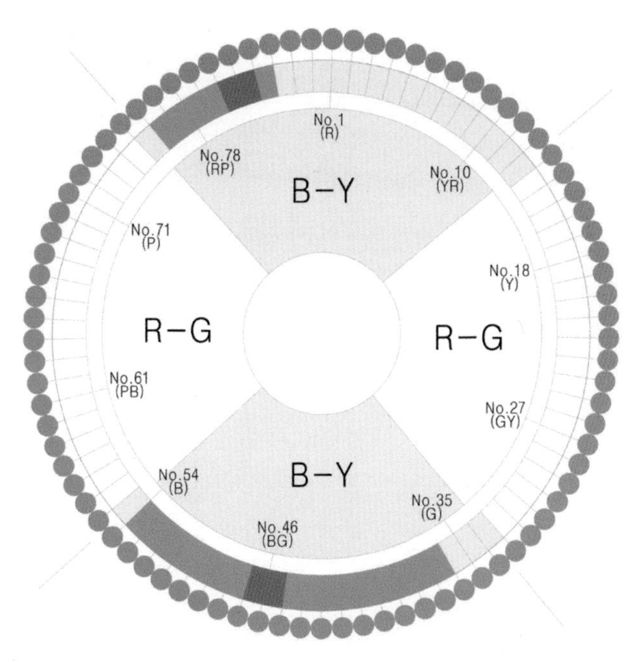

출처: 연구문헌의 결과를 종합하여 필자가 재구성함

그림 4.9 FM-100 test에서 노인의 색채변별 오차가 큰 구간(B-Y)

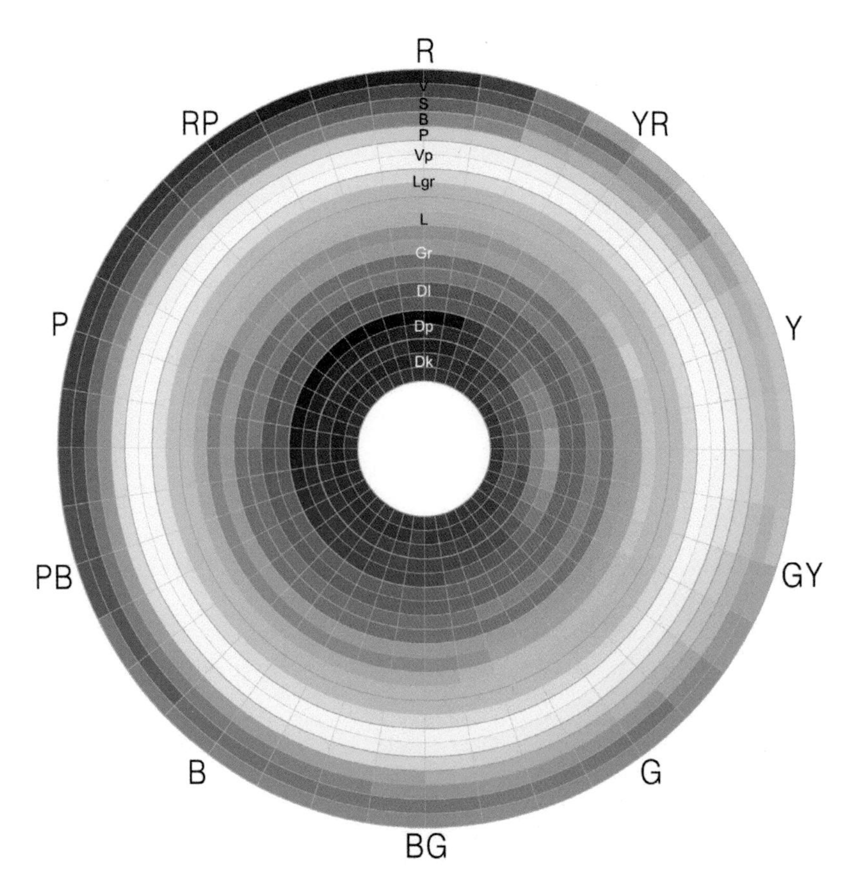

그림 4.10 898 색상 & 색조 체계의 먼셀 색상환 상의 표시

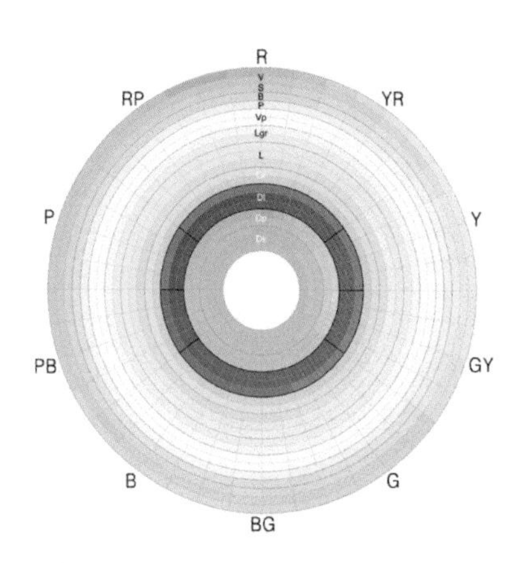

그림 4.11 노인의 색상 혼동구간
(FM-100, D-15 test 결과)

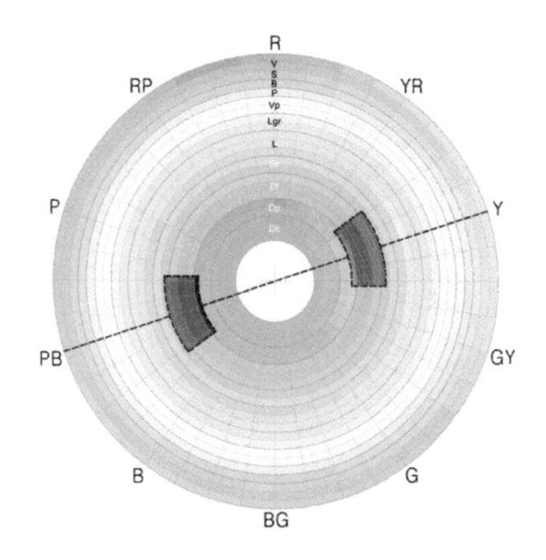

그림 4.12 노인의 무채색과의 혼동구간
(D-15 test 결과)

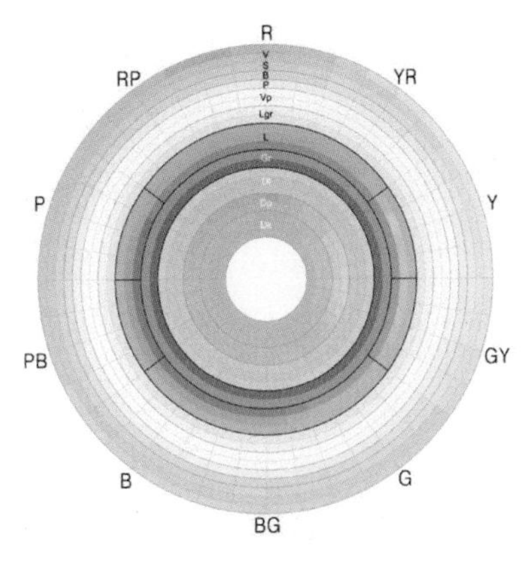

그림 4.13 노인의 색상혼동구간
(NCT 결과)

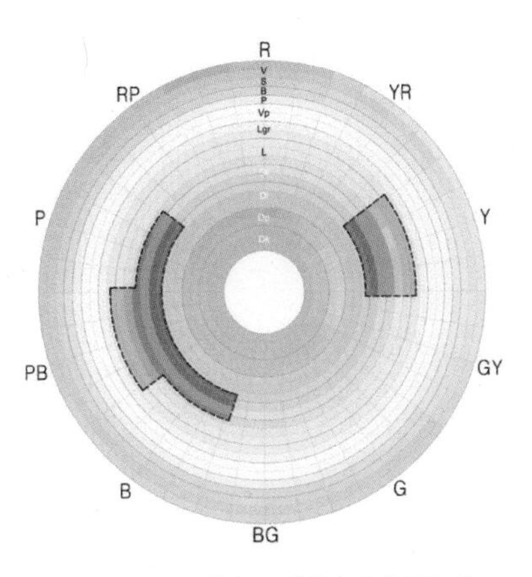

그림 4.14 노인의 무채색과의 혼동구간
(NCT 결과)

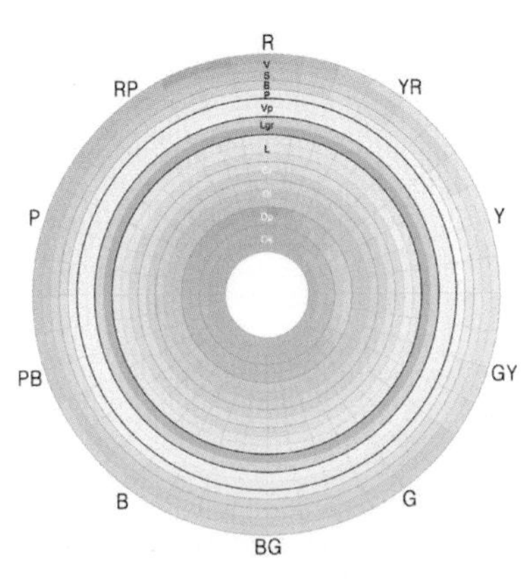

그림 4.15 노인의 색상혼동구간
(Desaturated D-15 test 결과)

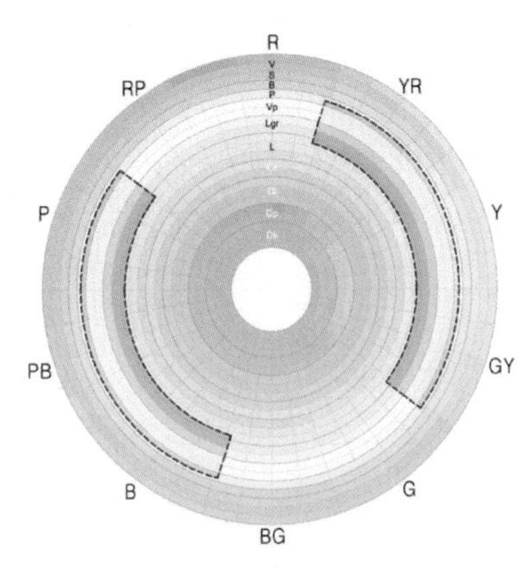

그림 4.16 노인의 무채색과의 혼동구간
(Desaturated D-15 tset 결과)

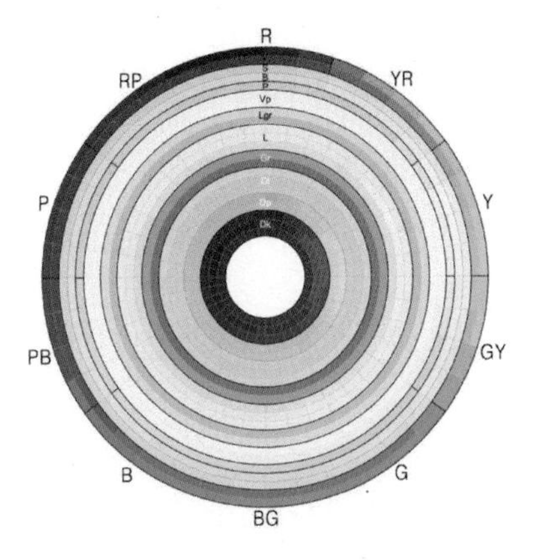

그림 4.17 노인의 색상혼동구간
(Y2 필터 측색 결과)

FM−100 test를 이용한 연구의 결과를 종합하여 오차점수가 높은 B−Y축의 색채를 색상환에 표시하면 [그림 4.11]과 같이 나타낼 수 있다. 그림의 검은 선으로 둘러싸인 구간 내의 색채들은 노인이 변별하기 곤란하여 동일한 색으로 인식할 수 있으며, 따라서 Dl톤 색채에 대해서는 RP−R−YR 및 G−BG−B 구간의 변별이 어려움을 알 수 있다.

② Farnsworth Dichotomous Panel D−15(D−15 test)

D−15 test는 B계열 색상 칩을 기준으로 하여 B, G, Y, R, P 계열의 순으로 1번부터 15번까지의 총 15개의 칩을 연속되는 색상으로 배열하여 색각변별력을 측정하는 것으로 모든 칩은 명도5/채도4의 색상이며, 이는 IRI 색체계의 Dl톤에 해당한다.

노인과 유사한 색채지각 패턴을 나타내는 청황색약자를 대상으로 한 연구의 결과를 기준으로 살펴보면, FM−100 test와 동일하게 B−Y축에 해당하는 B−BG−G구간과 YR−R−RP구간 내의 연속되는 색상을 각각 혼동했다. 또한 [그림 4.12]와 같이 색상환상에서 서로 반대의 위치에 있는 Y와 PB를 연결한 직선을 중심으로 색상 정보를 대부분 상실하는 것으로 나타났다. 따라서 이 구간에 있어서 Y와 PB를 중심으로 서로 인접한 유사 색상과 서로 반대의 위치에 있는 보색은 색상정보가 감소하여 명도차에 의해서만 서로를 변별할 수 있으며, 명도가 유사한 무채색과도 혼동할 수 있다(Linksz, 1966).

색각정보를 상실하여 무채색과 혼동되는 유채색의 구간을 색상환에 나타내면, [그림 4.12]와 같이 Y 및 PB계열의 점선으로 둘러싸인 Dl톤으로 표기할 수 있으며, 이는 이 두 색채가 무채색 중 유사한 명도의 회색과 혼동될 수 있음을 의미한다.

③ Lanthony New Color Test(NCT)

D−15 test와 유사하나 명도와 채도의 값이 다른 측정방법으로 Lanthony New Color Test가 있는데, 이 측정도구는 다양한 채도의 유채색과 다양한 명도의 무채색의 색상칩으로 구성되어 채도변화에 다른 색상변별의 특성과 무채색과의 변별특성을 보다 자세히 측정할 수 있다. 측정도구를 구성하고 있는 색상칩의 채도는 2, 4, 6, 8의 4개의 그룹으로 구분되고, 각 채도 그룹별로 15개의 색상의 칩을 포함하고 있으며, 모든 색상칩의 명도는 6으로 고정되어 있다. 이에 더하여 명도 4부터 8까지 무채색의 색상칩 10개를 포함하고 있는데, 명도 6인 칩이 2개이며 나머지 칩들은 명도가 0.5 단위로 변화한다.

Lanthony New Color Test를 사용하여 노인의 색채지각 특성을 조사한 연구(Cooper 외,

1991)에서는, 60세 이상 노인은 명도6/채도2(Gr톤), 명도6/채도4, 명도6/채도6(L톤)의 색채에 대해 RP, BG, YR 구간 내의 색상을 가장 많이 혼동했으며, 채도가 낮은 Gr톤의 경우에는 더 넓은 색상범위를 혼동하였고, B, PB, P 계열의 Gr톤은 무채색인 회색과 혼동하였다. 또한 Lanthony(1978)에 따르면, 노안과 유사한 청황색약자의 경우 Y계열 및 PB 계열의 Gr톤 색채를 회색과 혼동하였다.

Lanthony New Color Test를 이용한 연구의 결과를 분석하여 색상 변별이 어렵거나 무채색과 혼동이 발생하는 구간을 색상환에 표시하면 [그림 4.13, 4.14]와 같이 나타낼 수 있다. 유채색의 색상변별 특성을 살펴보면 L톤의 색채에 대해서는 RP－R－YR 및 G－BG－B 구간 내의 색채를 각각 혼동하며, Gr톤의 색채에 대해서는 다른 톤에 비해 혼동구간의 범위가 넓어 색상구간에 관계없이 인접한 색상은 서로 혼동할 수 있다. 또한 색상정보를 상실하여 무채색과 혼동되는 구간은 [그림 4.14]의 점선으로 둘러싸인 부분과 같이 L, Gr톤 모두 Y, PB 계열의 색채를 무채색과 혼동하며, Gr톤의 경우에는 혼동하는 구간이 넓게 나타나 B, P 계열의 색채도 회색과 혼동할 수 있다.

④ Lanthony Desaturated D－15 Test(Desaturated D－15 test)

Lanthony Desaturated D－15 Tset는 D－15 test에 비해 보다 섬세하고 민감한 색채지각의 특성을 평가하기 위해 개발된 것으로, 고명도 저채도인 명도8/채도2의 Lgr톤 색상으로 구성되어 있다. 따라서 D－15 test에 비해 색상 변별에 어려움이 많으며 무채색으로 식별되는 Y－PB 축의 범위도 넓게 나타났다(Lanthony, 1978).

이러한 결과를 볼 때, Lgr톤보다 명도가 높은 명도9/채도2의 Vp톤 색상 간의 변별에는 더욱 많은 어려움이 예상된다. 즉, [그림 4.15]에서 모든 색상에 걸쳐 검은 선으로 둘러싸인 부분의 Vp와 Lgr톤의 색채는 색상구간과 관계없이 인접한 색상은 서로 혼동할 수 있으며, [그림 4.16]에서 Y와 PB계열을 중심으로 점선으로 둘러싸인 구간은 다른 톤에 비해 무채색(N)과 혼동하는 구간이 넓게 나타난다.

⑤ 노안 대응 Yellow 필터

Y－2 필터를 이용하여 IRI 색체계를 기준으로 60~70세 노인의 시각특성을 분석한 연구(조성희 외, 2006)에 따르면 톤별 색상지각의 특성은 [그림 4.17]과 같이 V톤에서는 R－RP, G－BG－B, P톤에서는 RP－R－YR, G－BG－B 구간을 각각 유사하게 인식하고, Vp, Lgr,

Gr, Dk톤에서는 색상환 상에서 서로 인접한 모든 색상을 연속적으로 유사하게 인식하는 것으로 나타났다. 예를 들면, YR의 Vp톤 색채는 R과 Y의 Vp톤과 혼동되며, 다시 Y의 Vp톤은 YR과 GY의 Vp톤과 혼동될 수 있다.

(2) 색상(hue)이 유사한 색조(tone) 사이의 변별

80세 이상 노인을 대상으로 한 실험연구(Ishihara 외, 2001)에 따르면 Y 계열의 B톤/P톤－N9.5(하얀색), PB 계열의 S톤－N1.5(검정색)를 유사하게 인식하였다. 이는 유채색이긴 하나 Y와 PB 계열은 수정체의 황변화로 인해 색상정보가 상실되어 비슷한 명도의 무채색과 혼동을 일으키는 것이라 할 수 있다. 또한 B 계열의 S톤－G계열의 Dl톤/Dk톤, P계열의 S톤－R 계열의 S톤을 각각 유사하게 인식하였는데, 이는 비록 색조는 다르지만 앞서 살펴본 FM－100 test상에서 변별오차가 크게 나타났던 구간인 B－Y축에 속하는 색상 사이에 명도차가 작을 경우에는 서로 변별하는 데 어려움이 있는 것이라 할 수 있다.

조성희(2006)에 따르면 노안의 경우 R, G, PB계열의 세 색상 모두 동일한 색상의 Vp톤－P톤, S톤－V톤 사이를 각각 유사하게 인식하였으며, PB계열의 경우에는 이외에도 Dk톤－Dp톤, Gr톤－Dl톤, B톤－L톤 사이 등을 각각 유사하게 인식하였다. 이는 수정체 황변화로 인해 파장이 짧은 PB계열 색상에 대한 감도가 저하되어, 대부분 톤이 그와 유사한 명도의

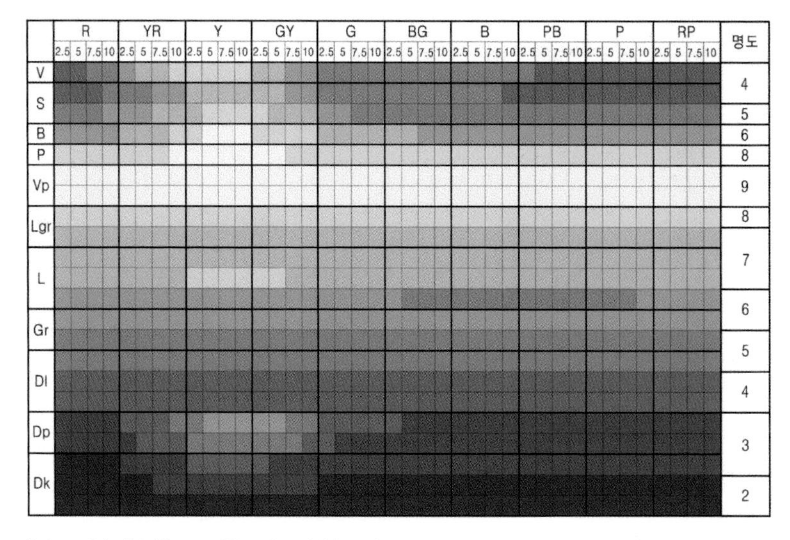

출처: IRI에서 제공받은 RGB값을 토대로 필자가 작성함

그림 4.18 898 색상 & 색조 색체계를 구성하는 색채의 명도분포

다른 톤과 쉽게 혼동될 수 있음을 의미한다.

이와 같이 노인의 색채변별에는 색상보다는 명도가 많은 영향을 주므로(김혜정, 1995; 이경은, 2004), 색상이 유사한 색채에 대해 색조의 차이를 두어 톤배색을 계획하는 경우에는 색조가 서로 다르더라도 동일한 명도를 가진 색조의 사용은 피하는 것이 바람직하다. IRI 898 색상 & 색조 색체계를 구성하는 각 유채색의 유채색의 명도분포는 <표 4.1> 및 [그림 4.18]과 같다.

3. 노인의 색채지각을 고려한 배색기준

지금까지 살펴본 색채지각특성에 대한 연구의 결과를 바탕으로 노안을 고려한 배색의 기준을 정리하면 다음과 같다.

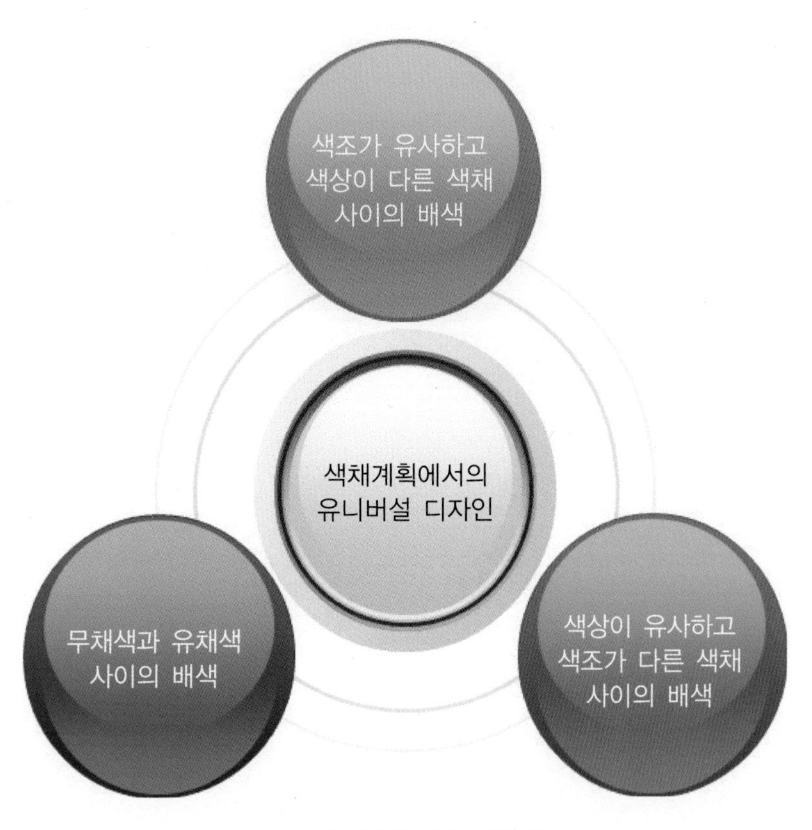

그림 4.19 색채계획에서의 배색분류

- 색조가 유사한 색상, 즉 명도와 채도가 유사한 색상을 사용하여, 색상의 차이를 둔 배색을 계획할 경우에는 노인의 혼동구간 내에 있는 색채는 하나의 동일한 색채로 다룬다.
- 유채색과 무채색을 사용한 배색을 계획할 경우에는 노안에 의해 색상정보를 상실하여 무채색으로 인식되는 Y계열 색채, PB계열 색채, 그리고 무채색 사이에 명도의 차이를 둔다.
- 동일한 색상에 대해 색조의 차이를 둔 톤배색을 계획할 경우에는 색조 사이에 명도의 차이를 둔다.

(1) 색조(tone)가 유사한 색상(hue)의 배색기준: 혼동구간 내의 색채는 하나의 색채로 취급한다.

동일한 색조의 색상 중에서 노안에 의해 유사하게 지각되는 색상구간은 [그림 4.20(a)]

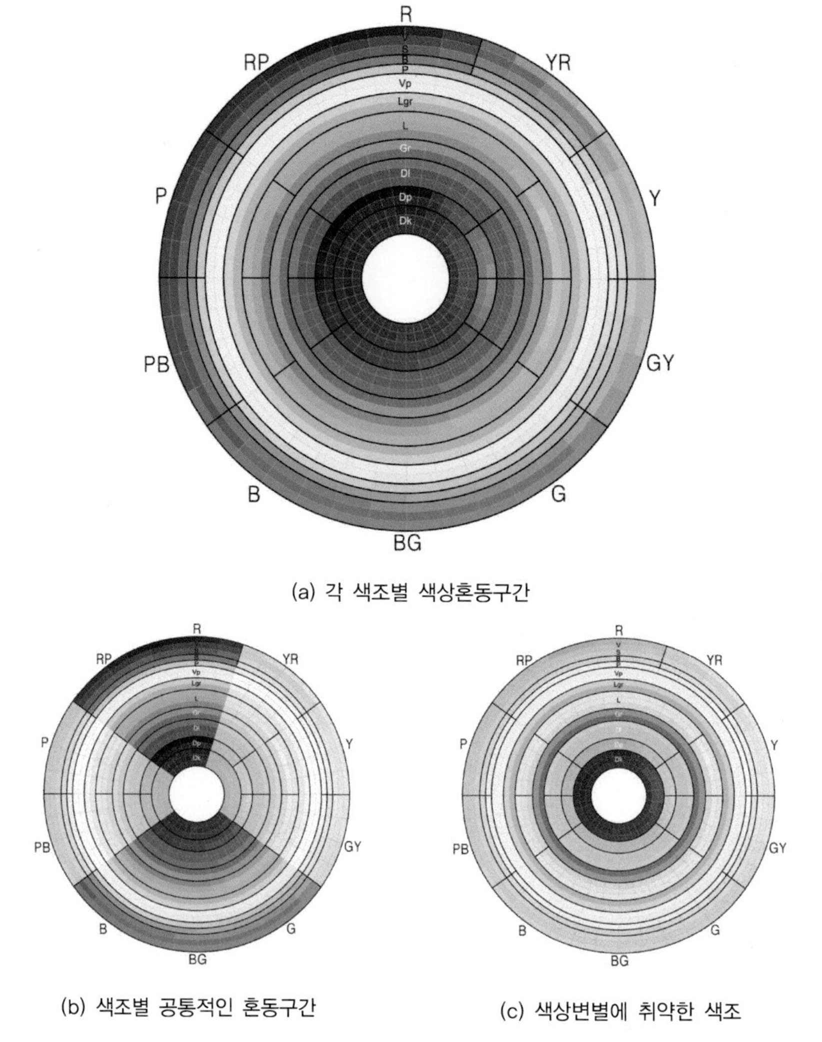

(a) 각 색조별 색상혼동구간

(b) 색조별 공통적인 혼동구간

(c) 색상변별에 취약한 색조

그림 4.20 노안에 의한 각 색조별 색상혼동구간

와 같다. 그림의 각 색조의 원형 띠 안에는 노인에게 유사하게 지각되는 색상들이 굵은 선으로 구획되어 있다. 예를 들면, L톤의 경우에는 RP−R−YR 구간, Y, GY, G−BG−B 구간, PB, P의 6개의 구간으로 구획되어 있다. 굵은 선으로 구획된 구간은 노안에 의한 혼동 구간이므로, 이 구간 내의 색채는 동일한 색채로 취급하여 변별이 필요한 부분에 함께 사용하지 않는다.

각 색조별로 혼동구간을 살펴보면 [그림 4.20(b)]와 같이 모든 색조에 대해 G~B계열, RP~R계열 구간의 색상은 공통적으로 변별이 곤란하며, 각 색조 별로 혼동구간의 범위에 차이가 있다. 특히 [그림 4.20(c)]와 같이 Vp, Lgr, Gr, Dk톤의 원형 띠에는 색상구간의 구별이 없이 모든 색상이 하나의 구간으로 표시되었는데, 이들 색조에 있어서는 색상환 상에서 연속적으로 인접한 모든 색상 간에 변별이 곤란하므로, 이러한 색조를 사용할 경우에는 색상환 상의 인접한 색상의 사용을 피한다.

(2) 무채색과 유채색의 배색기준: Y, PB계열의 색채와 무채색 사이에는 명도의 차이를 둔다.

[그림 4.21]의 Y와 PB계열의 색상을 중심으로 점선으로 둘러싸인 구간의 색채는 수정체

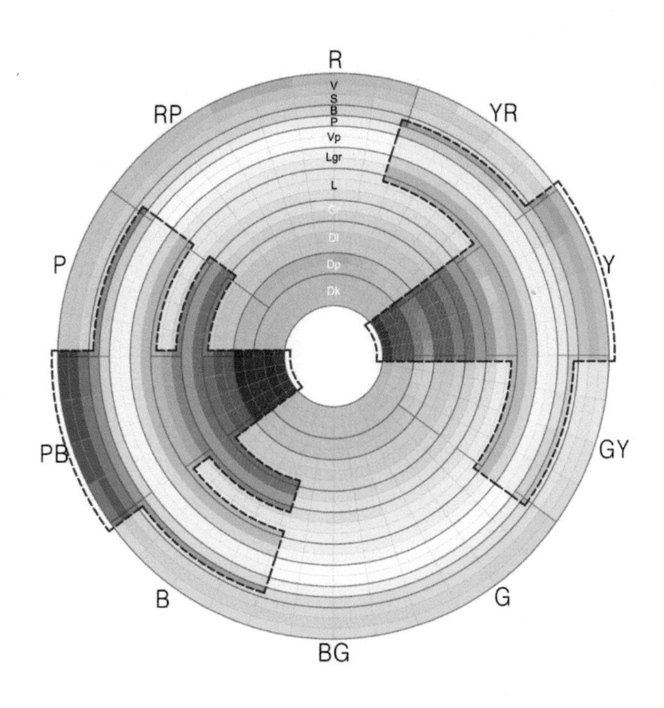

그림 4.21 노안에 의한 무채색과의 혼동구간

의 황변화로 인해 색상정보가 감소하여 서로 변별이 곤란하고 무채색과도 혼동될 수 있으므로, 변별이 필요한 부분에 Y, PB 계열의 색이나 무채색을 함께 사용할 경우에는 서로 명도의 차이를 두어 변별이 용이하도록 한다.

즉, Y계열의 밝은 색채는 하얀색이나 밝은 회색과 혼동될 수 있으며, PB계열의 어두운 색은 검정색이나 어두운 회색과 혼동될 수 있음을 의미한다. 특히 주택 내장재에 주로 사용되는 Y계열의 고명도인 B, P, Vp톤의 색채는 N9.5(하얀색)와 혼동할 수 있으므로 색채계획 시 주의가 필요하다.

(3) 색상(hue)이 유사한 색조(tone)의 배색기준: 색조가 다르더라도 색상이 유사할 경우에는 명도의 차이를 둔다.

동일한 색상에 대해 명도가 유사한 색조(예를 들면, R계열의 Vp톤－P톤) 사이의 변별이 곤란하며, 특히 노화에 따른 수정체의 황변화의 영향을 가장 크게 받는 단파장의 PB 계열 색채의 경우에는 Lgr톤을 제외한 모든 톤이 하나 이상의 다른 톤과 변별이 곤란하다. 따라서 색상이 유사한 색채를 사용하여 색조의 차이를 둔 배색을 할 경우에는, 색조의 차이를 두더라도 명도가 유사한 톤의 사용을 피한다. 특히 PB 계열의 색상만으로 구성된 단일색상배색은 가급적 사용하지 않으며, 사용할 경우에는 색채 간의 명도차이를 크게 한다.

4. 욕실 사례조사 및 결과분석

서울시에 위치한 2006년 이후 입주 예정인 7개 건설사 10개 단지 22~62평형 아파트 모델하우스 17세대의 욕실을 대상으로 2005년 11월 1일부터 2006년 2월 20일까지 실태조사를 실시하였으며, 팬톤 RGB 가이드(Pantone solid in RGB guide coated)[12]를 이용하여 육안비색법으로 측색하고, 사진촬영을 병행하였다.

배색의 실태조사는 욕실의 천장, 벽, 바닥, 위생도기, 수납장, 출입문을 대상으로 하여 각각의 주조색, 보조색, 강조색을 측색하였다. 총 17개 욕실의 111개 색을 측색하였으며, 세면대 수전, 변기의 레버, 출입문 손잡이, 문턱, 조명 스위치 등의 세부적인 요소는 측색

12) 팬톤에서 제작한 가이드로 1,114가지 색채를 수록하고 있으며 각각의 RGB값이 표시되어 있다. 부채형 형태의 가이드에 인쇄되어, 휴대가 편리하고 신속하게 색채를 검색할 수 있다.

표 4.3 욕실 측색 결과

구분	1	2	3	4	5	6	7	8
A	바닥(주조)	바닥(보조)	벽(주조)	벽(보조)	문	천장	수납장	도기
	10YR 5/4		9YR 6/2		7YR 8/4	5Y 7.5/2		N9.5
B	바닥(주조)	바닥(보조)	벽(주조)	벽(보조)	문	천장	수납장	도기
	9YR 8.5/1		6.5YR 8.5/1		9R 4.5/7.5	6.5YR 8.5/1		N9.5
C	바닥(주조)	바닥(보조)	벽(주조)	벽(보조)	문	천장	수납장	도기
	3Y 8.5/1		4.5Y 9/2	9.5YR 3.5/2.5	5YR 2.5/6.5	6.5YR 8.5/1		N9.5
D	바닥(주조)	바닥(보조)	벽(주조)	벽(보조)	문	천장	수납장	도기
	3Y 8.5/1		3.5GY 9/1	6GY 7.5/4.5	6.5YR 8/3	1.5Y 9/0.5		N9.5
E	바닥(주조)	바닥(보조)	벽(주조)	벽(보조)	문	천장	수납장	도기
	5Y 7.5/2	4.5Y 9/2	5Y7.5/2	2Y 7.5/4	7YR 3/2.5	6.5YR 8.5/1	9.5YR 2.5/3	N9.5
F	바닥(주조)	바닥(보조)	벽(주조)	벽(보조)	문	천장	수납장	도기
	5Y 7.5/2		3Y 8.5/3		4YR 6/3.5	6.5YR 8.5/1		N9.5
G	바닥(주조)	벽(주조)	벽(보조)	벽(강조)	문	천장	수납장	도기
	N9.5	N9.5	3.5Y 7/0.5	9RP 4.5/3	3Y 8/3.5	6.5YR 8.5/1	3Y 8/3.5	N9.5
H	바닥(주조)	벽(주조)	벽(보조)	벽(강조)	문	천장	수납장	도기
	9YR 4.5/2.5	N9.5	8.5Y 3/4	N3	4RP 6.5/4	6.5YR 8.5/1	4YR 7/3	N9.5
I	바닥(주조)	바닥(보조)	벽(주조)	벽(보조)	문	천장	수납장	도기
	1.5Y 9/1		5Y 8.5/0.5		5Y 7.5/2	1.5Y 9/0.5		N9.5
J	바닥(주조)	바닥(보조)	벽(주조)	벽(보조)	문	천장	수납장	도기
	6.5YR 8.5/1		6.5YR 8.5/1	6.5Y 2.5/3	6.5YR 5.5/5.5	9YR 8.5/1	6.5YR 5.5/5.5	N9.5
K	바닥(주조)	바닥(보조)	벽(주조)	벽(보조)	벽(강조)	문	천장	도기
	5Y 7.5/2		3Y 8.5/3	1.5Y 9/0.5	3.5Y 7/0.5	6.5YR 6/6.5	6.5YR 8.5/1	N9.5
L	바닥(주조)	바닥(보조)	벽(주조)	벽(보조)	벽(강조)	문	천장	도기
	3.5YR 5/4.5		4.5Y 9/2.5	3.5YR 5/4.5	9.5R 2/4.5	3Y 8.5/3	5Y 8.5/0.5	N9.5
M	바닥(주조)		벽(주조)	벽(강조)	문	천장	수납장	도기
	3Y 9/3		5Y 7.5/2	10YR 2/2.5	6.5YR 5.5/5.5	1.5Y 9/0.5		N9.5
N	바닥(주조)	바닥(강조)	벽(주조)	벽(보조)	문	천장	수납장	도기
	3Y 8.5/3	1.5Y 2.5/4	3Y 8.5/3	5YR 2/3.5	10R 1.5/4.5	1.5Y 9/0.5		N9.5
O	바닥(주조)	바닥(보조)	벽(주조)	벽(강조)	문	천장	수납장	도기
	10Y 9/0.5		10Y 9/0.5	N3	3.5YR 5/4.5	6.5YR 8.5/1	10B 7/0.5	N9.5
P	바닥(주조)	바닥(보조)	벽(주조)	벽(보조)	문	천장	수납장	도기
	2RP 8.5/3.5		1.5Y 9/2.5		3YR 3.5/8.5	6.5YR 8.7/1		N9.5
Q	바닥(주조)	바닥(보조)	벽(주조)	문	천장	도기	수납장	도기
	5.5P 7/0.5	9.5Y 5.5/0.5	5.5P 7/0.5	9YR 6.5/1.5	6.5YR 8.5/1	9.5YR 3.5/2.5	N3	N9.5

*지면관계상 사례욕실 Q의 벽체 강조색(N3)을 제외한 110개소의 측색결과를 표시함

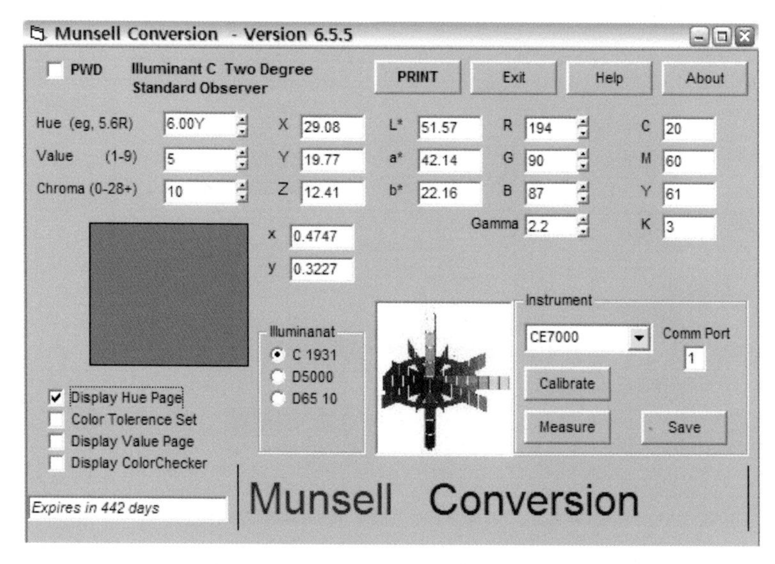

그림 4.22 Munsell Conversion 소프트웨어의 구성

에서 제외하였다. 팬톤 RGB 가이드의 측색값은 RGB 형식으로 기록되었으며, 측색한 111개 색의 RGB값은 [그림 4.22]의 Munsell Conversion Ver.6.5.5 소프트웨어를 이용하여 먼셀(Munsell) 값으로 변환하였다. 측색의 결과는 <표 4.3>과 같다.

가. 욕실의 색상, 명도, 채도 분포

욕실의 색상과 채도의 분포는 [그림 4.23]과 같이, 111개소 중 무채색(N9.5, N3) 24개소를 제외한 87개소에 유채색이 사용되었으며, 이 중 75개소가 YR~Y계열의 색상에 분포하였다. 채도는 무채색 24개소를 포함하여 채도 4미만의 저채도의 색채가 98개소였으며, 채도가 4이상인 13개소 중 7개소가 출입문이었다. 따라서 출입문을 제외한 벽, 바닥, 천장, 위생도기의 색채는 대부분이 YR~Y계열의 저채도 및 무채색에 분포하였다.

욕실 구성요소의 명도 분포는 <표 4.4>에서 보듯이 무채색 N9.5 20개소를 포함하여 명도 7이상의 고명도의 색채가 79개소였다. 출입문의 색채는 고·중·저명도의 색채가 비교적 고르게 분포하였으나, 벽, 바닥, 천장, 위생도기의 경우에는 주조색이 대부분 고명도에 분포하였고, 중명도 이하의 색채는 보조색이나 강조색으로 사용되어, 출입문을 제외한 벽, 바닥, 천장, 위생도기의 색채는 대부분 7 이상의 고명도에 분포하였다.

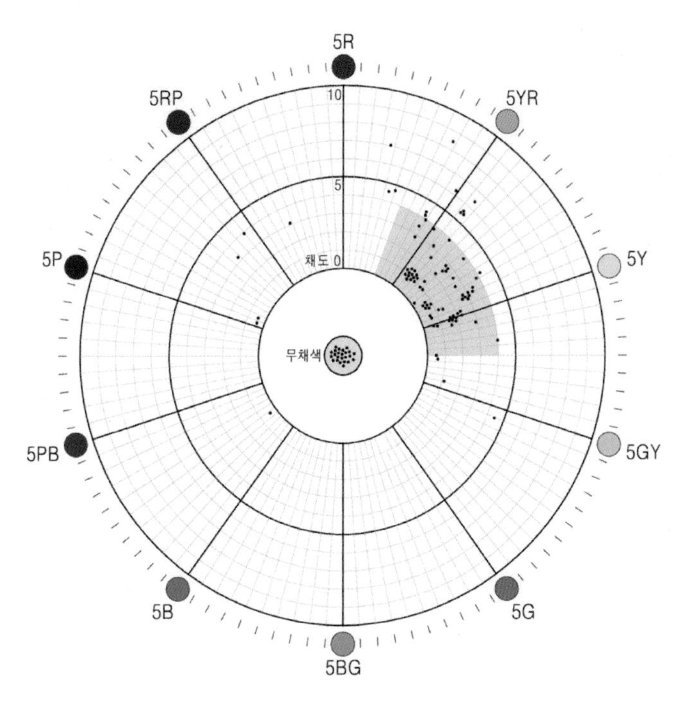

그림 4.23 욕실 구성요소의 색상 및 채도 분포

그림 4.24 조사대상 욕실의 배색사례 사진

표 4.4 욕실 구성요소의 명도 분포

	무채색의 명도		유채색의 명도									합계
	N9.5	N3	1	2	3	4	5	6	7	8	9	
가구	17	1		1		1		1	2	1		24
바닥	1				1		3	1	1	5	8	20
벽	2	3		3	2	1	2	1	3	7	9	33
천장										1	16	17
출입문			1		3		2	5	1	5		17
합계	20	4	1	4	6	2	7	8	7	19	33	111

표 4.5 욕실 구성요소의 색상 및 색조 분포

색조	색상										합계		무채색	
	R	YR	Y	GY	G	BG	B	PB	P	RP				
V													N9.5	20
S													N9	
B													N8	
P				1							1		N7	
Vp		15	16	3						1	35		N6	
Lgr		3	15				1		2		21		N5	
L	1	3	3							1	8		N4	
Gr		4	1								5		N3	4
Dl		7								1	8		N2	
Dp		1									1		N1	
Dk	1	5	2								8		합계	24
합계	2	38	37	4			1		2	3	87			

색상 및 색조의 분포를 보면, <표 4.5>와 같이 YR, Y 계열의 Vp, Lgr톤과 무채색인 N9.5에 집중되어 있었다. YR계열과 Y 계열 사이는 노인이 쉽게 변별할 수 있는 색상이나, Vp톤, Lgr톤의 고명도, 저채도의 색은 서로 변별이 용이하지 않다. 또한 Y 계열의 Vp톤은 위생도기의 색채인 무채색 N9.5와 혼동할 수 있으므로 전반적인 색채변별에 어려움이 예상된다.

나. 욕실의 이미지 스케일

욕실의 구성요소 중 벽, 바닥, 천장, 위생도기, 출입문의 주조색을 중심으로 각각 사례의 배색이 주는 이미지 스케일을 추출하였다.

실태조사에서 측색한 욕실 구성요소의 주조색을 [그림 4.25]와 같이 IRI 898 색상 & 색조표에 표시한 후, IRI의 배색사전의 24개 형용사 이미지의 주요출현색채와 욕실 배색의

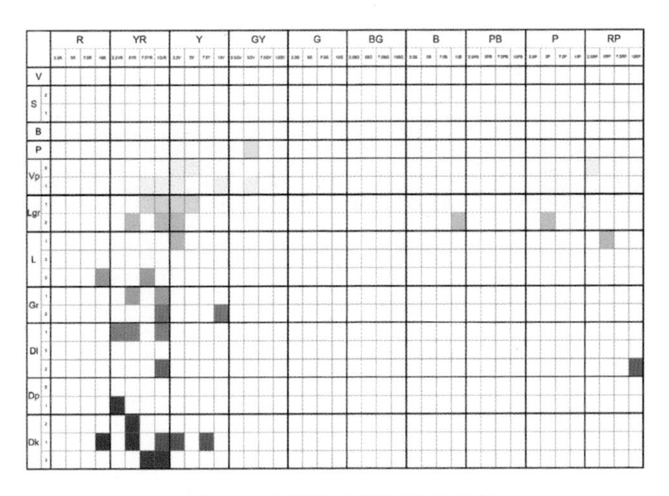

그림 4.25 사례욕실의 색상 및 색조분포

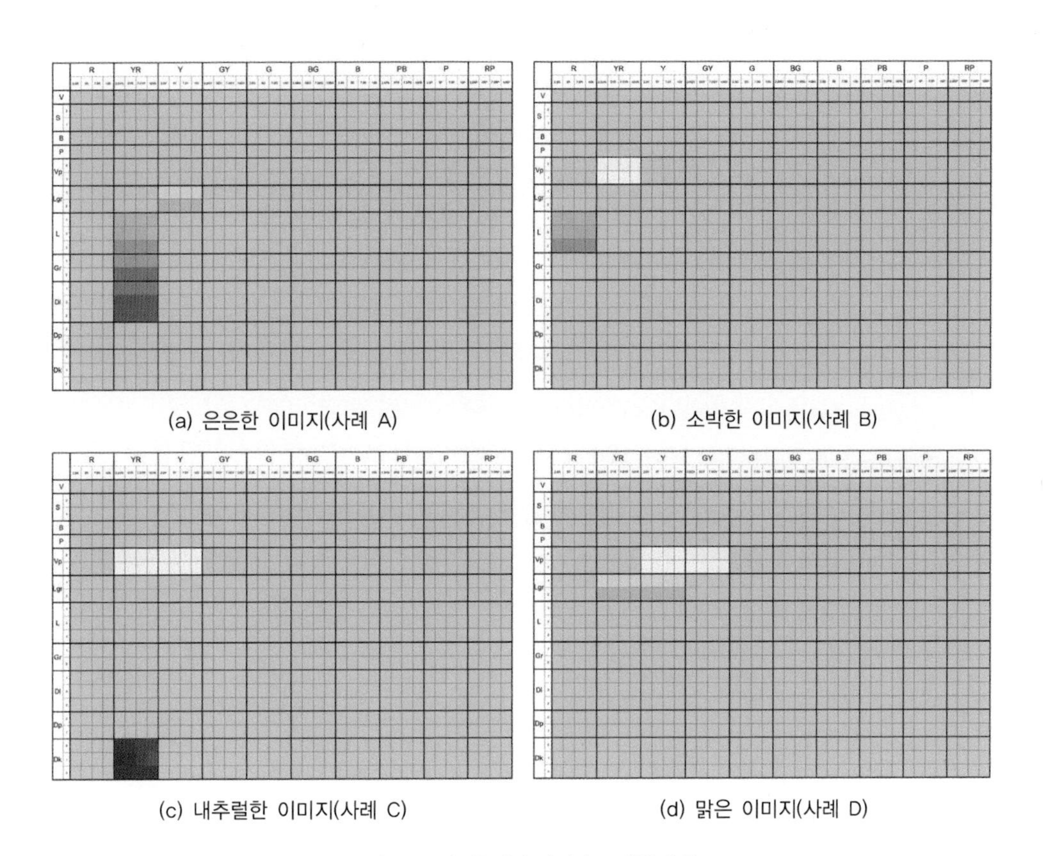

(a) 은은한 이미지(사례 A)

(b) 소박한 이미지(사례 B)

(c) 내추럴한 이미지(사례 C)

(d) 맑은 이미지(사례 D)

그림 4.26 사례욕실의 이미지 스케일 추출

구성색채를 비교하여 사례 욕실의 대표적 이미지 스케일을 추출하였다. 다만 욕실 위생도기의 색은 모든 사례에서 N9.5를 사용하고 있어, 위생도기의 색채는 N9.5로 고정하고 나머지 벽, 바닥, 천장, 출입문의 주조색을 기준으로 추출하였다. 그 결과, 사례 욕실의 이미지 스케일은 '은은한(사례 A)', '소박한(사례 B)', '내추럴한(사례 C)', '맑은(사례 D)' 등의 4가지 이미지로 분류되었으며, 각 이미지 스케일에 해당하는 욕실 사례별 색상 및 색조의 구성 및 분포는 [그림 4.26]과 같다.

각각의 사례욕실의 배색은 단 하나의 형용사 이미지에만 해당하는 것이 아니라, 하나 이상의 여러 이미지 스케일에 동시에 포함될 수 있었다. 여기에서는 이미지 스케일 별로 노인혼동구간을 고려한 대안을 제시하기 위하여 가능한 많은 이미지 형용사로 분류하였으며, 그 결과 4개의 이미지로 분류되었고 각 형용사 별로 해당하는 사례를 하나씩만 예를 들었다.

다. 욕실 배색의 변별정도

노안을 기준으로 한 욕실의 색채 변별정도는 시각적으로 구분이 필요한 벽–바닥, 벽–위생도기, 바닥–위생도기, 벽–출입문, 바닥–출입문의 관계를 각 요소의 주조색 중심으로 분석했으며, 천장과 수납장의 색채는 분석에서 제외하였다. <표 4.3>과 [그림 4.26]의 사례욕실 A, B, C, D의 색채변별을 살펴보면, 사례 A의 경우 벽, 바닥, 출입문이 각각 YR의 Gr, Dl, L톤으로 구성되어 있어 변별이 용이하며, N9.5인 위생도기와도 변별이 용이하였다. 사례 B와 C는 바닥과 벽이 Y, YR의 Vp톤, 위생도기는 N9.5로 구성되어 있어 바닥, 벽, 위생도기의 변별이 곤란하며, 출입문은 각각 R의 L톤, YR의 Dk톤으로 벽, 바닥과 변별이 용이했다. 사례 D의 경우 벽은 GY의 Vp톤, 바닥은 Y의 Lgr톤, 출입문은 YR의 Lgr톤으로 구성되어 있어, 바닥과 출입문 사이의 변별이 곤란하고, 벽과 위생도기의 변별에 어려움이 예상된다.

이와 같이 전체 사례욕실 17개소를 분석한 결과는 <표 4.7>과 같이 출입문을 제외한 벽, 바닥, 위생도기의 변별정도가 낮아 사용상의 불편이 예상되었으며, 4개 요소의 주조색 간에 모두 변별이 용이한 사례는 A욕실 1개소밖에 없었다.

표 4.6 사례 욕실의 배색 변별

사례	형용사 이미지	변별 곤란	변별 용이
A	은은한		바닥(YR/Dl) - 벽(YR/Gr) 바닥(YR/Dl) - 도기(N9.5) 벽(YR/Gr) - 도기(N9.5) 바닥(YR/Dl) - 문(YR/L) 벽(YR/Gr) - 문(YR/L)
B	소박한	바닥(YR/Vp) - 벽(YR/Vp) 바닥(YR/Vp) - 도기(N9.5) 벽(YR/Vp) - 도기(N9.5)	바닥(YR/Vp) - 문(R/L) 벽(YR/Vp) - 문(R/L)
C	내추럴한	바닥(Y/Vp) - 벽(Y/Vp) 바닥(Y/Vp) - 도기(N9.5) 벽(Y/Vp) - 도기(N9.5)	바닥(Y/Vp) - 문(YR/Dk) 벽(Y/Vp) - 문(YR/Dk)
D	맑은	바닥(Y/Lgr) - 문(YR/Lgr) 벽(GY/Vp) - 도기(N9.5)	바닥(Y/Lgr) - 벽(GY/Vp) 바닥(Y/Lgr) - 도기(N9.5) 벽(GY/Vp) - 문(YR/Lgr)

표 4.7 욕실 주요부분의 식별도

구분이 필요한 구간	변별이 어려운 사례 욕실의 수
벽- 바닥	11
바닥-위생도기	7
벽-위생도기	10
벽-출입문	0
바닥-출입문	1

5. 대안제시

사례욕실을 분석한 결과, 노안의 색채지각으로 변별이 곤란한 부분이 존재하였다. 이에 노안의 혼동구간을 고려하여 인접한 부분의 색상과 톤의 변별이 용이한 대안을 제시하였다. 노안을 고려하여 색채변별만을 위주로 대안을 제시할 경우, 정안인에게는 기존의 욕실과 상이한 이미지를 줄 수 있으므로, 사례욕실의 이미지 스케일을 그대로 유지한 채로 대안을 작성하기 위해, 실제 사례에서 추출한 형용사 이미지와 동일한 이미지의 배색을 IRI의 배색사전에서 선택하였다. 또한 배색사전에는 건축 이외의 의상, 생활용품, 완구 등의 다른 디자인 분야의 배색도 다수 포함되어 있으므로, 건축자재의 색상만을 포함한 배색을 선별하였다.

가. 건축자재 색채 팔레트

앞서 서술한 바와 같이, IRI의 배색사전에는 건축분야 이외의 다양한 분야의 배색을 모두 수록하고 있어, 기존의 욕실과 이미지 스케일이 동일하더라도 실내공간에 사용하기에는 부적절한 배색이 포함되어 있다. 따라서 실내공간에 일반적으로 사용되는 색채만을 이용한 배색을 제안할 필요가 있으며, 이를 위해 주거공간의 배색 실태와 주택 내장재의 색채를 조사한 기존연구(박영순 외, 1999; 시영주, 1990; 오수영, 2002; 이진숙 외, 1996; 정현원 외, 2003; 하승아, 2000)의 결과를 분석하였고, 각 연구에서 조사된 주택 내장재의 색채를 IRI 898 색상 & 색조표에 모두 표시하였으며, 그 결과는 [그림 4.27]과 같다. 따라서, 배색의 제안에 있어서는 [그림 4.27]의 건축자재의 색채만으로 구성된 배색을 대상으로 하였으며, 이외의 색채를 하나 이상 포함하고 있는 배색은 대상에서 제외하였다.

나. 이미지 스케일의 구성색채 및 배색유형

앞서 밝힌 바와 같이, 조사대상 사례욕실은 '은은한', '소박한', '내추럴한', '맑은' 등의 이미지로 분류되었다. 배색사전에서 제시하고 있는 각 형용사 이미지의 모든 배색을 대상으로 하여, '은은한' 94개, '소박한' 93개, '내추럴한' 116개, '맑은' 93개의 배색을 구성하

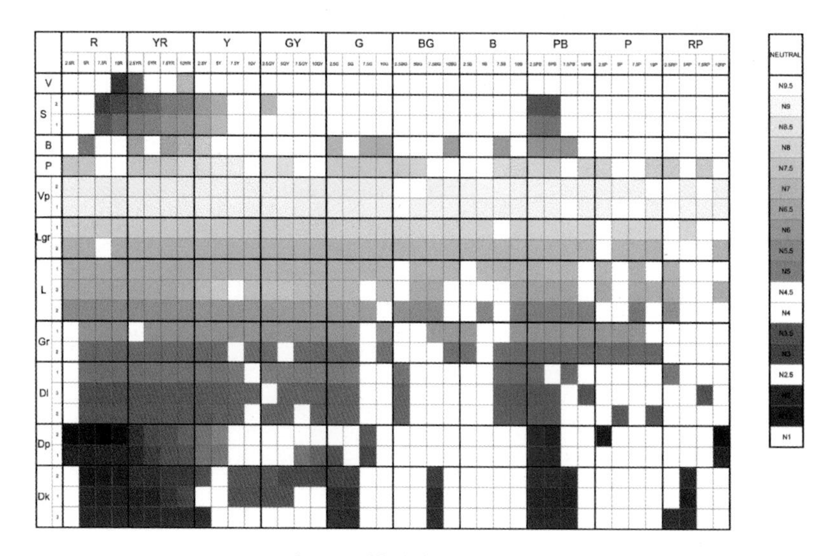

그림 4.27 건축자재의 색채 추출결과

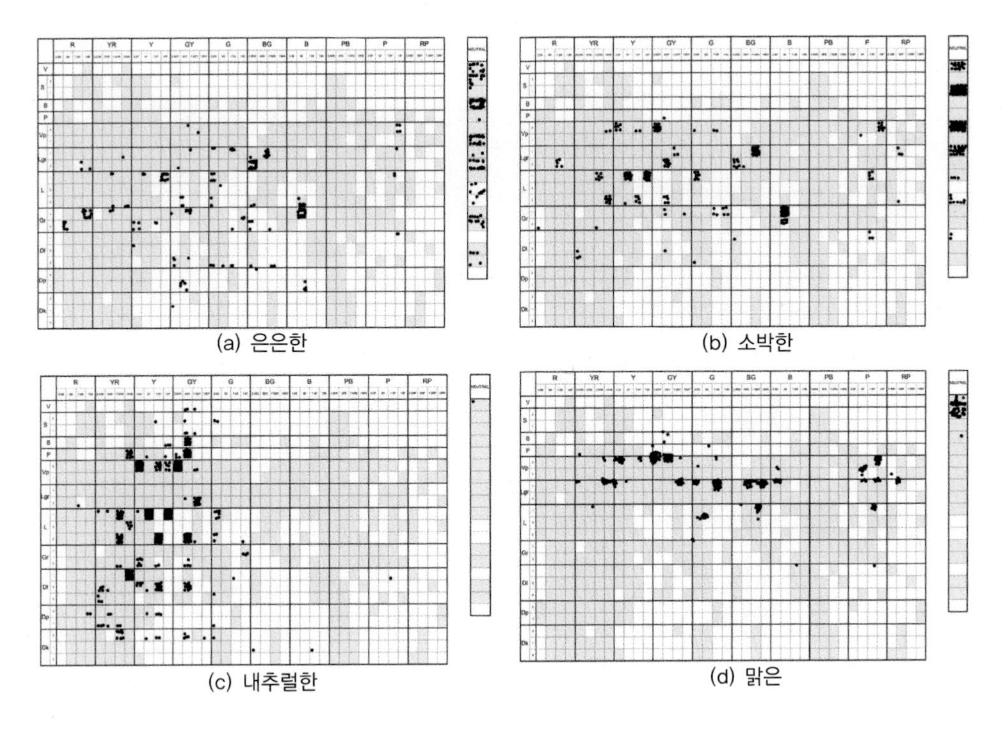

(a) 은은한　(b) 소박한

(c) 내추럴한　(d) 맑은

그림 4.28 형용사 이미지별 배색구성 색채의 분포

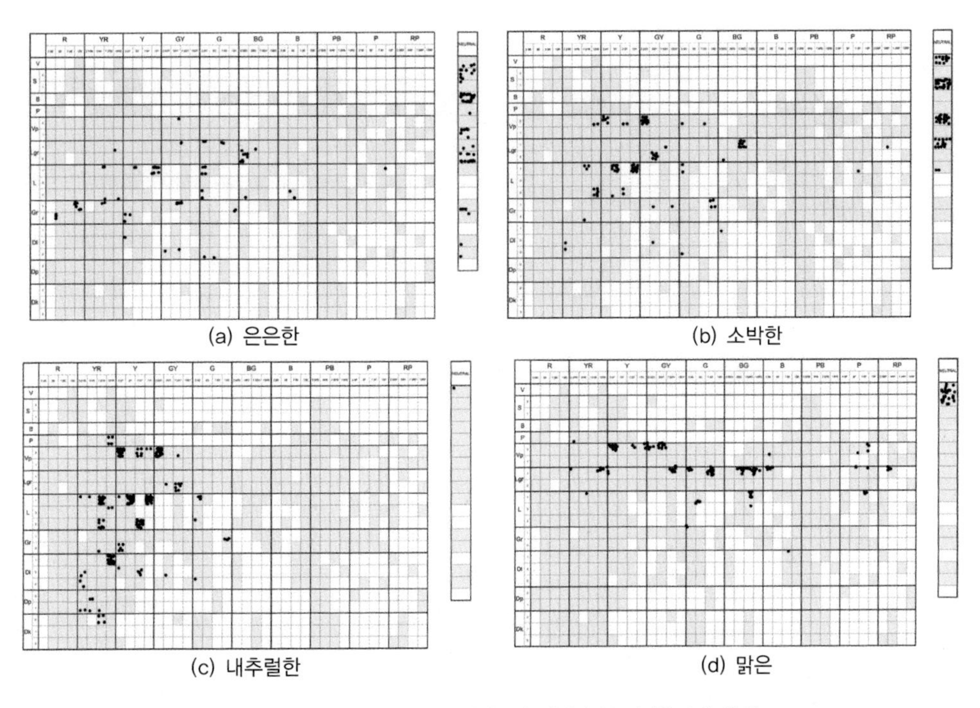

(a) 은은한　(b) 소박한

(c) 내추럴한　(d) 맑은

그림 4.29 형용사 이미지별 배색구성 색채의 분포(건축자재 색채)

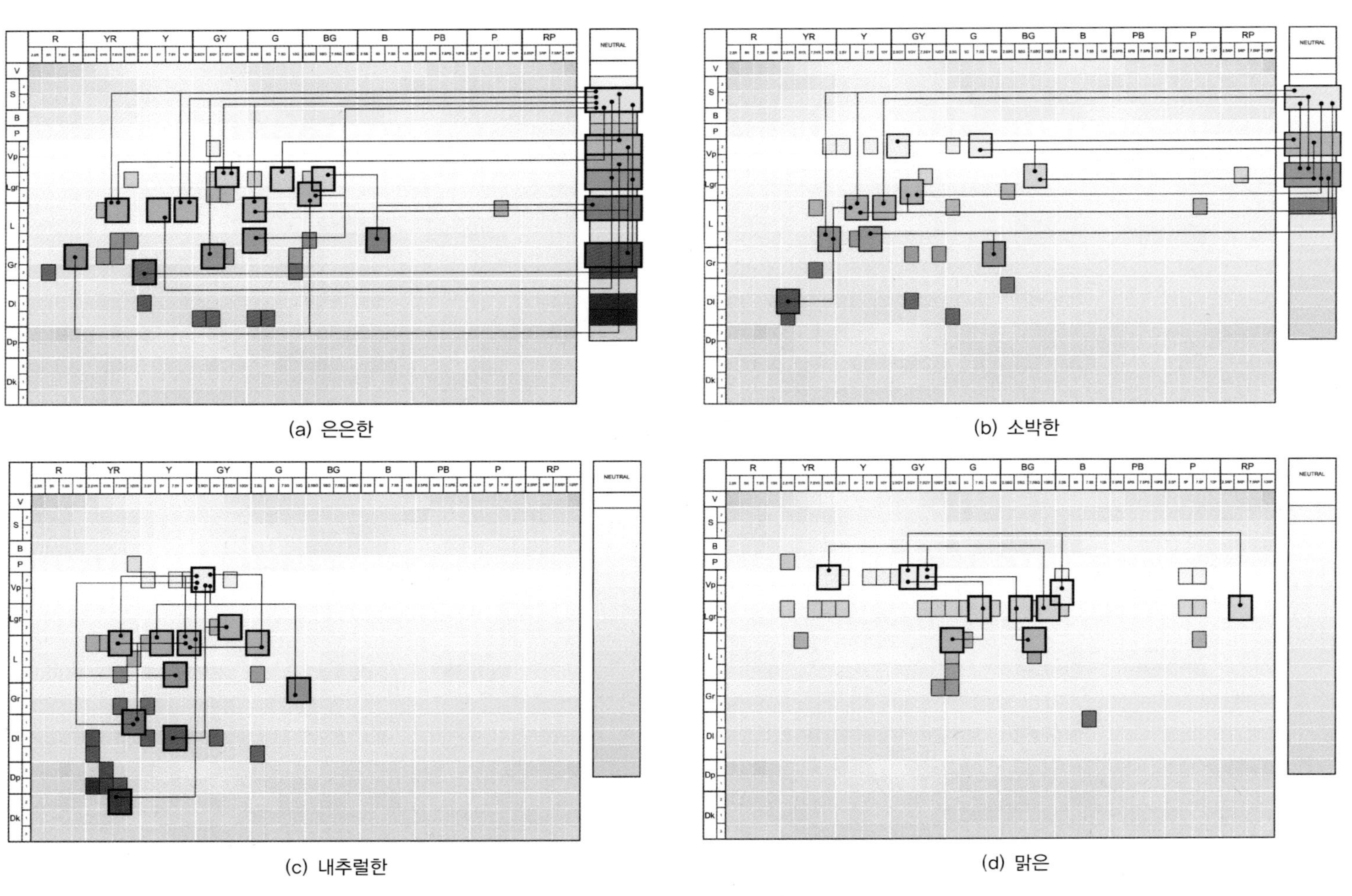

(a) 은은한

(b) 소박한

(c) 내추럴한

(d) 맑은

그림 4.30 배색기준에 적합한 각 이미지별 배색유형의 사례

고 있는 모든 색채의 위치를 [그림 4.28]과 같이 건축자재의 색채 팔레트 위에 표시하였다.[13)]

모든 배색의 위치를 표시한 후, 건축내장재의 색채 범위를 벗어난 색채를 하나 이상 포함하고 있는 배색은 선택 대상에서 제외하였다. 그 결과 각 이미지별로 건축자재의 색채로 구성된 배색은 '은은한' 46개, '소박한' 45개, '내추럴한' 54개, '맑은' 44개가 추출되었으며, 각 배색을 구성하고 있는 색채의 전체 분포는 [그림 4.29]와 같다.

각 형용사 이미지 별로 건축자재 색채를 기준으로 추출된 배색들은 다시 각 배색을 구성하고 있는 색채의 색상 & 색조표상의 위치관계를 기준으로 분류하였고, 분류된 배색유형 중 제안한 배색기준에 의해 노인에게 변별이 용이한 배색의 유형만을 추출한 결과, '은은한'은 11개, '소박한'은 9개, '내추럴한'은 7개, '맑은'은 4개의 배색유형이 추출되었다. 이처럼 건축자재의 색상만으로 구성되어 있으며, 노안을 기준으로 했을 때 변별이 용이한 각 형용사 이미지별 배색유형의 배색사례는 [그림 4.30]과 같다.[14)] 앞서 밝힌 바와 같이 위생도기의 색은 N9.5로 고정하였고, 따라서 N9.5와 변별이 곤란한 Y색상의 B, P, Vp톤의 색채를 포함하고 있는 배색은 제안에서 제외하였다.

다. 배색제안

배색의 제안은 욕실의 구성요소 중 수납장과 천장을 제외한 벽, 바닥, 위생도기, 출입문 등의 4부분의 배색으로 구성하였다. 위생도기의 색채는 변경하여 제안하기에는 설득력에 무리가 있다고 생각하여 사례조사의 결과와 같이 N9.5로 고정하였고, 가능한 한 바닥, 벽, 천장 순으로 명도를 낮게 하고 바닥의 채도가 천장과 벽의 채도보다 높게 구성하였다.[15)] 각 형용사 이미지 별 실제 사례와 각 사례별로 적용 가능한 이미지 스케일의 유형별 제안의 일부는 <표 4.8>과 같다.

실제 욕실의 배색과 제안한 배색을 '내추럴한' 이미지의 사례 C와 제안 C4을 예로 들어 비교하면, <표 4.9>와 같이 사례 C의 벽, 바닥, 위생도기의 색채는 Y계열의 Vp톤과 N9.5

---

13) [그림 4.28]에 있어, 음영으로 표시된 부분은 건축자재의 색채를 나타내며 각 점은 배색을 구성하고 있는 색채를 의미한다. 따라서 점이 밀집하여 표시된 색채는 해당 형용사 이미지 배색에 주로 사용되는 색채로, 각 형용사 별로 어떠한 색채가 주로 사용되는지 알 수 있다.

14) [그림 4.30]에 있어, 사각형으로 표시된 색채는 각 형용사 이미지 배색을 구성하는 건축자재의 색채를 의미하며, 이들 색채 중 선으로 연결된 각각의 색채 그룹들은 배색기준에 적합한 배색을 나타낸다.

15) 주택의 공간별 실내마감재 색채를 조사한 연구(박영순 외, 1999; 조성희, 1990)의 결과에 따르면, 대부분의 실에서 바닥에서 천장으로 갈수록 명도가 높은 색을 사용하고 있었으며, 바닥이 벽보다 진한 것이 심리적 안정감에도 도움이 된다.

표 4.8 형용사 이미지별 사례 및 제안

이미지 형용사	배색	벽	바닥	도기	출입문
은은한	사례 A	9YR 6/2	10YR 5/4	N9.5	7YR 8/4
	A2	N8.5	3G 8.5/3	N9.5	N6
	A3	N8.5	N7	N9.5	8G 8.5/2.5
	A4	N8.5	6.5YR 7/3.5	N9.5	10Y 7.5/3.5
	A5	N8.5	N6	N9.5	4Y 7.5/3.5
소박한	사례 B	6.5YR 8.5/1	9YR 8.5/1	N9.5	9R 4.5/7.5
	B2	N7	6.5GY 6.5/2.5	N9.5	4Y 7.5/3.5
	B3	N8.5	N7	N9.5	10Y 7.5/3.5
	B4	4Y 7.5/3.5	9.5YR 6/4.5	N9.5	3.5YR 4.5/8
	B5	N8.5	4Y 7.5/3.5	N9.5	9.5YR 6/4.5
내추럴한	사례 C	4.5Y 9/2.5	3Y 8.5/1	N9.5	5YR 2.5/6.5
	C2	1.5GY 9.5/3.5	10Y 7.5/3.5	N9.5	9.5YR 6/4.5
	C3	1.5GY 9.5/3.5	7.5Y 6/5.5	N9.5	0.5Y 4/7
	C4	1.5GY 9.5/3.5	10Y 7.5/3.5	N9.5	7YR 2.5/5.5
	C5	1.5GY 9.5/3.5	7.5Y 6/5.5	N9.5	9.5YR 6/4.5
맑은	사례 D	3.5GY 9/1	3Y 8.5/1	N9.5	6.5YR 8/3
	D2	2.5B 9/1	5GY 9/5.5	N9.5	4RP 8.5/3.5
	D3	1.5GY 9.5/3.5	6.5BG 8.5/1.5	N9.5	8.5GY 9/2.5
	D4	8.5GY 9/2.5	8.5BG 7.5/5	N9.5	6.5BG 8.5/1.5
	D5	8.5GY 9/2.5	9.5BG 8/2.5	N9.5	9YR 9/2.5

표 4.9 내추럴한 이미지의 사례 C와 제안 C4와의 비교

	사례 C	제안 C4
벽	5Y Vp톤	1.5GY Vp톤
바닥	2.5Y Vp톤	10Y L톤
도기	N9.5	N9.5
문	5YR Dk톤	7YR Dk톤
이미지		
배색분포	R, YR, Y, GY, G, BG, B, PB, P, RP, V, S, B, P, Vp, Lgr, L, 바닥, 벽, 문	R, YR, Y, GY, G, BG, B, PB, P, RP, V, S, B, P, Vp, Lgr, L, 문, 바닥, 벽

로 구성되어 있어, 노인이 욕실을 사용함에 있어 벽과 바닥, 벽과 도기, 바닥과 도기 사이의 경계를 변별하기에는 어려움이 예상된다. 이에 대해 노인의 색채지각을 고려하여 각각의 요소 사이의 변별이 용이하도록 동일한 '내추럴한' 이미지 스케일을 유지한 채 건축자재의 색상으로 구성된 배색 팔레트를 C4와 같이 제안하였다.

6. 대안의 실효성 검증 실험

앞 절에서는 유니버설 디자인의 관점에서 기존의 욕실의 분위기를 유지한 채 노인에게

는 보다 변별이 용이한 배색을 제안하였다. 제안한 배색이 현재 아파트 욕실의 배색에 비해 실제로 변별이 용이한지, 정안과 노안에서 가장 변별이 용이한 배색의 특징은 무엇인지 그리고 정안과 노안 사이의 변별정도에 차이가 있는 배색의 특징은 무엇인지를 고찰하는 등 대안의 실효성을 검증하고 제안한 배색기준을 보완하기 위한 실험을 수행하였다.

가. 실험방법

(1) 실험 환경 및 실험 도구

실험은 2007년 11월 26일부터 30일까지 실시하였으며, 실험을 위한 조명으로는 오전 10시부터 오후 3시까지의 북측 자연광만을 사용하였고,[16] 실험면의 조도는 300~931lx(평균 435.5lx)였다.[17]

실험을 위한 배색안은 [그림 4.32]와 같이 벽, 바닥, 도기, 출입문의 영역으로 구분하여 작성하였다. 색채 이외의 형상이나 재질 등의 영향을 최소화하기 위해 형태는 단순화하였으며, 시각적으로 보이는 위치관계나 면적, 그리고 변별이 필요한 경계를 생각하여 그림과 같이 작성하였다. 각각의 배색은 <표 4.8>에서 다룬 배색을 그대로 사용하여 <표 4.10>과 같이 4개의 이미지 스케일 별로 실제배색 1개와 제안배색 4개씩 총 20개의 배색안을 작성하였고, Fuji Xerox Apeos Port C6550를 이용하여 해상도 300dpi, 크기 180㎜×130

그림 4.31 실험 환경

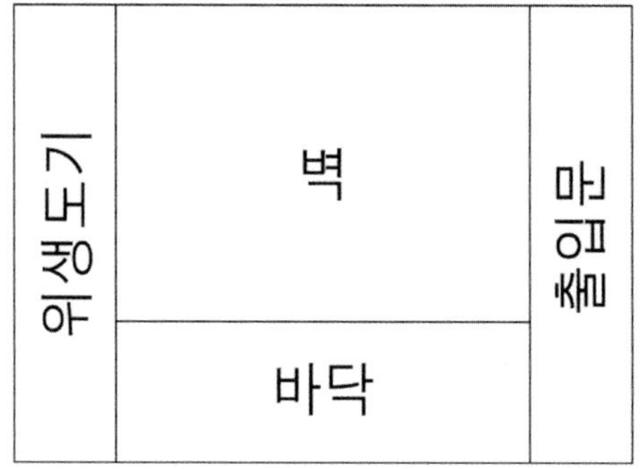

그림 4.32 실험을 위한 배색안의 구성

16) 한국산업규격 KS A 0065 표면색의 시감 비교 방법(한국표준협회, 2005)에는 일출 3시간 후부터 일몰 3시간 전까지의 북쪽 하늘 주광으로서 주변의 건물, 방의 실내 장식 등 환경색의 영향을 받지 않는 빛이면 이것을 조명에 사용하여도 지장이 없다고 밝히고 있다.

17) 미국의 Procedures for testing color vision(Committee on vision, National research council, 1981)에서는 대부분의 연구자들은 육안 검사를 위한 최소조도를 100㏓로 보고 있으며, 100~1,000㏓ 사이의 조도 변화는 육안 검사의 결과에 영향을 주지 않는다고 밝히고 있다.

㎜로 무광택지에 출력하였다.[18)]

실험을 위한 배경면의 색채는 실험을 진행할 동안 외부의 색채간섭을 최소화하기 위하여 무채색인 N5(명도 5의 회색)를 사용하였으며, 노안에 대한 모의수정체로는 YA3 필터로 제작한 안경을 사용하였다.

(2) 피실험자

건축을 전공하는 대학(원)생 42명(남 28, 여 14)이 실험에 참여하였으며, 연령은 20~40

표 4.10 실험을 위한 배색안의 구성

이미지 형용사	배색	벽	바닥	도기	출입문
은은한	A1*	9YR 6/2	10YR 5/4	N9.5	7YR 8/4
	A2	N8.5	3G 8.5/3	N9.5	N6
	A3	N8.5	N7	N9.5	8G 8.5/2.5
	A4	N8.5	6.5YR 7/3.5	N9.5	10Y 7.5/3.5
	A5	N8.5	N6	N9.5	4Y 7.5/3.5
소박한	B1*	6.5YR 8.5/1	9YR 8.5/1	N9.5	9R 4.5/7.5
	B2	N7	6.5GY 6.5/2.5	N9.5	4Y 7.5/3.5
	B3	N8.5	N7	N9.5	10Y 7.5/3.5
	B4	4Y 7.5/3.5	9.5YR 6/4.5	N9.5	3.5YR 4.5/8
	B5	N8.5	4Y 7.5/3.5	N9.5	9.5YR 6/4.5
내추럴한	C1*	4.5Y 9/2.5	3Y 8.5/1	N9.5	5YR 2.5/6.5
	C2	1.5GY 9.5/3.5	10Y 7.5/3.5	N9.5	9.5YR 6/4.5
	C3	1.5GY 9.5/3.5	7.5Y 6/5.5	N9.5	0.5Y 4/7
	C4	1.5GY 9.5/3.5	10Y 7.5/3.5	N9.5	7YR 2.5/5.5
	C5	1.5GY 9.5/3.5	7.5Y 6/5.5	N9.5	9.5YR 6/4.5
맑은	D1*	3.5GY 9/1	3Y 8.5/1	N9.5	6.5YR 8/3
	D2	2.5B 9/1	5GY 9/5.5	N9.5	4RP 8.5/3.5
	D3	1.5GY 9.5/3.5	6.5BG 8.5/1.5	N9.5	8.5GY 9/2.5
	D4	8.5GY 9/2.5	8.5BG 7.5/5	N9.5	6.5BG 8.5/1.5
	D5	8.5GY 9/2.5	9.5BG 8/2.5	N9.5	9YR 9/2.5

* 실제 사례 욕실의 배색

18) 본 실험에서 피실험자는 5개의 배색안을 동시에 비교하면서 배열해야 하는데, 동시에 비교하는 경우의 효율적인 측면에서 배색안의 크기를 결정하였다. 색채와 관련된 연구문헌에서는 색채정보를 전달하는 색표는 20㎜×20㎜에서부터 40㎜×70㎜ 사이의 크기의 색표를 사용하였으며(김혜정, 1995; 이병욱 외, 1997; 전은정 외, 2006; 조성희 외, 2006; 홍이경, 2005), 배색안으로는 200㎜×150㎜에서부터 240㎜×210㎜ 사이의 크기를 사용하였다(김미옥 외, 2002; 김혜정, 1995; 류숙희, 2008; 조성희 외, 2006). 본 실험에 사용한 배색안의 크기가 다소 작으나, 연구문헌의 배색안은 소점을 갖는 투시도의 형식이거나 실험 시의 관찰거리를 6m로 설정하는 경우도 있어, 피실험자가 보는 색의 면적의 측면에서는 본 실험에서 사용한 배색안과 큰 차이가 없다고 판단하였다.

세(평균 25.5세) 사이에 분포하였다. 실험에 참가하기에 앞서, 모든 참가자를 대상으로 이시하라 색각테스트를 실시하여 색약자는 실험에서 제외하였다.[19)]

(3) 실험절차

[그림 4.33]은 전반적인 실험절차를 나타낸다. 각 피실험자는 필터를 착용한 채로 2회, 필터를 착용하지 않은 채로 2회, 총 4회에 걸쳐 각 배색의 변별정도를 평가했으며, 필터를 착용한 상태를 노안으로, 필터를 착용하지 않은 상태를 정안으로 가정하였다.

첫 번째 세션에서는 테이블 위에 '은은한' 이미지의 배색(A1~A5) 5개를 무작위로 배열한 후 피실험자에게 필터를 착용하지 않은 상태에서 변별력이 높은 순서로 다시 배열하도록 하였다. 배열을 마친 후에는 각 배색의 변별력을 10점 만점으로 하여 1에서 10 사이의 점수로 평가하도록 하였다. 이어서 나머지 형용사 이미지인 '소박한(B)', '내추럴한(C)', '맑은(D)'의 배색안들도 동일한 방법으로 변별정도를 평가하였다.

첫 번째 세션을 마친 후, 피실험자는 YA3 필터로 제작한 안경을 착용한 채로 약 5분간 필터에 대한 설명을 들었는데, 이는 필터에 적응하기 위한 시간을 제공하기 위함이었다. 두 번째 세션에서는, 피실험자는 필터를 착용한 상태로 세션 1과 동일한 평가를 A, C, D,

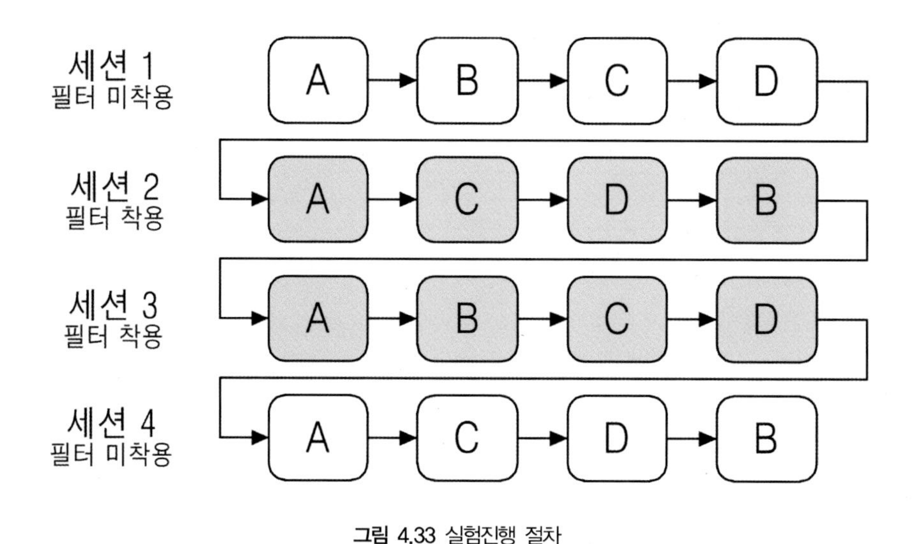

그림 4.33 실험진행 절차

---

19) 본 실험에서 피실험자는 실험에 사용되는 배색안의 내용과 그들이 수행해야 할 과제를 충분히 이해하고 실험에 충실하게 참여해야 했다. 노인의 약 20%가 시계황변화로 인해 어려움을 겪는데 이러한 대상을 찾기는 용이하지 않았으며, 또한 노인들의 경우 실험에서 수행할 과제를 이해하거나 충실히 참여하는 데 어려움을 느낄 수 있으므로, 정안의 성인을 대상으로 모의 수정체를 사용하여 실험을 계획하였다. 이러한 점을 고려한 결과로 건축관련 전공자를 피실험자로 선정하였다.

B 이미지 순으로 수행하였다.

세 번째 세션에서는 필터를 착용한 채로 첫 번째 세션과 동일한 순으로 실험을 실시하였고, 마지막 세션에서는 필터를 착용하지 않은 상태로 두 번째 세션과 동일한 순서로 실험을 실시하였다.

나. 실험결과

결과를 평가하기 위하여 세션 1과 2를 하나로, 그리고 세션 3과 4를 다른 하나로 하는 두 개의 평가점수 집단을 구성하였다. 각 배색에 대한 피실험자의 평가점수에 대해 두 점수 집단 사이의 상관분석을 실시하였고, 상관계수가 0.6 이하로 낮게 나타난 7명의 데이터는 일관성이 결여되어 분석에서 제외하였다. 그 결과 총 35명의 데이터를 사용하였으며, 상관계수는 0.647~0.867 사이에 분포하였고 평균은 0.734였다.

전체 실험결과는 <표 4.11>과 같이 요약할 수 있다. 표의 명도 부분은 각 배색을 구성하고 있는 색채의 명도로, 각 명도에 해당하는 색채의 색상과 채도를 기입했으며, 무채색은 'N'으로 유채색은 '색상/채도'로 표기하였다. 변별점수 부분은 필터를 착용한 상태(노안)와 착용하지 않은 상태(정안)의 평가점수, 그리고 대응표본T-tset의 결과로 정안과 노안 사이의 변별점수의 차이를 기입하였다.

모든 배색안에서 위생도기의 색은 N9.5(흰색)이고 그 위치도 배색안의 좌측에 고정되어 있어, 배색의 변별에 크게 영향을 주지 않았을 것으로 판단하여 벽, 바닥, 출입문의 색채관계로 변별정도를 분석하였다.

배색의 형용사 이미지 스케일보다는 배색에 사용된 색채의 종류와 관계를 기준으로 변별력에 영향을 주는 요인을 파악하기 위하여, 각각의 배색을 <표 4.12>와 같이 배색을 구성한 색채의 특성에 따라 4개의 유형으로 분류하였다. 세 번째 유형의 3개의 유사색으로 구성된 배색은, 먼셀 100색상환의 1/4에 해당하는 25 이하의 색상차이를 나타내는 색채로 구성된 배색을 유사색 배색으로 분류하였다.[20]

---

20) Pile(1997)은 배색에 있어 색상환 상에서 90° 이내에 위치한 색채를 유사색으로 분류하는 것이 바람직하다고 하였다(유근향, 2002, p.65).

표 4.11 각 배색 구성색채의 명도분포와 배색의 변별점수

유형	배색	명도 2.5	3	3.5	4	4.5	5	5.5	6	6.5	7	7.5	8	8.5	9	9.5	변별점수 정안	노안	차이
1	A2								N**					N G/3			4.16	6.13	1.97*
	A3										N			N G/2.5			3.70	5.26	1.56*
	A5								N			Y/3.5		N			7.29	7.26	-.03
	B3										N	Y/3.5		N			5.64	4.26	-1.39*
2	A4										YR/3.5	Y/3.5		N			7.01	5.59	-1.43*
	B2									GY/2.5	N	Y/3.5					5.74	4.83	-.91*
	B5								YR/4.5			Y/3.5		N			7.06	7.13	.07
3	A1						YR/4		YR/2				YR/4				6.86	5.80	-1.06*
	B1					R/7.5								YR/1 YR/1			3.23	3.26	.03
	B4					YR/8			YR/4.5			Y/3.5					7.00	6.77	-.23
	C1	YR/6.5												Y/1	Y/2.5		3.66	3.57	-.09
	C2								YR/4.5			Y/3.5				GY/3.5	6.30	5.97	-.33
	C3				Y/7				Y/5.5							GY/3.5	7.83	6.74	-1.09*
	C4	YR/5.5										Y/3.5				GY/3.5	7.73	7.86	.13
	C5								Y/5.5 YR/4.5							GY/3.5	5.27	4.97	-.30
	D1												YR/3	Y/1	GY/1		3.77	4.59	.81*
	D3													BG/1.5	GY/2.5	GY/3.5	5.74	5.41	-.33
	D4											BG/5		BG/1.5	GY/2.5		6.94	7.80	.86*
4	D2													RP/3.5	B/1 GY/5.5		6.60	2.37	-4.23*
	D5												BG/2.5		GY/2.5 YR/2.5		5.59	7.31	1.73*

* α=0.05
**무채색은 'N'으로, 유채색은 '색상/채도'를 표기함

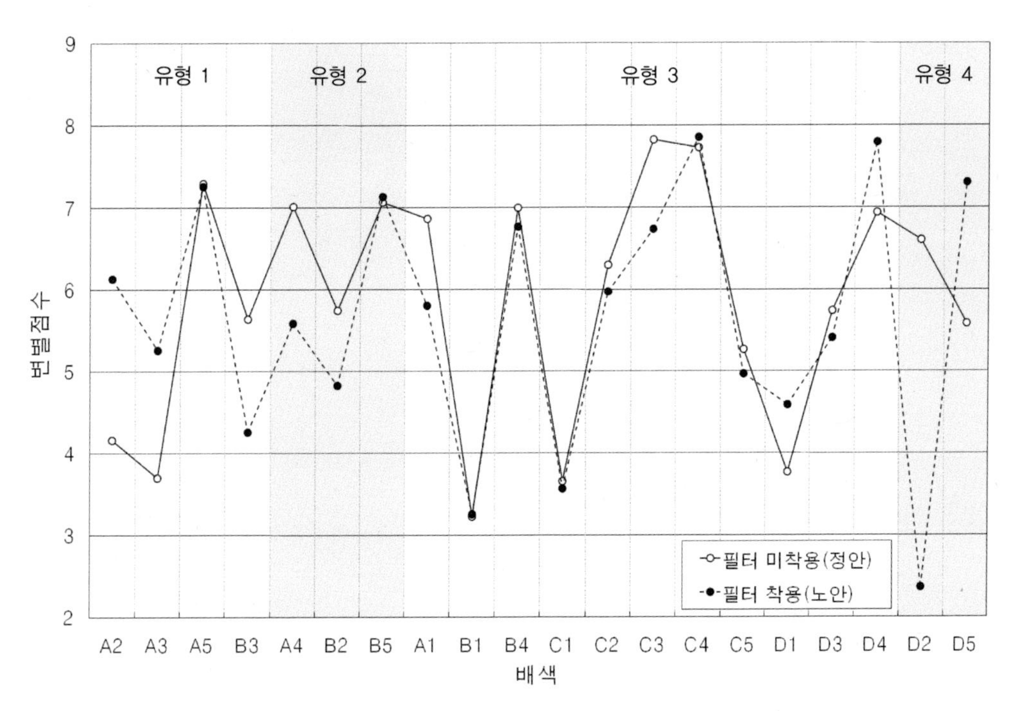

그림 4.34 각 배색의 정안 및 노안의 변별점수

표 4.12 배색의 색채 구성에 따른 분류

유형	배색의 구성 색채	이미지 형용사			
		A 은은한	B 소박한	C 내추럴한	D 맑은
1	2 무채색 + 1 유채색	A2, A3, A5	B3		
2	1 유채색 + 2 무채색	A4	B2, B5		
3	3개의 유사색	A1	B1, B4	C1, C2, C3, C4, C5	D1, D3, D4
4	유사색이 아닌 3개의 유채색				D2, D5

실험결과의 분석에 있어서는, 색채의 차이(ΔE)는 명도의 차이(ΔV)에 의해 가장 크게 영향을 받으며, 그 다음으로 채도의 차이(ΔC), 마지막으로 색상의 차이(ΔH)에 영향을 받는다는 Index of fading formula(Nickerson, 1936)[21]에 따라 각 배색의 변별점수 차이를 설명하였다.

21) 색채의 차이(ΔE)는 '$\Delta E = 2/5 \times Cm\Delta H + 6\Delta V + 3\Delta C$'의 식으로 계산되고, 이것은 '$3\Delta H \fallingdotseq 1\Delta V \fallingdotseq 2\Delta C$'의 관계로 설명할 수 있으며, Cm은 두 색채의 채도의 평균값을 의미한다(문은배, 2005; 정길환 외, 1976).

(1) 유형 1: 무채색 2개와 유채색 1개로 이루어진 배색

① 정안에서의 변별력

<표 4.13>에서 보듯이, 유형 1에서는 세 색채 사이의 명도차가 모두 1 이상인 배색 A5의 변별력이 가장 높게 나타났다. A2와 A3의 경우에는, 색상의 진한 정도를 의미하는 G의 채도가 각각 3과 2.5이며, G와 N8.5는 모두 명도가 8.5로 명도의 차이가 없다. 작은 명도차와 G의 낮은 채도로 인해 색채를 변별하기 어려우며 그로 인해 A2, A3 모두 변별점수가 낮게 나타난 것으로 판단된다. B3의 경우, Y의 채도 3.5는 A2, A3의 G의 채도보다 높았다. 또한 Y와 N7 사이의 명도차는 0.5에 불과하나 이는 A2, A3의 G와 N8.5의 명도차보다는 컸다. 이러한 이유로 B3의 변별점수가 보다 높게 나타난 것으로 판단된다.

표 4.13 유형 1 배색의 명도분포와 변별점수

배색	명도															변별점수		
	2.5	3	3.5	4	4.5	5	5.5	6	6.5	7	7.5	8	8.5	9	9.5	정안	노안	차이
A2								N					N G/3			4.16	6.13	1.97
A3										N			N G/2.5			3.70	5.26	1.56
A5								N			Y/3.5		N			7.29	7.26	-.03
B3										N	Y/3.5		N			5.64	4.26	-1.39

표 4.14 유형 1 배색

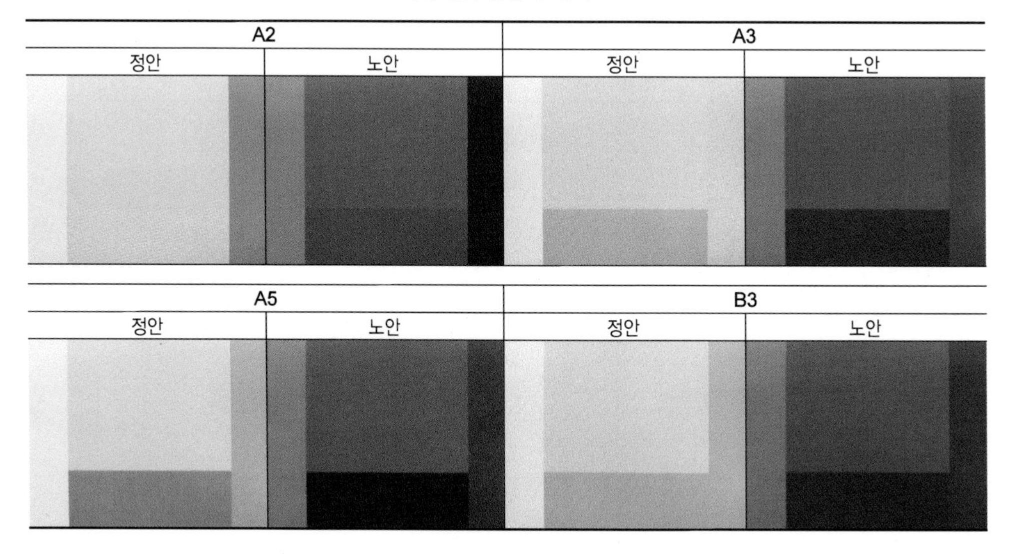

② 노안에서의 변별력

정안의 점수와 비교했을 때, 노안에서 A2와 A2의 점수는 모두 5 이상으로 증가했다. 이것은 단파장인 G가 동일한 명도의 N8.5보다 어둡게 지각되고 그로 인해 두 색채 사이의 변별이 용이해진 것으로 판단된다. 특히 A3에 비해 G의 채도가 0.5 높은 A2의 경우, 변별점수는 6.13으로 매우 높게 나타났다. 따라서, G의 채도를 더 높게 하거나 명도를 더 낮게 계획할 경우, 변별력은 정안과 노안 모두에 대해 증가할 것이다.

B3의 변별점수는 4.26으로 감소하였다. 노화에 따른 시계의 황변화에 의해 Y의 색상정보는 감소하고, 따라서 유사한 명도의 무채색인 N7과의 변별이 어려워졌음을 알 수 있다. A5의 Y 또한 색상정보가 감소하였으나 변별점수는 정안과 유사하게 7.26으로 매우 높게 유지되었다. 이는 모든 3가지 색채 사이의 명도차가 1 이상이어서, Y의 색상정보의 감소에도 불구하고 변별력이 높게 유지된 것이다.

③ 유형 1의 배색기준

실험결과를 분석한 결과에 따라 2개의 무채색과 하나의 유채색으로 구성된 배색의 기준은 다음과 같이 요약할 수 있다.

- 가능한 한 모든 색채 사이의 명도차를 최대로 한다. 특히 무채색 사이, 그리고 노안에 의해 색상정보가 감소하는 Y 혹은 PB 계열의 색채와 무채색 사이에는 명도차를 1 이상으로 한다.
- 무채색과 명도차가 1 미만인 유채색의 경우에는 채도를 3.5 이상으로 한다.

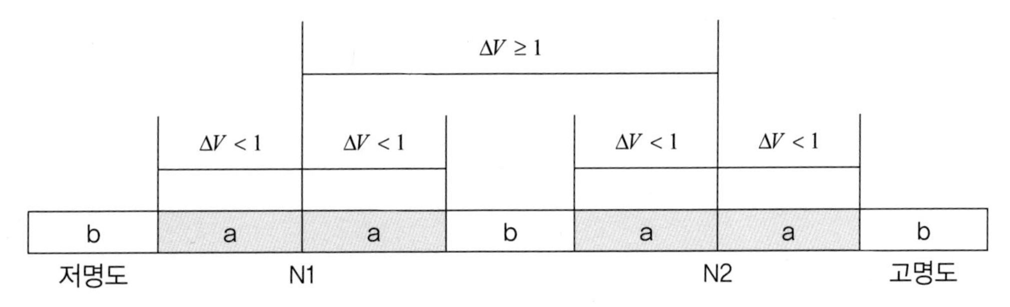

· N1, N2: 명도차가 1 이상인 무채색
· a: Y, PB계열 색상이 아닌 채도 3.5 이상의 유채색
· b: 모든 유채색

그림 4.35 유형 1의 배색기준

(2) 유형 2: 무채색 1개와 유채색 2개로 구성된 배색

① 정안에서의 변별력

정안에 대한 변별점수는 3개의 배색 모두 5 이상으로 높게 나타났다. A4와 B5처럼 7 이상의 높은 점수를 나타내는 배색의 경우에는, 1개의 무채색과 2개의 유채색 사이에 1 이상의 명도차를 두었고, 또한 2개의 유채색 사이에는 색상과 명도의 차이를 두었다.

A4를 유형 1의 B3과 비교하면, B3에서는 명도 7의 무채색 N7을, A4에서는 명도 7의 YR을 사용한 것을 제외하고는 동일한 배색이다. 이러한 하나의 차이로 인해 A4가 보다 높은 변별점수를 나타냈다. 동일한 방식으로, B2를 유형 1의 B3와 비교하면 B3에서는 무채색 N8.5를, B2에서는 명도 6.5의 GY를 사용한 것을 제외하고는 동일한 배색이다. 그러나 변별점수에는 차이가 없었다. 따라서, 두 색채의 명도의 차이가 1 미만일 경우에는, 색상이 다른 2개의 유채색으로 구성된 배색이 1개의 무채색과 1개의 유채색으로 구성된 배색에 비해 변별이 용이하다고 할 수 있다.

② 노안에서의 변별력

A4와 B5의 경우 두 배색 모두 정안에서 높은 변별력을 나타냈다. B5는 노안에서도 높은 변별력을 유지하여 7.13으로 변별점수가 높게 나타났으나, A4의 경우는 5.59로 감소하였다.

노안에 의해 B5의 Y는 색상정보가 감소하나 변별점수가 여전히 높게 나타났는데, 이는 2개의 유채색 사이의 명도차가 1 이상으로 유지되었기 때문이라고 판단된다. B5를 유형 1의 A5와 비교하면, B5에는 명도 6의 YR을, A5에는 무채색 N6을 사용한 것 이외에는 차이가 없으며, 변별 점수는 둘 다 매우 높게 나타났다. 따라서, 2개의 색채사이의 명도차가 1 이상일 경우에는 그 색채가 유채색인지 무채색인지에 관계없이 보다 쉽게 변별이 가능하다고 판단할 수 있다.

A4에 있어서, 정안에서는 명도차가 작지만 YR과 Y의 색상차로 인해 높은 변별점수를 나타냈으나, 노안에서는 변별점수가 감소하였다. 이는 노인에게 지각되는 Y계열의 색상정보가 감소하여 배색의 변별이 어려워졌다고 판단할 수 있다. 이 경우, YR은 채도를 높이거나 명도를 감소시켜 보다 진하고 어둡게 한다면 B5와 같이 높은 변별력을 가질 수 있을 것이라 판단된다. B2의 경우, 유형 1의 B3와 유사하게 Y 색상의 색채는 노안에 의해 색상정보가 감소하였고 이로 인해 유사한 명도의 N7과 변별하기 더욱 어려워졌다.

표 4.15 유형 2 배색의 명도분포와 변별점수

배색	명도															변별점수		
	2.5	3	3.5	4	4.5	5	5.5	6	6.5	7	7.5	8	8.5	9	9.5	정안	노안	차이
A4										YR/3.5	Y/3.5		N			7.01	5.59	-1.43
B2									GY/2.5	N	Y/3.5					5.74	4.83	-.91
B5								YR/4.5			Y/3.5		N			7.06	7.13	.07

표 4.16 유형 2 배색

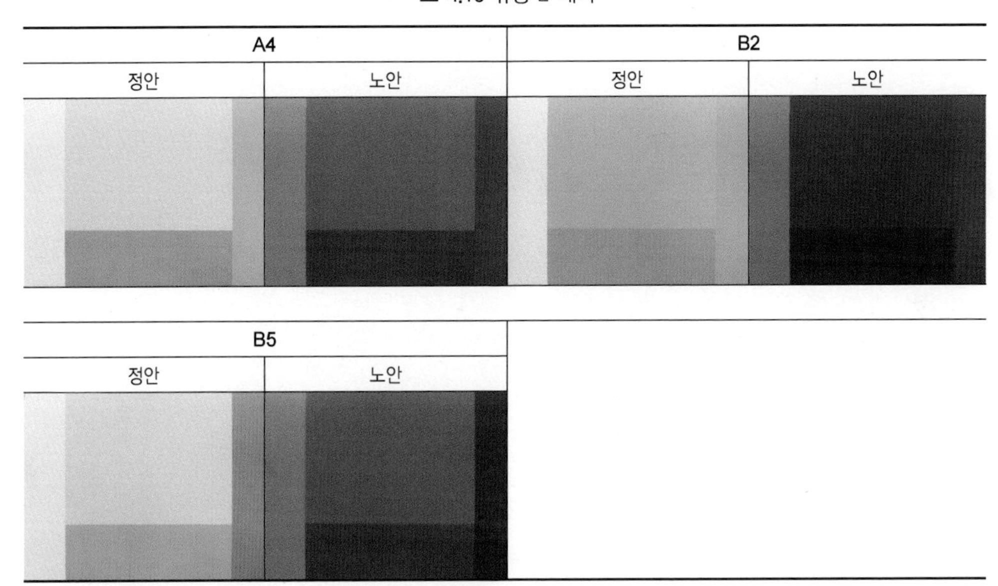

③ 유형 2의 배색기준

실험결과에 의해 1개의 무채색과 2개의 유채색으로 구성된 배색의 기준은 다음과 같이 요약할 수 있다.

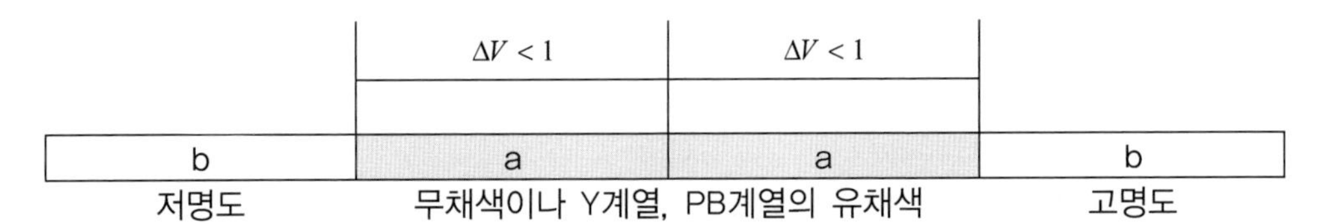

· a: Y나 PB계열이 아니면서 채도가 3.5이상인 유채색
· b: 모든 유채색과 무채색. 만약 하나의 유채색과 다른 유채색 사이의 명도차가 1 미만일 경우에는 두 색채 사이에 색상이나 채도의 차이를 둔다.

그림 4.36 유형 2의 배색기준

각각의 색채 사이의 명도차를 가능한 한 크게 하되, 노안에 의해 색상정보가 감소하는 무채색-Y, 무채색－PB, Y－Y, PB－PB, Y－PB 사이의 명도차는 1 이상으로 한다.

무채색과 명도차가 1 미만인 유채색의 경우에는, 유채색의 채도를 3.5 이상으로 한다.

명도차가 1 미만인 유채색 사이에는 색상이나 채도의 차이를 둔다.

(3) 유형 3: 유사색 3개로 구성된 배색

① 정안에서의 변별력

<표 4.17>에서 보듯이, 모든 3 색채 사이의 명도차가 1 이상인 유사배색(A1, B4, C2, C3, C4)은 높은 변별점수를 나타냈다. 또한, 유사한 고명도의 색채로 구성된 배색(D3, D4)도 높은 점수를 나타냈는데, 이는 색채사이의 채도 차이에 의한 것이다. 특히 가장 낮은 명도의 색채의 채도를 가장 높게 한 D4의 경우가 가장 높은 명도의 색채의 채도를 가장 높게 한 D3에 비해 높은 변별점수를 나타냈다.

표 4.17 유형 3 배색의 명도분포와 변별점수

배색	명도															변별점수		
	2.5	3	3.5	4	4.5	5	5.5	6	6.5	7	7.5	8	8.5	9	9.5	정안	노안	차이
A1						YR/4		YR/2				YR/4				6.86	5.80	-1.06
B1					R/7.5								YR/1 YR/1			3.23	3.26	.03
B4					YR/8			YR/4.5			Y/3.5					7.00	6.77	-.23
C1	YR/6.5												Y/1	Y/2.5		3.66	3.57	-.09
C2								YR/4.5			Y/3.5				GY/3.5	6.30	5.97	-.33
C3				Y/7				Y/5.5							GY/3.5	7.83	6.74	-1.09
C4	YR/5.5										Y/3.5				GY/3.5	7.73	7.86	.13
C5								Y/5.5 YR/4.5							GY/3.5	5.27	4.97	-.30
D1												YR/3	Y/1	GY/1		3.77	4.59	.81
D3													BG/1.5	GY/2.5	GY/3.5	5.74	5.41	-.33
D4											BG/5		BG/1.5	GY/2.5		6.94	7.80	.86

표 4.18 유형 3 배색

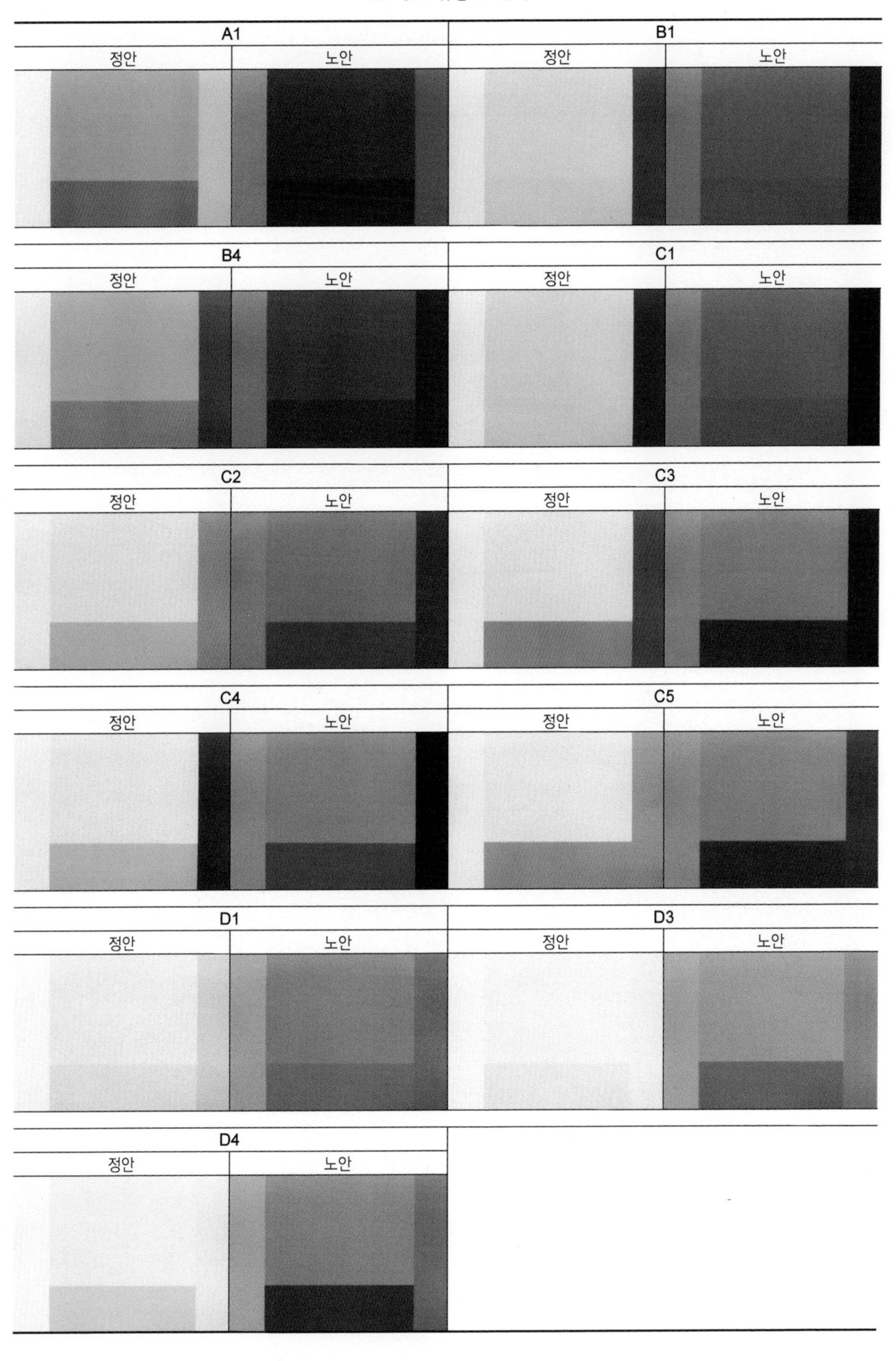
A1
정안
노안
B1
정안
노안
B4
정안
노안
C1
정안
노안
C2
정안
노안
C3
정안
노안
C4
정안
노안
C5
정안
노안
D1
정안
노안
D3
정안
노안
D4
정안
노안

D4와 명도분포가 유사한 D1의 경우, 모든 색채 사이에 색상차이를 두었으나 변별점수는 3.77로 낮게 나타났다. 이는 모든 색채의 채도가 3 미만이고, Y와 GY 사이의 채도 차이가 없기 때문이다. 따라서, 색상이나 채도의 차이에 의해 색상을 변별하기가 어려웠다고 판단할 수 있다.

② 노안에서의 변별력

정안에서의 결과와 유사하게, 색채 사이의 명도차가 큰 배색(A1, B4, C2, C3, C4)와 색채 사이의 색상과 채도의 차이가 있는 배색이 노안에서도 5 이상의 변별점수를 나타냈다. 명도 분포가 유사한 A1과 B4를 비교하면, B4의 변별점수는 노안에서도 6.77로 높게 유지되었으나, A1의 변별점수는 5.80으로 다소 감소하였다. 유사한 색상과 채도로 구성된 D3과 D4를 비교하면, D3의 변별점수는 큰 변화 없이 5.41로 나타났으나, D4의 변별점수는 7.80으로 증가하였다. A1, D3과 비교했을 때, 노안에서 매우 높은 변별점수를 나타낸 B4와 D4의 특성은 다음과 같았다: (1) 모든 색채 사이에 채도의 차이를 두었다, (2) 명도가 낮은 색일수록 채도를 높게 했다.

C5의 Y와 YR은 유사한 톤이며 제안한 분석기준에 의하면 노안으로 봤을 때 쉽게 변별이 가능한 배색이나 변별점수는 4.97로 낮게 나타났으며 이는 다른 배색에 비해 낮은 변별점수였다. C5를 유형 4의 D5와 비교하면, 이 배색들은 명도와 채도가 유사한 배색, 즉 유사한 톤의 배색이라는 점에서 유사했다. D5에 비해 C5의 명도분포가 더 넓지만, 변별점수는 C5가 2.34 더 낮게 나타났다. 배색의 색채가 서로 유사한 톤이며 명도가 6 미만인 경우에는 노안에 의해 변별하기가 쉽지 않다고 판단할 수 있다.

유형 3에 사용된 11개 배색의 정안에 대한 변별점수와 노안에 대한 점수 사이에는 높은 상관관계가 나타났다(Pearson's r=0.927, α=0.01). 그리고 대응표본 T−test 결과 정안에 대한 변별점수와 노안에 대한 점수 사이에는 의미 있는 차이가 없었다. 따라서, 유형 3의 경우 다른 배색유형과 비교했을 때 정안과 노안의 변별점수의 차이가 작다고 할 수 있다. 이는 유사배색에 사용된 색채들은 유사한 파장의 색이며 황변화한 수정체에 의한 색채지각의 변화도 유사하게 일어났기 때문이라고 판단된다.

결론적으로, 유사배색에 있어서 배색의 변별력에 영향을 주는 요인은 색상이 아니라 명도와 채도의 차이, 즉 톤의 차이라고 할 수 있다.

③ 유형 3의 배색기준

이상의 결과를 종합하면, 3개의 유사색으로 구성된 배색의 배색기준은 다음과 같이 정리할 수 있다.

- 모든 색채 사이의 명도차이를 가능한 한 크게 하며, 특히 노안에 의해 색상정보가 감소하는 유사색의 배색 Y－Y, PB－PB 사이에는 명도차를 1 이상으로 한다.
- 색채의 명도가 유사할 경우, 명도가 가장 낮은 색채의 채도를 가장 높게 한다.
- 색채의 톤이 유사할 경우 모든 색채의 명도를 6 이상으로 한다.

(4) 유형 4: 유사색이 아닌 유채색 3개로 구성된 배색

① 정안에서의 변별력

D2와 D5 모두 명도 8 이상의 고명도의 색채로 구성된 배색이다. D2의 경우, 색채의 명도가 유사하나 색상과 채도의 차이를 두었다. D5의 경우에는 색채의 채도가 동일하나 색상과 명도의 차이를 두었다. 이러한 차이를 둔 결과로 D2와 D5 모두 높은 변별력을 나타냈다.

② 노안에서의 변별력

정안에 있어 색상과 채도의 차이로 높은 변별력을 보인 D2의 경우, 노안에 대해서는 2.37로 변별점수가 크게 감소하였다. D2의 B와 GY를 비교하면, 그 채도는 각각 1과 5.5이며, 명도는 모두 9였다. 즉, B가 GY에 비해 엷은 색채였다. 모든 색채는 노안에 의해 보다 어둡게 지각되나, 황변화된 수정체로 인해 단파장의 색상에서 어두워지는 정도가 가장 크다. 따라서 GY에 비해 파장이 짧은 B가 더 많이 어두워져서 결국 명도와 채도가 유사하게 지각되고, 변별점수가 크게 감소한 것으로 판단된다.

표 4.19 유형 4 배색의 명도분포와 변별점수

배색	명도															변별점수		
	2.5	3	3.5	4	4.5	5	5.5	6	6.5	7	7.5	8	8.5	9	9.5	정안	노안	차이
D2													RP/3.5	B/1 GY/5.5		6.60	2.37	-4.23
D5												BG/2.5		GY/2.5 YR/2.5		5.59	7.31	1.73

표 4.20 유형 4 배색

D2		D5	
정안	노안	정안	노안

③ 유형 4의 배색기준

유형 4에 사용된 색채는 유사색이 아니다. 즉 각각의 색채는 색상, 파장에 차이가 있으며 노안에 의해 나타나는 색상지각의 변화정도도 달랐다.

D5의 경우 모든 색채의 채도는 2.5로 동일하고 파장이 짧은 BG의 명도가 가장 낮았으며, 노안에 의해 어둡게 지각되는 정도는 BG, GY, YR 순으로 컸다. 그 결과, 명도가 가장 낮은 BG가 다른 색채에 비해 더욱 어둡게 지각되고 배색은 더욱 변별이 용이해진 것으로 판단된다. 변별점수는 7.31로 매우 높게 나타났다.

[그림 4.37]은 노안에 의해 지각되는 색채의 밝기 변화를 나타낸다. (a)와 (b)는 단파장의 색채(S)와 장파장의 색채(L)로 구성된 배색이다. 두 배색에서 두 색채 S와 L의 색차(ΔE)는

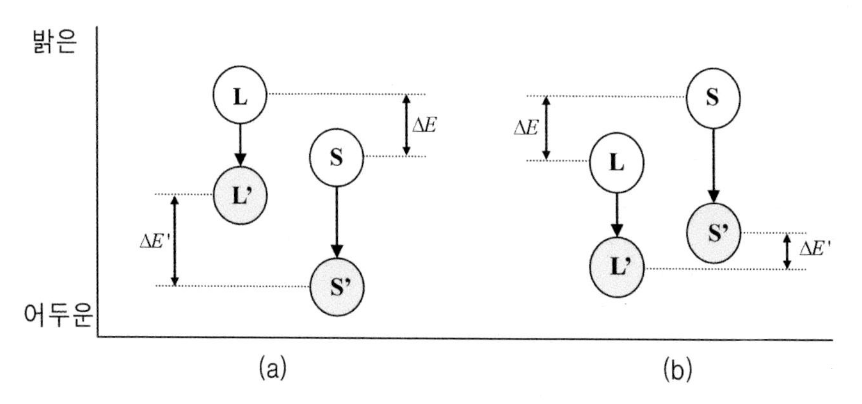

- L, S: 정안에게 지각된 밝기
- L', S': 노안에게 지각된 밝기
- ΔE: 정안과 노안에게 지각된 색채의 차이
- ΔE': 노안에게 지각된 색채의 차이

* L과 S는 각각 장파장의 색상과 단파장의 색상을 의미함

그림 4.37 노안에 의해 지각되는 밝기의 변화

정안에 대해 동일하게 지각된다. 그러나 노안에서의 색차($\Delta E'$)는 그 양상이 크게 달라진다. S가 L보다 어두운 배색 (a)의 경우, 노안에 의해 지각된 S'과 L'의 색차는 더욱 커지는데, 이는 L이 어두워지는 정도에 비해 S가 어두워지는 정도가 매우 크기 때문이다. 따라서 L'－S' 사이의 색차는 L－S 사이의 색차에 비해 크게 지각된다. 배색 (b)의 경우에는 L이 S에 비해 어둡다. 따라서 노안에 의해 지각되는 색차는 감소하고 변별하기 어려워진다. 노안을 고려했을 때 색채 사이에 색상, 명도, 채도의 차이를 두는 것이 바람직하지만, 노안에 의한 색채지각의 변화정도를 반드시 고려해야 할 것이다.

이상의 결과를 바탕으로 유사색이 아닌 3개의 유채색으로 구성된 배색의 기준을 정리하면 다음과 같다.

- 모든 색채 사이에 명도의 차이를 가능한 한 크게 하되, 특히 노안에 의해 색상정보가 감소하는 색상의 배색 Y－Y, PB－PB, Y－PB의 경우에는 명도 차이를 1 이상으로 한다.
- 유사한 톤의 색채의 경우, 모든 색채의 명도를 6 이상으로 한다.
- 채도가 동일할 경우, 파장이 가장 짧은 색채의 명도를 다른 색에 비해 낮게 한다.
- 명도가 동일할 경우, 파장이 가장 짧은 색채의 채도를 다른 색보다 높게 한다.

다. 정안과 노안을 고려한 배색기준

예측한 바와 같이, 욕실의 배색 실제 배색 중 A1을 제외한 모든 배색(B1, C1, D1)이 노안에서 변별이 곤란했을 뿐만 아니라, 정안에서도 변별이 어려운 것으로 나타나, 우리나라의 욕실의 색채 계획에 있어 배색의 변별은 중요하게 고려되고 있지 않음을 확인하였다.

제안한 배색의 변별점수는 대부분 5 이상으로 나타나, 앞서 제시한 변별이 용이한 배색기준의 실효성이 검증되었다. 그러나, 모든 배색이 높은 변별력을 나타낸 것이 아니어서 정안에 있어서는 배색 A2, A3이, 노안에 있어서는 배색 B3, B2, C5, D2가 낮은 변별점수를 나타냈다. 따라서 앞서 제시한 배색기준은 다음과 같이 보완할 수 있다.

- 무채색과 혼동하기 쉬운 Y나 PB 계열의 색채가 아니더라도, 유채색과 무채색 사이의 명도차가 1 미만인 경우에는 유채색의 채도를 3.5 이상으로 한다(A2, A3).
- 노안에 의해 색상정보가 감소하는 Y나 PB를 무채색과 함께 사용할 경우에는, Y나 PB의 채도에 관계없이 무채색과의 명도차를 1 이상으로 한다(B3, B2).
- 동일한 톤의 색채를 사용할 경우에는, 모든 색채의 명도를 6 이상으로 한다(C5).
- 파장이 다른 색채를 사용할 경우에는, 파장이 짧은 색채의 채도를 가장 높게 하고 명도

를 가장 낮게 한다(D2).

또한 정안과 노안 모두에서 6 이상의 비교적 높은 변별점수를 나타낸 배색의 특성은 다음과 같이 요약할 수 있다.

- 색채 사이의 명도차가 1 이상인 경우에는, 명도가 낮은 색의 채도를 다른 색채보다 높게 한다(A5, B5, B4, C2, C3, C4).
- 명도차가 1 미만인 배색에서는 단파장 색채의 명도를 다른 색에 비해 낮게 하거나 채도를 높게 한다(D4, D5).

몇몇 배색에 있어 정안과 노안에 대한 변별점수에 차이를 보이는 이유는 주로 1) 유사색이 아닌 색채의 노안에 의한 색채지각의 변화 정도의 차이, 2) 노인의 황변화된 수정체에 의한 Y와 PB 계열 색상정보의 감소였다.

표 4.21 정안과 노안의 변별을 고려한 배색기준

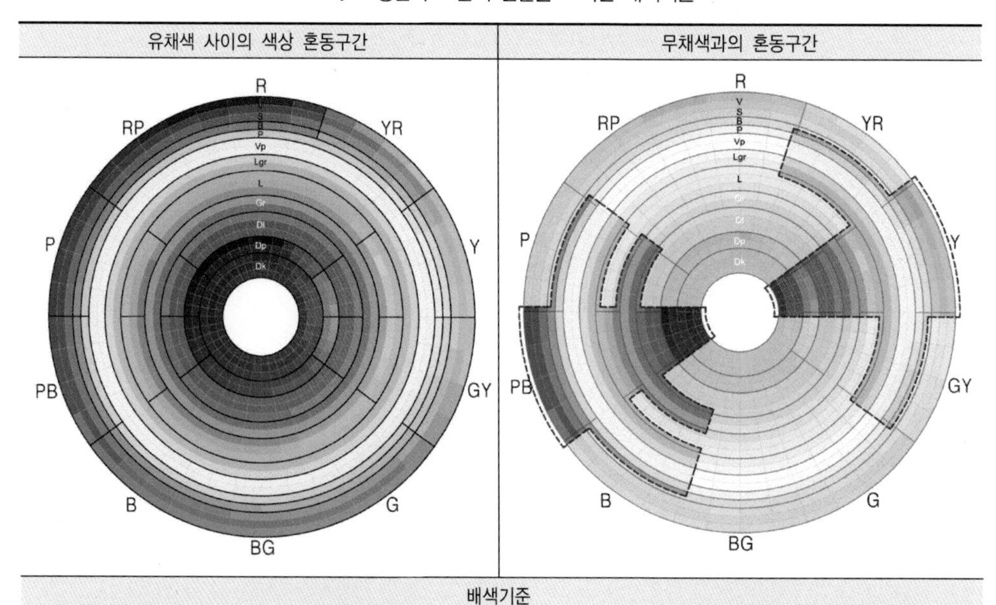

배색기준
· 유채색의 혼동구간 내에 있는 색채는 하나의 색채로 다룬다.
· 색채 사이의 명도차를 크게 한다. 특히 무채색과 Y 계열의 색채, PB 계열의 색채를 이용한 배색, 즉 N−N, Y−Y, PB−PB, N−Y, N−PB, Y−PB 사이의 배색에서는 색채 사이의 명도차를 1 이상으로 한다.
· Y−유채색, PB−유채색, 무채색−유채색 사이의 명도차가 1 미만일 경우에는 유채색의 채도를 3.5 이상으로 한다.
· 동일한 톤의 유사배색의 경우에는 모든 색채의 명도를 6 이상으로 한다.
· 유사색이 아닌 색채 사이의 명도차가 1 미만일 경우, 파장이 짧은 색채의 채도를 높게 한다.
· 유사색이 아닌 색채 사이의 채도차가 1 미만일 경우, 파장이 짧은 색채의 명도를 낮게 한다.

실험의 결과를 기준으로 제안했던 배색기준은 정안과 노안을 모두 고려하여 <표 4.21>과 같이 정리되었으며, 표의 배색기준의 구체적인 적용 사례는 [그림 4.38]과 같이 나타낼 수 있다. 배색계획의 내용을 살펴보면, 벽, 바닥, 출입문의 색채를 이용하여 맑은 이미지의 배색을 적용하였으며, 이는 정안과 노안 모두에게 변별이 용이한 배색이다. 이에 더하여 욕실 설비의 조작부나 손잡이의 설치부분 등은 주변과 큰 대비를 이루어 욕실의 다른 부분에 비해 보다 식별이 용이하도록 강조색을 사용하였다.

7. 소결

본 장에서는 유니버설 디자인의 관점에서 정안 및 시계의 황변화를 겪는 노안을 고려하여 색채변별의 어려움을 줄일 수 있는 배색의 기준을 제안하였다. 또한 실제 욕실을 대상으로 배색의 문제점을 파악하고 그에 대안을 제시하였으며, 대안을 제시함에 있어서도 유니버설 디자인의 관점에서 노인을 위해 특화된 배색이 아니라 정안인에게는 기존의 욕실과 유사한 이미지를 그대로 유지한 채, 황변화를 겪는 노인을 포함하여 보다 많은 사용자에게 좀 더 식별이 용이한 배색안을 제안하였다.

조사 대상인 아파트 모델하우스의 욕실의 색채는 주로 YR, Y 계열의 Vp, Lgr톤과 N9.5를 중심으로 고명도, 저채도의 유사배색으로 구성되어 있어, 수정체의 황변화를 겪는 노인에게는 변별이 곤란한 배색이었으며, 실험을 통해 정안인에게도 변별이 용이하지 않음을 확인하였다. 이러한 배색의 분포는 주거 내의 배색에 대한 연구문헌들의 결과(박영순, 1999; 시영주, 1990; 오수영, 2002; 정현원, 2003)와 유사하였고, 욕실의 색채계획의 측면에서는 다양한 배색이 이루어지지 않고 있으며 노안을 고려한 배색 또한 이루어지지 않고 있음을 확인하였다. 따라서 공간의 이미지뿐만 아니라 공간의 배색 변별력에 대한 고려도 필요할 것이다.

몇몇 배색에 있어서는, 노안에 대한 변별력이 정안에 대한 변별력보다 높게 나타났다. 이는 노안에 의한 수정체의 황변화가 색채를 변별하는 데 있어 언제나 불리하거나 장애가 되는 조건은 아니라는 것을 의미한다. 유니버설 디자인의 개념에 따라 노인의 시계의 변화는 장애가 아닌 하나의 개인 특성으로 보는 것이 바람직 할 것이다. 정안과 노안과 관련된 특성을 이해하려는 작은 노력이 있다면, 현재의 욕실의 이미지를 유지한 채로 정안과 노안 모두에게 변별이 용이한 배색계획이 가능할 것이다.

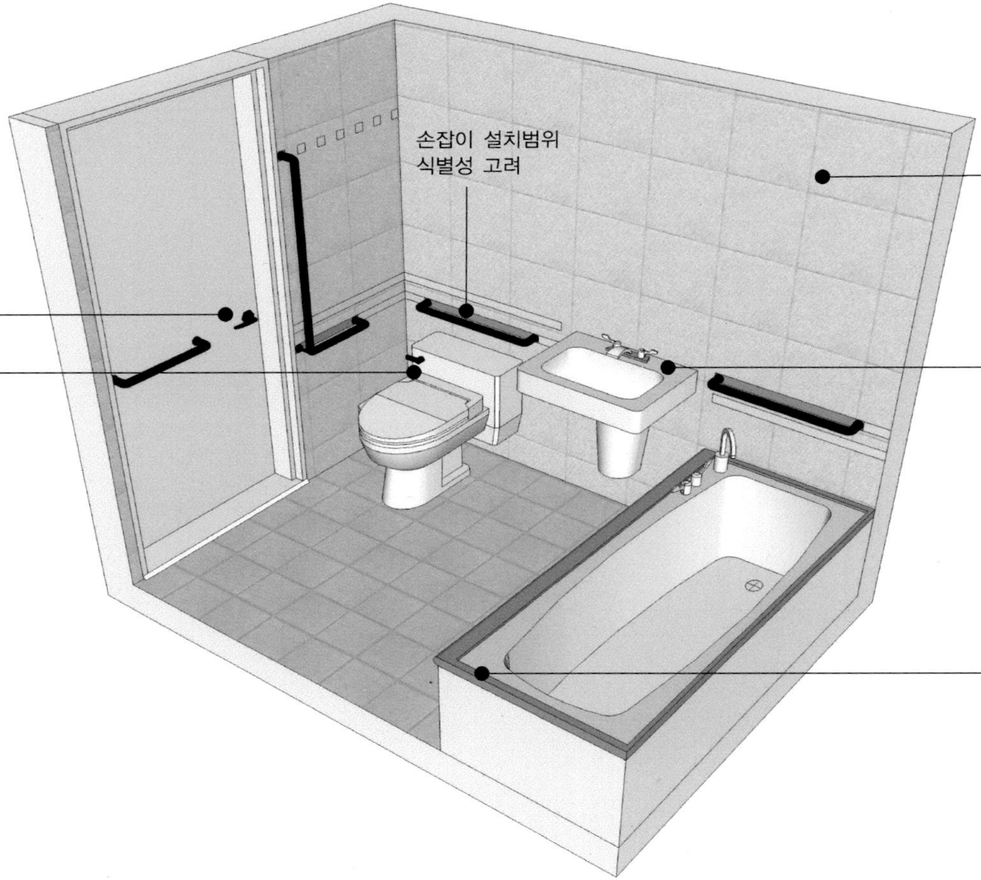

손잡이 설치범위
식별성 고려

전체적인 욕실 분위기(맑은)를 고려하여
벽, 바닥, 출입문의 색을 결정하되 노인
에게는 식별이 용이한 배색으로 계획

출입문 손잡이
식별성 고려

변기 레버의
식별성 고려

세면대 볼과 수전의 식별성 고려

욕조 상단 테두리 식별성
고려

그림 4.38 배색기준의 적용사례 (맑은 이미지)

5장 결론

본서에서는 우리나라의 대표적인 주거유형 중 하나인 아파트에 있어, 생활약자의 불편함과 개조요구가 많이 나타나고 개인의 독립적인 생활 영위에 영향을 크게 주는 욕실을 대상으로 치수 및 가구배치 계획과 색채계획 측면에서의 유니버설 디자인 적용방안을 고찰하였다. 최대한의 다양한 사용자를 고려하는 유니버설 디자인의 개념에 따라, 운동 및 이동능력과 색채지각능력이 비교적 낮아 다른 사용자에 비해 욕실공간 환경의 영향을 많이 받는 생활약자를 고려하여 계획할 경우, 이들을 포함한 많은 사용자가 편리하고 안전하게 사용할 수 있다는 관점에서 계획의 기준이 되는 사용자를 설정하였다. 치수계획과 관련하여서는 다른 사용자에 비해 욕실의 이동 및 사용에 필요한 공간의 요구가 큰 휠체어사용자를 기준으로, 그리고 색채계획과 관련하여서는 다른 사용자에 비해 색채변별에 어려움을 느끼고 일상생활에 영향을 많이 받는 노인을 기준으로 설정하였다.

휠체어사용자와 노인의 운동, 지각능력의 특성과 욕실설계에 관련된 국내외 규정 및 가이드라인과 연구문헌의 결과를 토대로, 아파트 욕실의 유니버설 디자인 적용을 위한 치수 및 가구배치 계획기준과 색채계획기준을 정리하고, 실제 아파트 욕실의 상태를 조사, 분석하였다. 분석결과 몇 가지 문제점으로 인해 욕실 사용상의 불편함이 예측되었으며, 그에 대한 대안을 제시하였다.

1. 실태조사

실태조사 결과, 치수 및 가구배치계획의 측면에서는 욕실의 면적, 출입문 유효폭 및 개폐방향, 단차, 세면대 앞까지의 이동을 위한 통로, 변기와 세면대의 중심선 위치, 세면대 하부의 여유공간 등의 문제로 인해 사용상의 불편이 예상되었다.

색채계획의 경우, 아파트의 욕실은 주로 YR, Y 계열의 고명도, 저채도 색채를 중심으로 유사배색으로 구성되어 있어, 수정체의 황변화를 겪는 노인에게는 변별이 곤란한 배색이었으며, 이러한 배색은 정안인에게도 변별이 용이하지 않은 배색임이 검증 실험을 통해 밝혀졌다. 즉, 현재 대부분의 아파트 욕실에는 다양한 배색이 아닌 통일된 느낌과 이미지의 배색이 이루어지고 있으며, 배색계획에 있어서 공간의 이미지에 비해 욕실 구성요소 사이의 시각적 식별정도는 크게 고려되고 있지 않았다.

2. 개선안 제시

실태조사 결과로 밝혀진 욕실사용의 불편함과 문제점을 개선하기 위한 대안을 몇 가지 제시하였다. 개선안을 제안함에 있어서는 유니버설 디자인의 개념을 염두에 두고, 휠체어사용자나 노인을 위한 특별한 디자인이라는 인상을 주지 않고 현재의 욕실과 크게 다르지 않은 범위에서 개선안을 도출하려 하였다. 즉, 치수계획의 측면에서는 아파트 욕실의 면적의 변화를 최소화하고 부가적인 편의시설은 차후 필요한 경우에 작은 개조를 통해 설치할 수 있도록 하였으며, 색채계획의 측면에서는 현재의 욕실과 유사한 이미지를 그대로 유지한 채, 노인을 포함하여 보다 많은 사용자가 좀 더 쉽게 식별할 수 있는 배색안을 제안하였다.

분석 및 대안 제시의 작업 결과, 욕실의 면적을 일정규모 이상만 확보한다면 현재의 상태에서 단위세대의 각 실의 면적을 크게 변화시키지 않고도 개구부 및 설비의 크기와 위치를 적절하게 조절함으로써 개인의 작업에 필요한 공간을 확보하여 이용상의 편의가 향상될 수 있음을 확인하였다. 즉 욕실 사용에 있어서는 벽체나 가구의 치수와 배치 자체보다는 그 사이에 형성되는 공간의 형상과 규모가 사용의 편의에 더 큰 영향을 주며, 그 공간규모의 사소한 차이가 사용상의 편의에는 큰 차이를 줄 수 있음을 확인하였다.

또한 색채계획의 측면에서도 현재의 배색 이미지를 크게 변화시키지 않고도 정안과 노안 모두에게 변별이 용이한 배색이 가능함을 실험을 통해 검증하였다. 몇몇 배색에 있어서는, 노안에 대한 변별력이 정안에 대한 변별력보다 높게 나타났다. 이는 노안에 의한 수정체의 황변화가 색채를 변별하는 데 있어 언제나 불리하거나 장애가 되는 조건은 아니라는 것을 의미한다. 유니버설 디자인의 개념에 따라 노인의 시계 황변화는 장애가 아닌 하나의 개인 특성으로 보는 것이 바람직할 것이다.

결론은 치수 및 가구배치와 색채계획의 측면에서 욕실의 유니버설 디자인이란 능력수준이 낮은 사용자를 위해 별도로 고안된 특이한 형태의 디자인이 아니며, 디자인 과정에서

표 5.1 본서의 제안과 유니버설 디자인의 7가지 원칙과의 관계

UD 원칙	치수계획 제안	색채계획 제안
공평한 사용(Equitable Use) 다양한 능력의 사람들에게 유용하고 시장성이 높은 디자인	• 기존 욕실의 면적과 구성을 유지하여, 휠체어사용자를 위한 접근성 위주의 치수계획의 인상을 최소화함 • 가능한 많은 사용자가 사용할 수 있도록 제안	• 기존 욕실의 이미지와 크게 다르지 않게 제안하여, 노인 계층을 고려한 식별성 위주의 배색의 인상을 최소화함 • 정안과 노안 모두에게 식별이 용이한 배색 제안
사용상의 융통성(Flexibility in Use) 다양한 사용자의 기호와 능력을 수용하는 디자인	• 차후에 작은 개조를 통해 지속적으로 사용이 가능하도록 제안 • 계획기준에 준하는 욕실설비의 여유공간만 확보할 경우 다양한 형태의 욕실 계획을 가능하도록 제안	• 계획기준에 준한 색채계획을 할 경우, 식별성을 유지한 채 다양한 느낌이미지의 배색이 가능하도록 제안
간단하고 직관적인 사용 (Simple and Intuitive Use) 사용자의 경험, 지식, 언어수준, 혹은 집중능력에 관계없이, 사용방법을 쉽게 이해할 수 있는 디자인	• 특수 디자인이 아닌 일반적인 욕실기기와 출입문으로 구성하여 쉽게 사용할 수 있도록 함	–
알기 쉬운 정보 전달 (Perceptible Information) 주변상황과 사용자의 감각능력에 관계없이, 필요한 정보를 효과적으로 전달하는 디자인	–	• 벽, 바닥과 욕실기기 사이의 식별성을 높여 쉽게 인식할 수 있도록 제안 • 욕실기기의 조작부와 손잡이 설치범위를 강조색으로 계획하여 식별성을 높임
오류에 대한 포용력 (Tolerance for Error) 우연이나 의도하지 않았던 행동으로 인한 역효과와 위험을 최소화하는 디자인	• 화상과 낙상에 대한 위험 요소를 최소화 할 수 있도록 제안	• 욕실 주요설비와 조작부를 쉽게 인식할 수 있도록 하여, 개인의 위생과 관련된 작업 자체에 집중할 수 있도록 함
적은 물리적 노력 (Low Physical Efforts) 피로를 최소화하고 효율적이고 편안하게 사용할 수 있는 디자인	–	–
접근과 사용을 위한 크기와 공간 (Size & Space for Approach and Use) 사용자의 체격, 자세, 이동능력에 관계없이 접근, 팔의 도달, 조작이 편리한 크기와 공간을 제공하는 디자인	• 휠체어사용자를 포함한 다양한 사용자의 접근과 사용을 고려하여 제안	–

사용자의 특성을 이해하고 좀 더 세심하게 고려할 경우 현재의 상태에서도 적용 가능한 개선안이 도출될 수 있다는 것이다. 본서의 결과로 제안하는 아파트 욕실에서의 유니버설 디자인 적용방안과 유니버설 디자인의 7가지 원칙과의 관계를 살펴보면 <표 5.1>과 같다.

3. 아파트 욕실계획 방향에 대한 제안

현재 우리나라 아파트의 단위세대 평면은 건설회사별로 유형화된 것을 대량으로 공급하고 있는 실정이며, 가변형 평면을 제공하는 경우에도 물 사용공간인 욕실은 규모와 위치가 고정되어 있고 욕실구성요소의 배색은 사용자가 선택할 수 없는 것이 일반적이다. 현재와 같이 법률과 가이드라인에 의해 공동주택 내의 장애인전용주택, 국민임대주택 내의 장애인이 있는 세대, 고령자용 국민임대주택, 고령자 배려 주거시설, 노인가구 주택 등에 한해 별도의 차별화된 공간을 계획, 제공하는 것도 하나의 방법이지만, 별도의 구분 없이 공동주택 내 모든 세대의 욕실을 기존의 배색 이미지를 유지한 채 노인과 정안인 모두에게 식별이 용이한 배색으로 계획하고, 면적의 큰 변화 없이 출입문의 개폐방향 수정이나 손잡이 설치와 같은 작은 개조를 통해 가능한 한 많은 사람이 사용할 수 있도록 계획하는 방안도 고려할 필요가 있다.

또한 본서에서 제안하는 계획기준은 디자이너의 창의력이나 아이디어를 제한하는 것이 아니며, 계획과정에 고려해야 할 사항과 각각의 내용에 대해 설명하는 것이다. 따라서 이러한 계획 기준 안에서도 얼마든지 다양한 계획안이 도출될 수 있으며, 이처럼 다양한 사용자의 요구와 능력을 고려하여 차별 없이 디자인하는 것이 건축계획의 원래의 목적에 더욱 부합하는 것이라 할 수 있다.

4. 관련 규정 및 가이드라인 개선에 대한 제안

주택의 욕실 사용의 편의증진과 관련된 우리나라의 규정 및 가이드라인에서는 욕실의 치수 및 가구배치와 관련하여 욕실의 최소면적과 출입문, 변기, 세면대, 욕조 등의 각 욕실기기 사용에 필요한 공간의 크기, 안전손잡이의 설치 위치 등에 대해 상세히 규정하고 있다. 그러나 욕실 출입 및 사용과 관련된 동선, 욕실기기의 이용방법, 각각의 욕실기기 세부치수 자체와 그로 인해 형성되는 여유공간이 갖는 의미 등에 대한 내용은 자세히 설명되어 있지 않아 실무자가 잘못 이해하는 경우가 생기거나, 규정이나 가이드라인에 부합하게 계획하여도 사용이 불편한 경우가 발생할 수 있다.

예를 들어, 최소 욕실면적을 준수하여도 욕실기기의 배치나 출입문 위치의 문제로 인해 사용이 불편한 경우가 발생할 수 있으며, 최소 욕실면적보다 협소한 욕실도 휠체어사용자를 포함한 다른 사용자들이 무리 없이 사용할 수 있는 경우 또한 발생할 수 있다. 변기의 손잡이의 경우에는 변기의 양측면 모두에 설치하는 것보다 변기의 측면과 후면의 벽에 설치하는 것이 편리한 경우가 발생할 수 있으며, 변기의 크기와 중심선의 위치에 따라 욕실 전체의 사용상의 편의가 크게 달라질 수도 있다.

또한 색채계획의 측면에서는 계획의 원칙을 '바닥, 벽, 위생설비 등을 구별하기 쉽도록 해야 한다'는 정도로만 규정하고 있는데, 이 경우에는 욕실배색의 이미지보다는 식별성을 우선으로 고려하여 대비가 심한 배색이 이루어지고, 그에 따라 욕실의 이미지가 기존의 욕실과 달라질 수 있다. 또한, 배색을 구성하는 색채 사이에 어느 정도의 차이를 두어야 구별하기 쉬운지에 대한 내용이 부족하여 배색의 대비가 심해져 사용자의 만족도에 좋지 않은 영향을 줄 수 있다.

따라서, 관련 규정 및 가이드라인에 위와 같은 내용을 자세히 설명하여 실무자나 사용자들이 쉽게 이해하고 적용할 수 있는 방향으로 지침이 개선될 필요가 있으며, 그런 의미에서 본서의 분석결과와 결론으로 제안하는 계획기준은 관련 지침의 개선과 디자인 과정에 참고할 수 있는 자료로서 도움이 될 것이다.

5. 제안의 활성화를 위한 정책적 제안

본서에서 대상으로 한 아파트 욕실의 유니버설 디자인과 관련하여 국내에서 시행하고 있는 정책의 내용을 살펴보면, 우선 장애인, 노인, 임산부 등의 편의증진보장에 관한 법률에서 공동주택에 설치해야 할 편의시설의 종류와 설치원칙 및 방법에 대해 규정하고 있으며, 장애물 없는 생활환경 인증제도 시행지침에서는 건축물의 위생시설 부문에서 화장실의 세부평가항목을 규정하고 있다.

그러나 위와 같은 규정과 지침에서 제시하는 설치원칙과 내용을 살펴보면, 공공건축물에 설치하는 장애인전용화장실에 적용 가능한 내용을 중심으로 구성되어 있으며, 이러한 내용을 일반적인 아파트 단위세대 내에 설치되는 변기, 세면대, 욕조를 포함하는 욕실에 적용하기에는 욕실의 면적과 욕실가구 구성의 측면에서 어려움이 있다. 또한, 편의증진법에서는 장애인전용주택의 화장실에 한하여 권장사항으로 규정하고 있으며 인증제도의 평가항목 역시 법적 강제성을 지니고 있는 것이 아니다.

이러한 이유로 민간업체에서 편의증진법이나 인증제도의 기준에 부합하는 화장실을 공동주택 내에 설치하는 것은 제도적인 강제성이 없으며, 실행을 하고자 하여도 경제적인 측면에서도 각실의 면적축소와 관련하여 설득력이 떨어져, 다양한 사용자를 고려한 아파트 욕실의 공급이 활성화하기 힘든 상황이다.

유니버설 디자인이 적용된 아파트 욕실의 공급을 활성화하는 방안으로는, 우선 현재 공공시설을 주된 대상으로 하는 편의증진법의 규정과 BF인증제도 시행지침의 내용에 더하여, 공동주택의 단위세대에 적합한 별도의 설계기준 및 평가항목을 추가적으로 개발할 필요가 있다. 본서에서 제안하는 아파트 욕실의 계획기준은 현재의 아파트 욕실의 면적, 구성과 크게 다르지 않은 범위 내에서 적용이 가능하여 기존 건축시장에서 어려움 없이 수용할 수 있을 것이며, 아파트 공동주택에 적용할 수 있는 규정과 지침 개발의 기초자료로 활용될 수 있을 것이다.

또한, 편의증진법에서 공동주택 내 장애인전용주택에 한하여 권장사항으로 규정하고 있는 내용을 모든 아파트 단위세대의 욕실로 그 적용대상을 확대하고, 설치여부는 의무사항으로 규정하되, 세부사항에 대해 의무사항과 권장사항으로 구분하여 규정할 필요가 있다.

6. 본서의 한계 및 차후 진행방향

욕실의 치수 및 가구배치를 분석하고 개선안을 제안하는 과정에 있어서, 국내 건설회사의 실시설계도면과 욕실가구 제조사의 자료를 사용하였고, 국내외의 규정과 지침, 관련 연구결과 등을 검토하여 계획 및 분석기준을 정하였으며, 분석결과로부터 몇 가지 개선안을 제안하였다. 문헌자료에 의한 분석기준 설정과 실태조사의 한계로 아파트에 설치, 개조된 사례나 실제 사용자의 사용상의 불편함과 요구사항들이 충분히 반영되었다고 이야기하기는 힘들며, 제안된 내용을 실제로 적용했을 때의 사용상의 편의성도 검증되지는 않았다. 따라서 본서에서 제안한 내용은 실제 사용자의 인체치수, 동작치수, 욕실 이용방법, 욕실사용에 대한 만족도 및 선호도 등에 대한 추가적인 연구를 통해 보완될 수 있다.

노인의 색채변별 혼동구간 및 배색기준을 마련함에 있어서는 연구문헌의 결과를 토대로 작성하였으나, 연구문헌 결과 사이에 차이가 있는 부분에 대해서는 필자의 판단으로 그 범위를 결정하였다. 또한 노인의 색각 상실 또한 단파장에서 점차 장파장 방향으로 지속적으로 이루어지기 때문에, 본서에서 제시한 분석기준은 노인의 수정체 황변화 진행정도에 따른 색채변별의 양상에 대한 연구 등을 통해 수정 보완될 수 있다. 또한 본서에서는 실제 욕실의 배색을 중심으로 다루었기에, 욕실에서 일반적으로 적용되지 않았던 명도가 5.5 이하인 색채로만 구성된 배색, 명도와 채도가 모두 높은 배색, Y－PB, 혹은 PB－PB계열의 색상으로만 이루어진 배색 등은 제안과 검증의 내용에서 제외되었다. 따라서 본서에서 제안한 배색기준은 위에 언급한 배색들에 대한 추가적인 연구를 통해 보완될 수 있다.

유니버설 디자인 계획 및 분석기준을 정리함에 있어, 공간규모에 대한 요구수준이 높은 휠체어 사용자와 색채변별 능력이 저하된 노인을 기준으로 설정하여, 보다 많은 사용자들이 사용할 수 있는 욕실계획을 검토하였다. 이는 이들보다 운동, 감각능력수준이 낮다고 할 수 있는 키가 작은 어린이, 양쪽 모두 목발을 사용하는 사람, 신체의 일부가 상실되거나 심하게 훼손된 사람, 그리고 시야의 일부를 상실한 사람, 적녹색약, 전색맹 등 색채지각능력특성이 타인과 다른 사람은 사용이 불편하거나 불가능할 수도 있으며, 별도의 추가적인 편의시설을 설치하거나 다른 형태의 욕실을 사용해야 함을 의미하기도 한다. 따라서 차후에는 더욱 다양한 측면의, 다양한 능력의 사용자를 수용하고 지원할 수 있는 디자인 방안에 대한 연구가 지속적으로 이루어져야 할 것이다.

본서에서 제안한 욕실의 치수 및 가구배치 계획기준에서 알 수 있듯이, 실제 욕실의 사용과 관련된 것은 욕실의 면적보다는 그 안에 설치되는 출입문과 욕실기기의 크기, 형상, 배치에 따라 그 유용성이 달라졌다. 즉, 욕실면적을 적정규모로 확보하더라도 크기가 큰 변기나 세면대를 설치할 경우에는 여유공간과 통로의 유효폭이 침해될 수 있었고, 세면대 선반, 변기의 물탱크 설치로 인해 후면손잡이를 설치할 공간이 침해받거나 설치 자체가 불가능 할 수도 있었으며, 경우에 따라서는 세면대의 선반이나 변기의 탱크를 손잡이 대용으로 사용할 수도 있었다. 따라서, 욕실의 치수 및 가구배치계획 측면에는 건축계획과 더불어 욕실의 위생기기 디자인 분야를 포함한 통합적인 계획방안에 대한 연구가 이어져야 할 것이다.

마지막으로, 욕실의 구성요소 중 본서에서 그 기준을 명확히 하지 않았던 물에 젖은 욕실바닥면의 마찰계수, 손잡이의 지지하중과 관련된 성능 등에 대한 추가적인 연구가 이어질 필요가 있으며, 본서의 범위에 포함하지 않았던 형상, 재질, 조명, 조작시스템, 신호체계, 조작과 사용을 위해 요구되는 근력기준 등의 유니버설 디자인 요소들을 평가하고 적용하는 도구를 개발, 개선하는 작업이 이어져야 할 것이며, 주거환경의 또 다른 주요공간인 주방을 비롯한 다른 공간에 대한 적용방안에 대한 연구도 이어져야 할 것이다.

부록: 아파트 욕실에서의 유니버설 디자인 적용을 위한 가이드라인 제안

1. 원칙

- 본 가이드라인은 아파트 단위세대의 공용욕실을 대상으로 하여 적용하는 것을 원칙으로 하며, 다른 유형의 주거건축물에 적용할 수 있다.
- 욕실에는 좌변기, 세면대, 욕조를 모두 설치한다.
- 배색에 사용되는 색채는 우리나라 KS 산업규격인 먼셀 색체계에 따라 색상, 명도, 채도의 3가지 속성으로 구분하여 계획한다.
- 유니버설 디자인의 관점에서 가능한 많은 사용자가 어려움 없이 사용할 수 있도록 계획하되, 특별한 사용자를 위한 별도의 디자인이 되지 않도록 한다.

2. 치수 및 가구배치 계획

가. 여유공간

(1) 최소유효바닥면적

- 휠체어사용자의 최소유효바닥면적은 700㎜×1,200㎜로 계획한다([그림 1]).

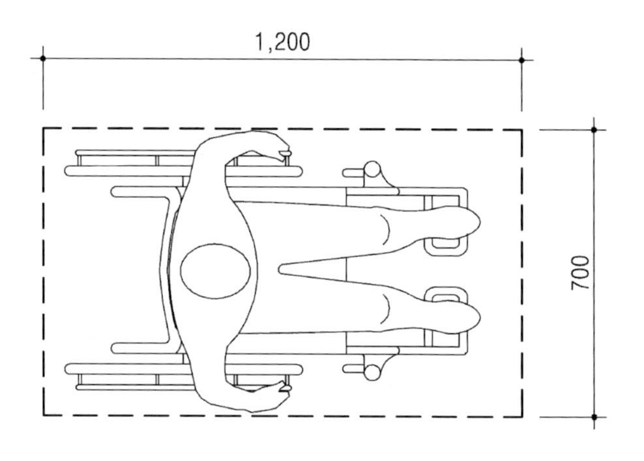

그림 1. 휠체어사용자의 최소유효바닥면적

세부내용) 이 면적은 휠체어사용자가 정지한 상태에서 점유하는 면적으로, 휠체어사용자가 이동, 접근하여 사용할 수 있는 모든 설비와 기기의 전면 혹은 측면에 반드시 확보되어야 한다.

(2) 세면대 사용을 위한 공간

- 세면대 전면에는 휠체어사용자의 최소유효바닥면적인 700㎜×1,200㎜를 확보한다.
- 휠체어사용자의 측면 혹은 정면 접근 중 한 가지 방법은 반드시 지원하도록 계획하여 각각의 경우에 휠체어사용자의 최소유효바닥면적과 세면대의 중심선이 일치할 수 있도록 세면대 전면에 여유공간을 확보한다([그림 2(a)]).
- 세면대 상단의 높이는 850㎜ 이하로 설치하며, 하부의 무릎 여유공간은 세면대 전면에서부터 깊이 200㎜ 이상까지 650㎜ 이상의 높이를 유지하도록 한다([그림 3(a)]).

세부내용) 이 공간은 휠체어사용자가 정면접근하는 경우나 서 있기 힘든 사람이 의자에 앉아서 사용하는 경우에 반드시 필요한 공간이다. 따라서 무릎이 차지하는 공간을 고려하여 세면대 하부의 여유공간의 높이는 세면대 전면뿐만 아니라 일정 깊이까지 연속적으로 유지되어야 한다.

- 세면대 하부에 높이 650㎜ 이상의 여유공간이 제공될 경우에 한해서만 깊이 480㎜까지 휠체어사용자의 최소유효바닥면적의 범위에 포함하여 계획할 수 있다([그림 2(b)]).
- 세면대 하부에는 벽으로부터 150㎜ 이하의 깊이까지 높이 230㎜ 이상으로 휠체어 발판을 고려한 여유공간을 확보한다([그림 3(b)]).

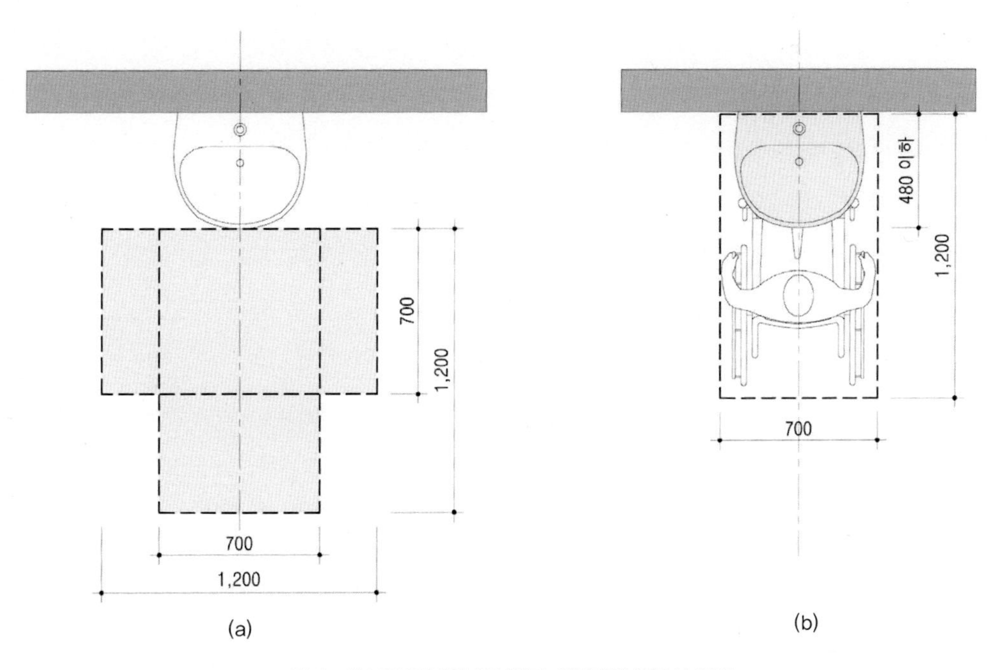

그림 2. 최소유효면적의 중심선과 세면대의 중심선 일치

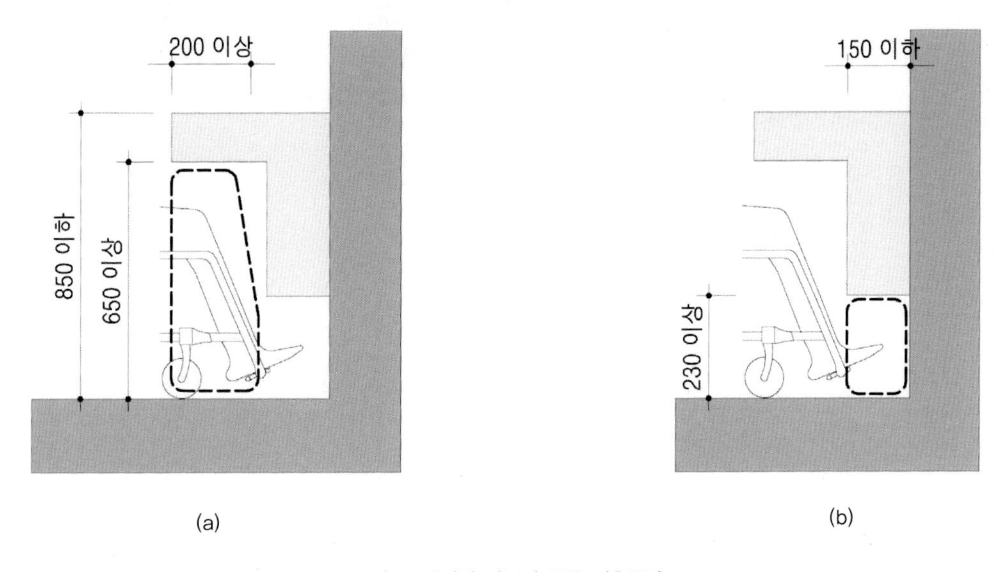

그림 3. 세면대 하부의 무릎 여유공간

(3) 대변기 사용을 위한 공간

- 대변기 사용공간은 폭 1,500㎜ 이상, 깊이 1,600㎜ 이상을 확보한다([그림 4]).

세부내용) 이는 변기를 포함한 면적이며, 세면대 하부에 무릎 여유공간을 확보한 경우에 한해서만 이 면적 내에 [그림 4]와 같이 변기 측면에 세면대를 설치할 수 있다. 이 면적을 확보한 경우에는 [그림 12]와 같이 정면, 측면, 대각접근의 이동방법을 사용할 수 있다.

- 변기중심선은 인접한 벽면으로부터 410㎜의 거리에 위치하도록 하며, 변기중심선을 기준으로 벽면의 반대쪽으로도 410㎜ 거리 이내에는 장애물이 없도록 한다([그림 4]).

세부내용) 변기 중심선이 인접벽면과 가까이 있을 경우에는 변기에 앉았을 때의 공간이 협소하고 측면에 설치된 손잡이로 인해서 불편할 수 있으며, 변기 중심선이 인접벽면과 멀리 있을 경우에는 이동과정에 사용하는 손잡이와의 거리가 멀어져 불편하며 변기측면의 여유공간이 좁아지므로 변기 중심선은 인접벽면에서 410㎜ 떨어진 지점에 위치하도록 변기를 설치한다. 변기 측면에 세면대를 설치할 경우에는 세면대의 경계부분으로 인해 이 여유공간이 침범되지 않도록 주의하여 설치한다.

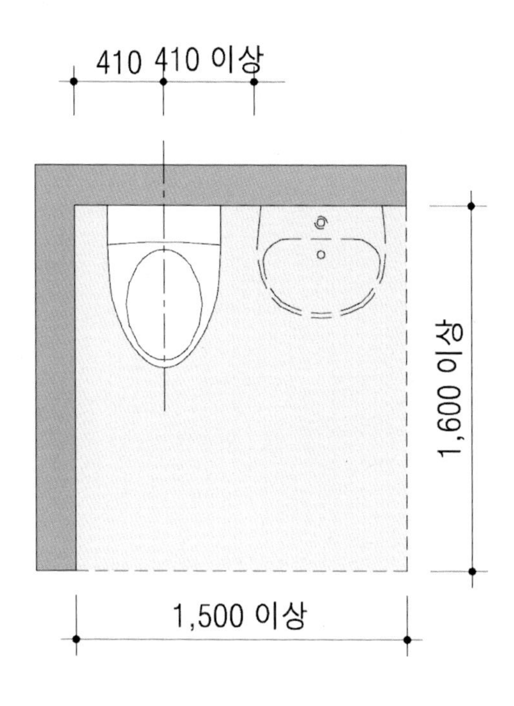

그림 4. 대변기 사용을 위한 여유공간

(4) 욕조 사용을 위한 공간

- 욕조 사용을 위한 공간은 욕조 측면 전체에 걸쳐 유효폭 700㎜ 이상의 여유공간을 확보한다([그림 5(a)]).

세부내용) 욕조 사용을 위해서는 욕조측면에 휠체어사용자의 최소유효바닥면적을 확보해야 하며, 이 경우에는 욕조로의 측면접근을 위해 욕조 측면 전체에 걸쳐 휠체어사용자의 최소유효바닥면적의 폭인 700㎜ 이상을 확보하여 욕조의 모든 측면에서 진입을 할 수 있도록 한다. 이 여유공간에는 하부 여유공간이 확보된 세면대를 포함할 수 있다.

- 욕조 머리 부분에 좌석을 추가로 설치하는 경우에는 휠체어의 손잡이와 바퀴를 수용할 수 있는 길이 300㎜ 이상의 여유공간을 추가로 제공한다([그림 5의 (b), (c)]).

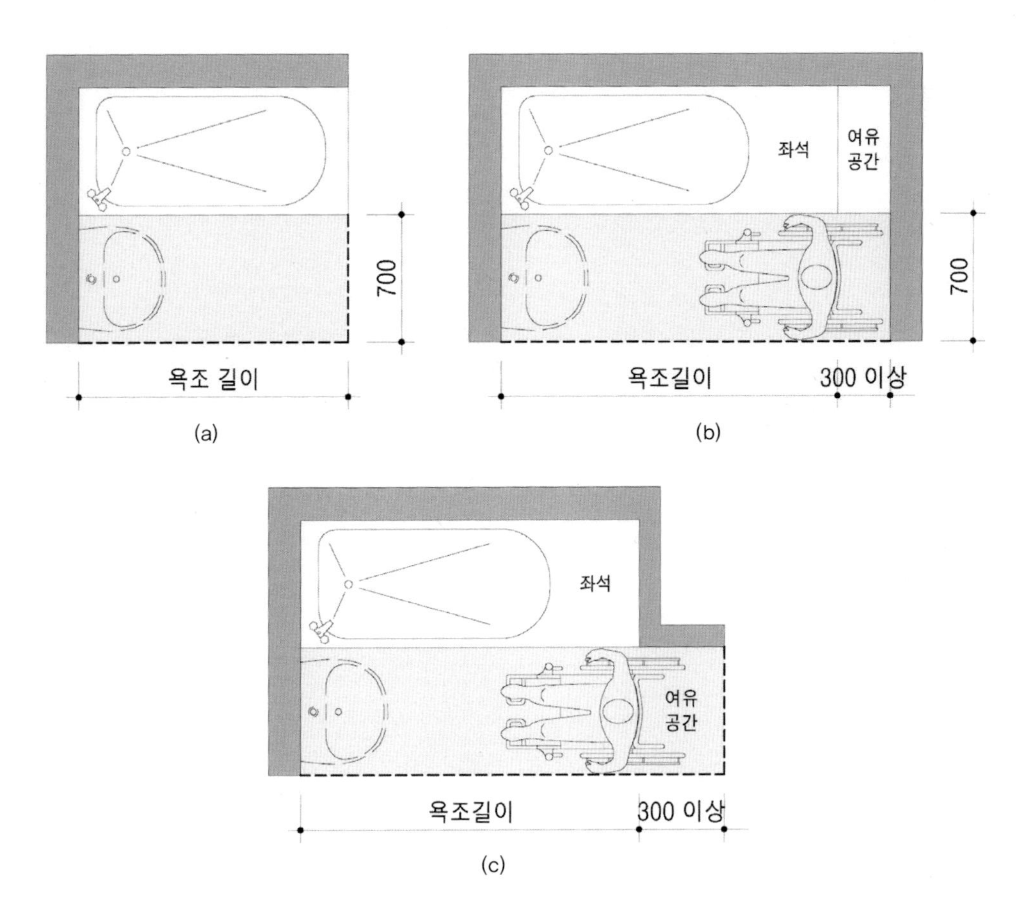

그림 5. 욕조 사용을 위한 여유공간

(5) 이동 및 회전을 위한 공간

- 통로의 유효폭은 910㎜ 이상으로 계획하며, 이는 90° 방향전환이 있는 경우에도 적용할 수 있다([그림 6(a)]).
- 360° 회전을 위해서는 지름 1,500㎜인 원형의 여유공간을 제공한다([그림 6(b)]).
- 세면대 사용을 위한 공간, 변기 사용을 위한 공간, 욕조 사용을 위한 공간 및 360° 회전을 위한 공간은 반드시 유효폭 910㎜ 이상의 통로로 연결하며, 각각의 공간은 통로와 중첩하여 사용할 수 있다.

세부내용) 아파트 공용욕실에 휠체어사용자가 360° 회전할 수 있는 지름 1,500㎜의 공간을 제공하면 휠체어사용자를 비롯한 여러 사용자들의 편의가 향상될 수 있으나, 이로 인해 다른 실의 면적이 축소될 수 있으므로 다른 실의 면적을 고려하여 제공 여부를 결정한다. 가능한 한 각 실과 설비 사이의 벽체의 구획과 형상을 조절하거나 인접한 덕트, 붙박이장 등의 위치와 규모를 조절하여 제공할 수 있도록 한다. 이에 비해 각 공간을 연결하는 통로의 유효폭은 욕실기기로의 접근 및 사용과 직접적인 관련이 있으므로 반드시 확보해야 한다. 통로뿐만 아니라 세면대 사용을 위한 공간, 변기 사용을 위한 공간, 욕조 사용을 위한 공간, 360° 회전을 위한 공간은 서로 중첩되도록 계획할 수 있다.

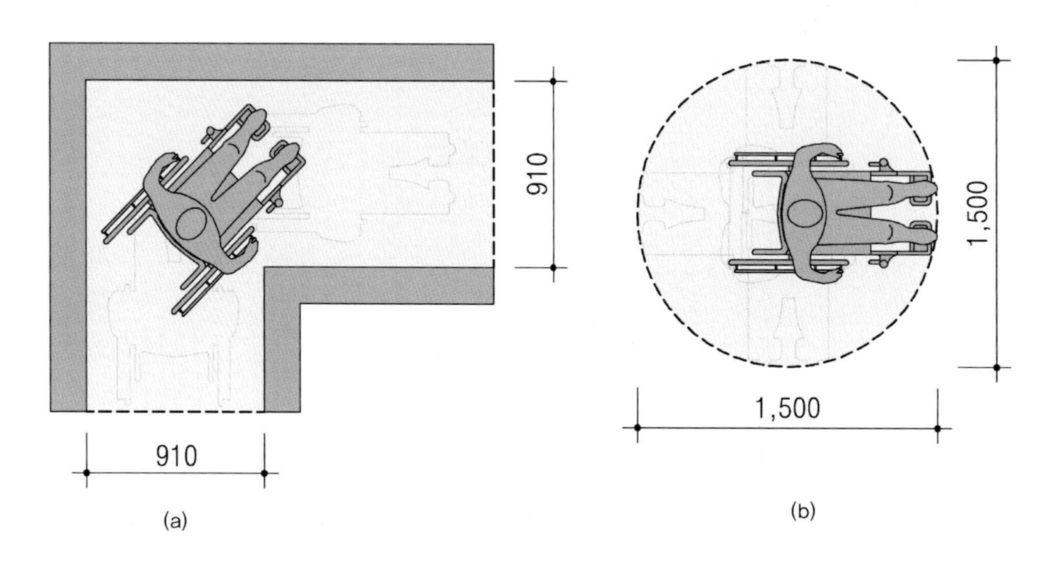

그림 6. 휠체어사용자의 회전 및 방향전환을 위한 여유공간

(6) 출입문 사용을 위한 공간

- 출입문의 유효폭은 800㎜ 이상으로 계획한다([그림 7]).

세부내용) 여닫이문의 유효폭은 [그림 7]에서 보듯이 90° 열린 상태에서의 출입문의 두께와 힌지까지 고려한 유효공간의 폭이며, 미닫이문의 유효폭은 출입문이 최대한 열린 상태에서의 유효공간의 폭을 의미한다.

- 출입문은 욕실 안으로 열리는 여닫이문으로 설치하되, 차후에 사용이 불편한 경우에 밖으로 열리는 여닫이문으로 개조하는 것을 원칙으로 한다.
- 여닫이문의 개폐방향과 문으로의 접근방향에 따른 출입문 조작을 위한 여유공간을 [그림 8]과 같이 계획하되, 욕실 전면에는 밖으로 열리는 여닫이문을 기준으로 공간을 계획한다.

세부내용) 대부분 욕실의 출입문을 욕실 안쪽으로 열리도록 계획하는 것이 일반적이다. 욕실 출입문을 거실 쪽으로 열리도록 계획하는 것은 거실 및 욕실전면의 통로와 공간의 사용에 영향을 줄 수 있어 사용자에게 설득력이 떨어지므로, 욕실에는 일반적인 안여닫이문을 설치하고 차후에 출입이 불편한 경우 밖여닫이문으로 개조할 수 있도록 한다. 따라서 욕실에 안여닫이문을 설치하더라도 출입문 조작을 위한 여유공간은 밖으로 열리는 여닫이문을 기준으로 계획한다.

- 여닫이문의 개폐방향을 밖으로 수정할 경우, 길이 200㎜ 이상의 손잡이를 손잡이의 중앙부가 힌지에서 수평거리 200~300㎜에 위치할 수 있도록 추가로 설치한다([그림 9]).

세부내용) 면적이 협소한 아파트 욕실에서는 휠체어사용자의 방향전환에 어려움이 있으며, 이로 인해 욕실 밖으로 열리는 여닫이문을 설치하더라도, 욕실에 진입한 후에 열린 출입문을 다시 닫기 곤란한 경우가 많다. [그림 9]와 같이 출입문의 힌지 쪽에 문을 당겨 닫을 수 있

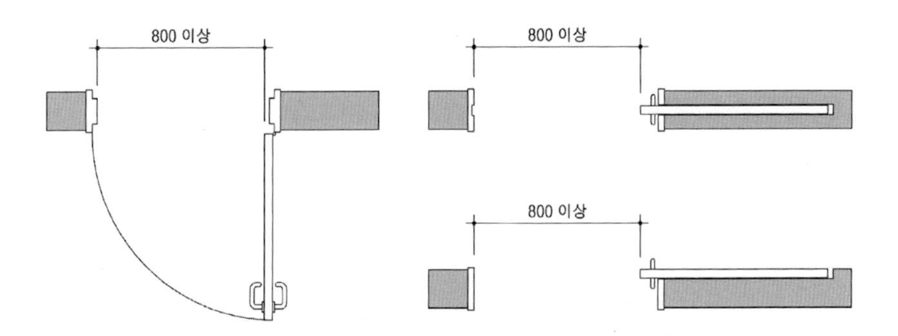

그림 7. 출입문의 유효폭

는 손잡이를 추가로 설치하면 매우 편리하다.

• 욕실의 출입문 전후에 휠체어사용자가 360° 회전할 수 있는 1,500㎜×1,500㎜의 공간이 확보된 경우 여닫이문은 개폐방향을 수정하지 않고 사용할 수 있으며, 미닫이문을 설치할 수 있다.

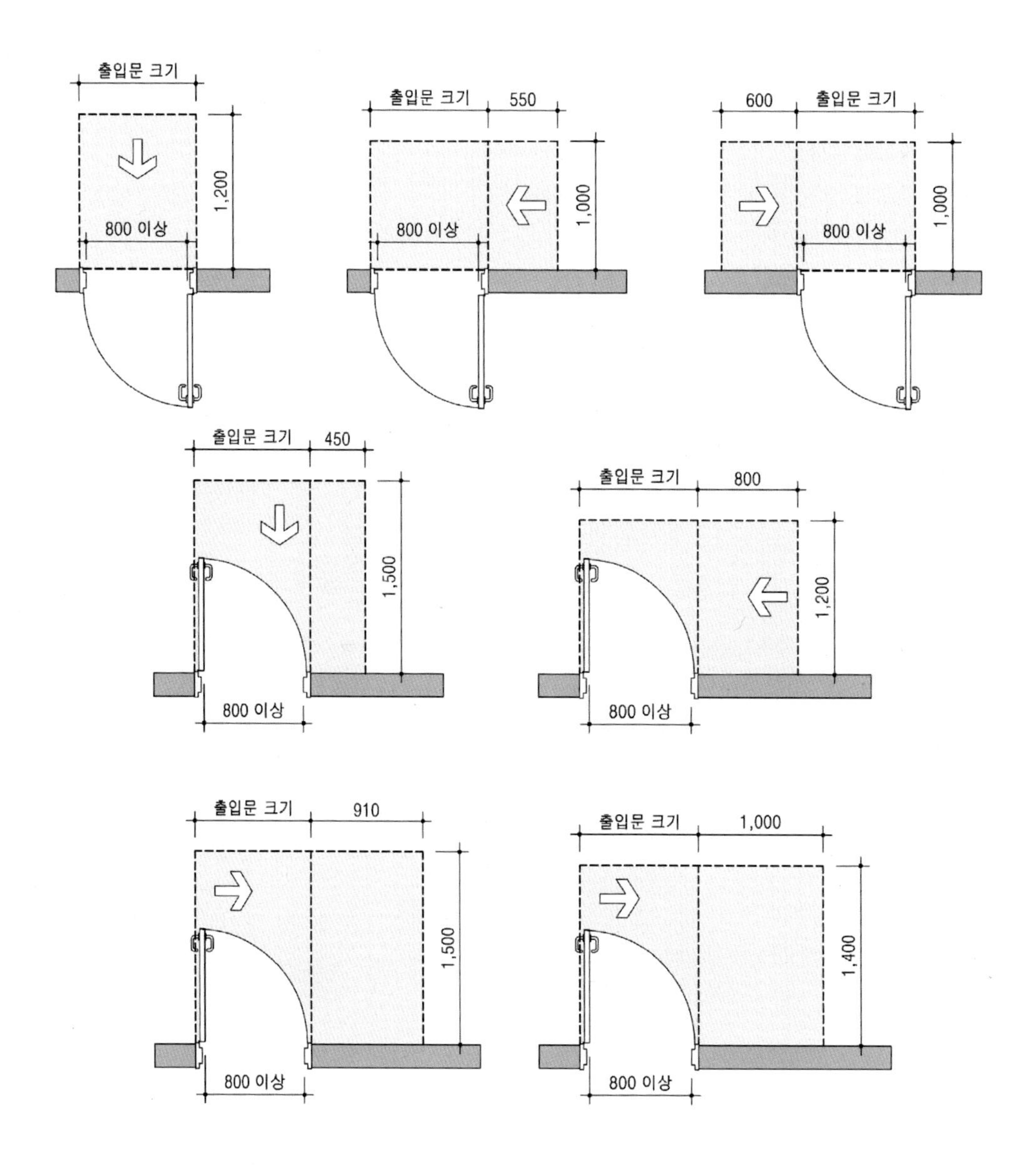

그림 8. 여닫이문 조작을 위한 여유공간

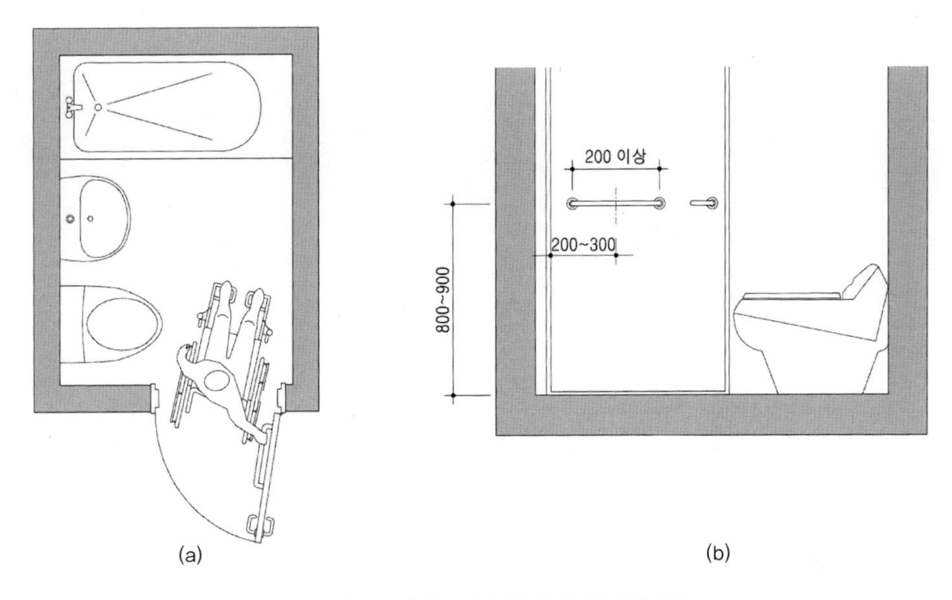

그림 9. 밖으로 열리는 여닫이문의 추가손잡이 설치

나. 사용이 편리한 도달범위

- 세면대는 벽으로부터 600㎜ 이상 돌출되지 않도록 하며, 세면대의 조작부는 세면대의 중심선과 일치하거나 세면대 중심선으로부터 150㎜ 이내에 위치하도록 계획한다([그림 10]).

세부내용) [그림 10]과 같이 휠체어사용자가 세면대에 측면, 혹은 정면 접근하여 사용할 경우의 팔 도달범위를 고려하여 세면대의 크기 및 돌출길이를 계획한다. 휠체어 사용자의 측면접근방향과 오른손, 왼손잡이에 관계없이 수전을 편리하게 조작할 수 있도록 하기 위해 수전은 세면대의 중심선과 일치하거나 중심선으로부터 150㎜ 이내에 위치하도록 설치한다.

- 욕실 사용에 반드시 필요한 욕실기기의 조작부, 욕실물품 등은 장애물이 없는 경우 바닥에서부터 높이 380~1,200㎜ 사이에 위치하도록 계획한다.

세부내용) 바닥에서 높이 380~1,200㎜ 범위는 의자에 앉거나 휠체어를 사용하는 사람, 보행보조기구를 이용하여 서 있는 사람, 장애가 없는 성인이 모두 함께 사용할 수 있는 수납장, 콘센트, 스위치 등의 설치범위이다.

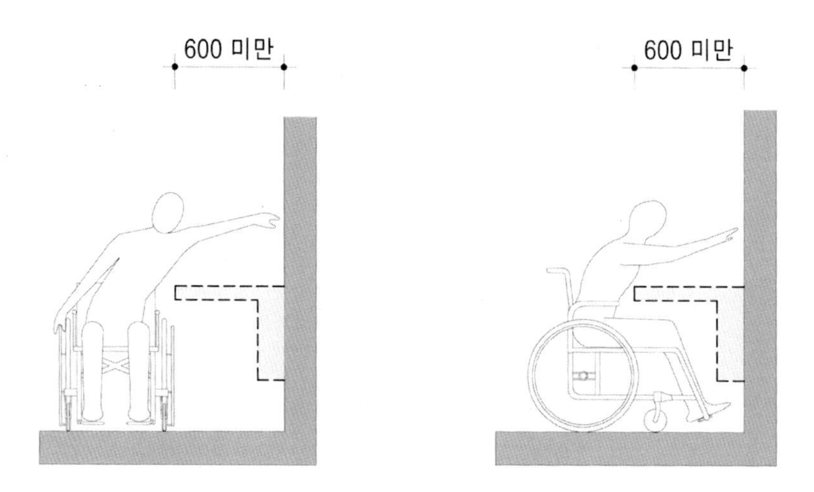

그림 10. 휠체어사용자의 팔 도달범위

- 욕조 밸브의 조작부는 욕조 측면의 여유공간에 가까이 설치하여 욕조 밖에서 쉽게 사용할 수 있도록 한다([그림 11(c)]).

세부내용) [그림 11]의 (a), (b)에서 보듯이 욕조 중앙에 설치된 조작부는 휠체어사용자가 사용하기에 어려움이 있으며, 이는 허리를 굽히기 힘든 사람뿐만 아니라 장애가 없는 사람도 사용하기가 불편하다. 또한 [그림 11]의 (b)와 같이 욕조측면에 변기를 설치할 경우에는 욕조 사용을 위한 여유공간이 확보가 되지 않아 불편하므로 욕조의 측면 여유공간은 반드시 확보하도록 계획한다.

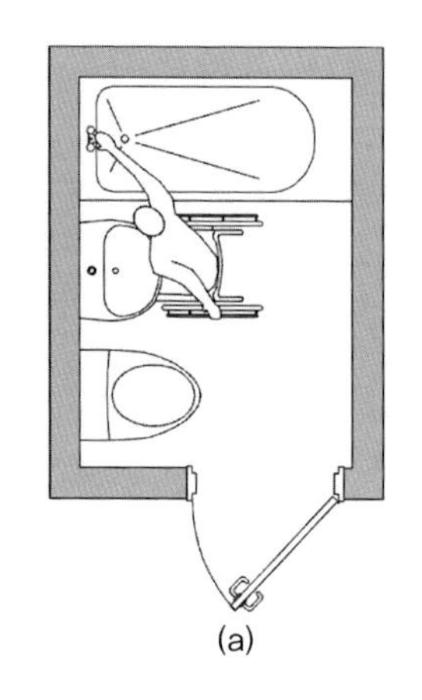

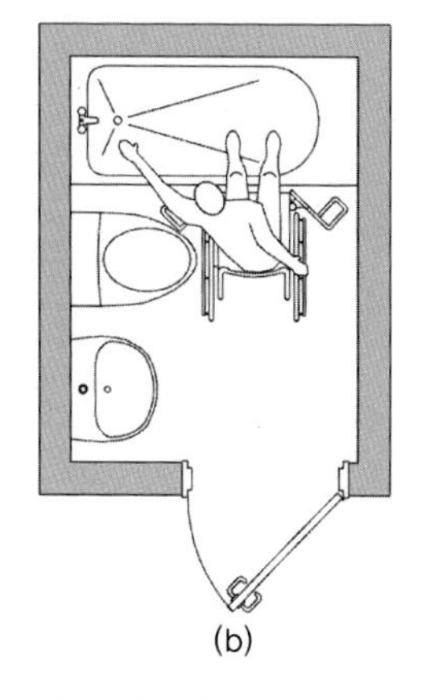

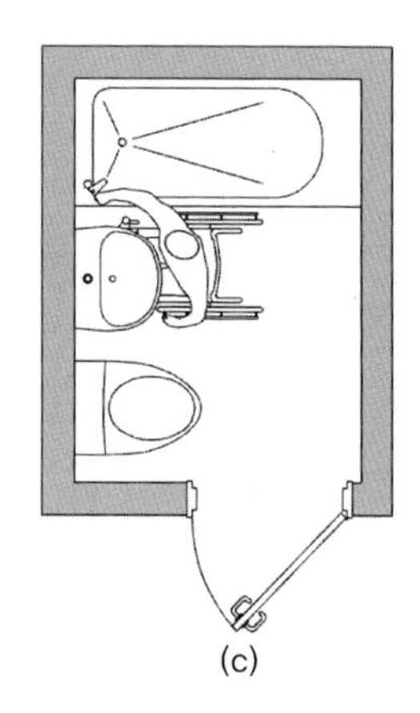

그림 11. 욕조수전 사용과 관련된 팔 도달범위

다. 작업동선

- 거실과 욕실 바닥의 높이차를 15㎜ 이하로 하고, 높이차가 없는 경우에는 물이 넘치지 않도록 하는 형태의 문턱을 15㎜ 이하의 높이로 설치한다.
- 단차나 문턱이 있는 경우에는 경계면을 45° 이하의 경사로 처리한다.
- 손잡이와 여유공간은 변기, 욕조로의 이동방법을 고려하여 계획한다.

세부내용) 휠체어사용자의 변기, 욕조로의 이동방법은 [그림 12, 13]과 같다. 대변기 사용을 위한 1,600㎜ ×1,500㎜의 공간을 확보한 경우에는 [그림 12]의 모든 이동방법을 사용할 수 있다. 다만, 출입문의 위치와 욕실내의 휠체어사용자의 회전공간 확보여부에 따라 적용가능한 방법이 달라지며, 출입문이 변기 측면의 벽에 설치되어 있는 일반적인 아파트 욕실구성에서는 욕실진입 후 90° 방향전환 후에 a와 같은 대각접근을 주로 사용하게 된다. 욕조로의 접근방법 중 [그림 13]의 (a)와 같은 정면접근은 휠체어사용자의 이동을 위한 통로가 확보되고 휠체어의 발판이 그림과 같이 옆으로 젖힐 수 있는 경우에만 사용이 가능하며 일반적으로는 (b)와 같은 측면접근이 이루어진다. 측면접근을 위해서는 [그림 13]의 (b)와 같이 욕조의 머리부분에 좌석을 설치해야 하나, 욕실이 협소하여 좌석 설치를 위한 공간이 부족한 경우에는 욕조의 상부에 추가적인 좌석을 설치하여 사용할 수 있다.

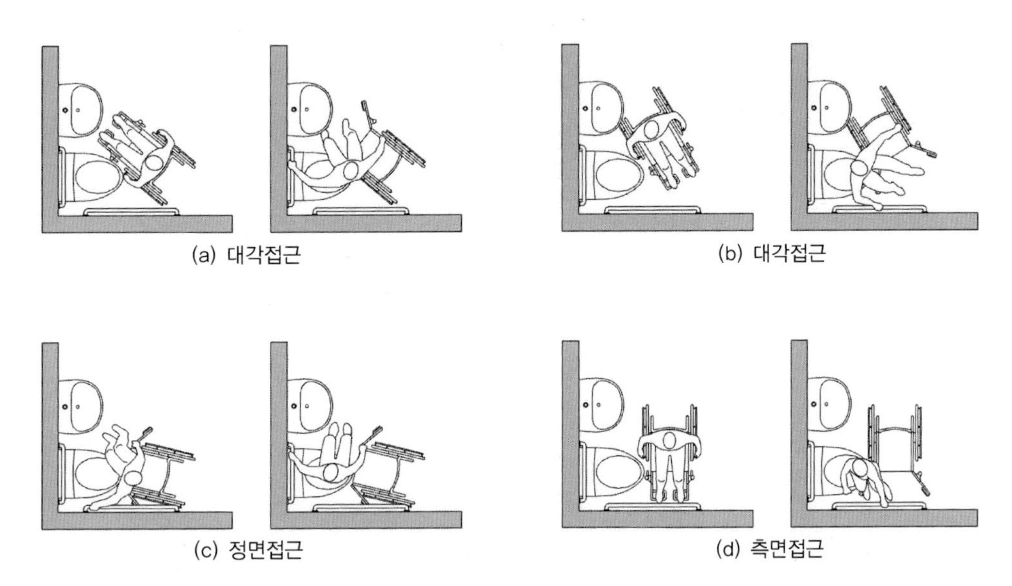

그림 12. 휠체어사용자의 변기로의 이동방법

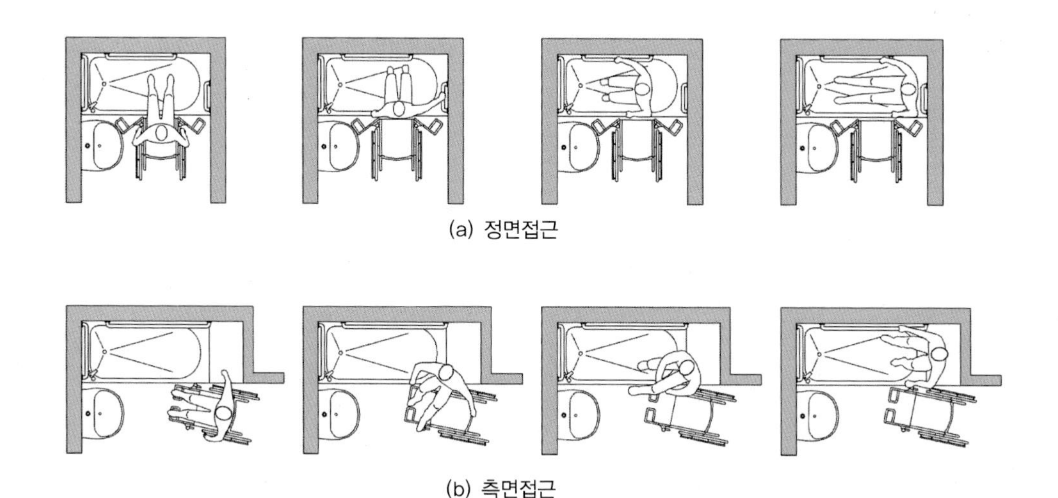

(a) 정면접근

(b) 측면접근

그림 13. 휠체어사용자의 욕조로의 이동방법

- 변기의 좌대와 욕조의 경계부 및 욕조좌석의 높이는 바닥면에서부터 400~450㎜로 계획한다.

세부내용) 변기의 좌대와 욕조의 경계부 및 욕조좌석은 휠체어사용자가 변기나 욕조로 이동하는 과정에 몸의 의지하여 앉는 부분으로, 이 부분의 높이는 휠체어의 좌석높이와 차이를 작게 하여 휠체어와 변기, 욕조 사이의 이동의 어려움을 줄이도록 한다.

라. 손잡이

(1) 일반사항

- 욕조 및 변기 주변의 벽면에 설치할 수 있는 손잡이는 계획 당시에는 설치하지 않으나, 필요한 경우에 설치할 수 있도록 그 설치범위를 시각적으로 식별이 가능하도록 색채, 재질 등을 다르게 마감한다.
- 손잡이는 직경 32~38㎜의 원형 또는 타원형으로 설치한다.
- 원형 단면이 아닌 경우에는 단면의 최장축 길이가 57㎜를 넘지 않도록 하고 단면의 둘레길이는 100~160㎜ 사이가 되도록 한다.
- 손잡이와 인접벽면 사이의 이격거리는 50㎜가 되도록 한다.

세부내용) 손잡이의 단면크기는 손으로 잡기 쉬운 형태와 크기를 규정한 것이므로 이보다 작거나 크게 계획하지 않는다. 또한 손잡이와 인접벽면의 사이의 거리는 50㎜를 준수하는데, 이

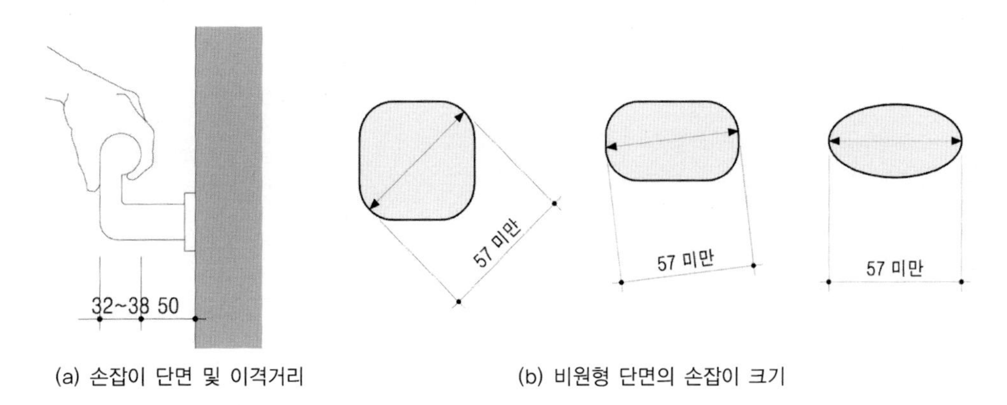

(a) 손잡이 단면 및 이격거리 (b) 비원형 단면의 손잡이 크기

그림 14. 손잡이 단면 및 벽과의 이격거리

격거리가 너무 짧은 경우에는 손등이 끼거나 긁힐 수 있으며, 이격거리가 너무 넓은 경우에는 손잡이의 돌출로 인해 변기에 앉았을 때 공간이 협소할 수 있고 손잡이 사용 중에 손이 미끄러져 팔이 끼어 사고를 일으킬 수 있으며 손잡이와 벽면의 접합부에 작용하는 하중이 커질 수 있어 불편하고 위험하다.

- 손잡이를 잡은 상태에서 손잡이가 회전하거나, 뒤틀리거나, 혹은 움직이지 않도록 손잡이의 각 부분을 접합한다.
- 손잡이를 설치할 벽면은 사용자의 체중과 근력에 의해 작용하는 하중이나 충격을 지지할 수 있는 강도를 지닌 구조로 계획, 시공한다.
- 손잡이의 재질은 차갑거나 미끄럽지 않은 것을 채택한다.

(2) 변기 사용을 위한 손잡이

- 변기 사용을 위한 손잡이는 변기의 측벽과 후면벽에 설치하는 것을 원칙으로 하며, 변기 측면의 여유공간에 추가적인 손잡이를 설치할 경우에는 위로 접히는 형식의 손잡이를 설치하고, 접힌 상태에서도 변기사용을 위한 공간을 침범하지 않도록 계획한다.

세부내용) 우리나라의 관련 규정에서는 변기 양측면 모두에 수평손잡이를 설치하고 여유공간 측의 손잡이는 회전식으로 설치하도록 규정하고 있다. 변기의 양 측면에 손잡이를 설치하면, 허리나 무릎관절의 근력이 약한 사람이 변기로 정면접근하여 양손으로 손잡이를 이용하고, 변기에 앉아있는 동안에 균형을 유지하며 변기에서 일어설 때 양손으로 손잡이를 이용할 수 있어 변기사용상의 편의성이 향상된다. 그러나 일부 휠체어사용자와 같이 하체에 힘이 없거나 손잡이에 의지해서라도 서 있기가 곤란한 사람이 변기 양측의 손잡이를 사용할 경우에는 변기로의 이동과정에 있어서 양측 손잡이에만 의지한 채 움직여야 하며, 이 경우에는 수평손잡이가 충분한 길이로 이동경로 전체의 양측면에 연속적으로 설치되어 있어야 한다. 일반적인 아파트 욕실에서는 욕실의 형상과 면적, 그리고 변기의 위치의 문제로 인해 휠체어사용자가 변기에 정면으로 접근한 후 양쪽의 손잡이를 모두 이용하여 변기로 이동하는 방법은 적용하기가 곤란하며, [그림 12]와 같은 방법을 사용하게 된다. 따라서, 손잡이는 변기의 측벽과 후면벽에 설치하는 것을 원칙으로 하며 변기 측면의 여유공간에 추가적인 손잡이를 설치할 경우에는 반드시 위쪽으로 접을 수 있도록 하며, 이동과정에 장애물로 작용하지 않도록 한다.

- 측벽의 수평손잡이는 후면벽에서부터 300㎜이내에서 시작하여 길이 1,000㎜ 이상으로 설치한다([그림 15(a)]).
- 측벽의 수직손잡이는 변기의 전면에서 200~250㎜ 떨어진 위치에 수평손잡이의 높이로부터 길이 900㎜ 이상으로 설치한다([그림 15(a)]).
- 후면벽의 수평손잡이는 변기를 중심으로 양쪽으로 300㎜ 이상의 길이로 설치한다([그림 15(a)]).
- 수평손잡이는 바닥으로부터 높이 600~700㎜ 지점에 설치한다([그림 15(a)]).
- 변기의 탱크로 인해 후면벽에 손잡이 설치가 곤란한 경우에는 탱크와 변기가 일체식으로 구성되어 있고 변기 탱크의 덮개가 볼트 등으로 단단히 접합되어 있으며, 변기 탱크 윗부분의 형상 및 강도가 손잡이 설치기준에 부합하는 형태인 경우 한해서만 변기 탱크로 후면벽 손잡이를 대체할 수 있다.
- 욕실 출입문이 변기 측벽에 위치하여 측벽의 손잡이를 1,000㎜ 이상의 길이로 설치하기 곤란한 경우에는 변기로의 이동 과정에 큰 어려움이 없는 경우에 한해 최대한의 길이로 손잡이를 설치한다([그림 15(c)]).

(3) 욕조의 손잡이 설치

- 욕조의 수전이 설치된 벽면에는 욕조 측면의 여유공간으로부터 600㎜ 이상의 길이로 수평손잡이를 설치한다([그림 15(b)]).
- 욕조의 머리부분의 벽면에는 욕조 측면의 여유공간으로부터 300㎜ 이상의 길이로 수평손잡이를 설치한다([그림 15(b)]).
- 욕조의 측벽에는 수전 조작부가 설치된 벽면으로부터 600㎜ 이내의 거리에서 시작하

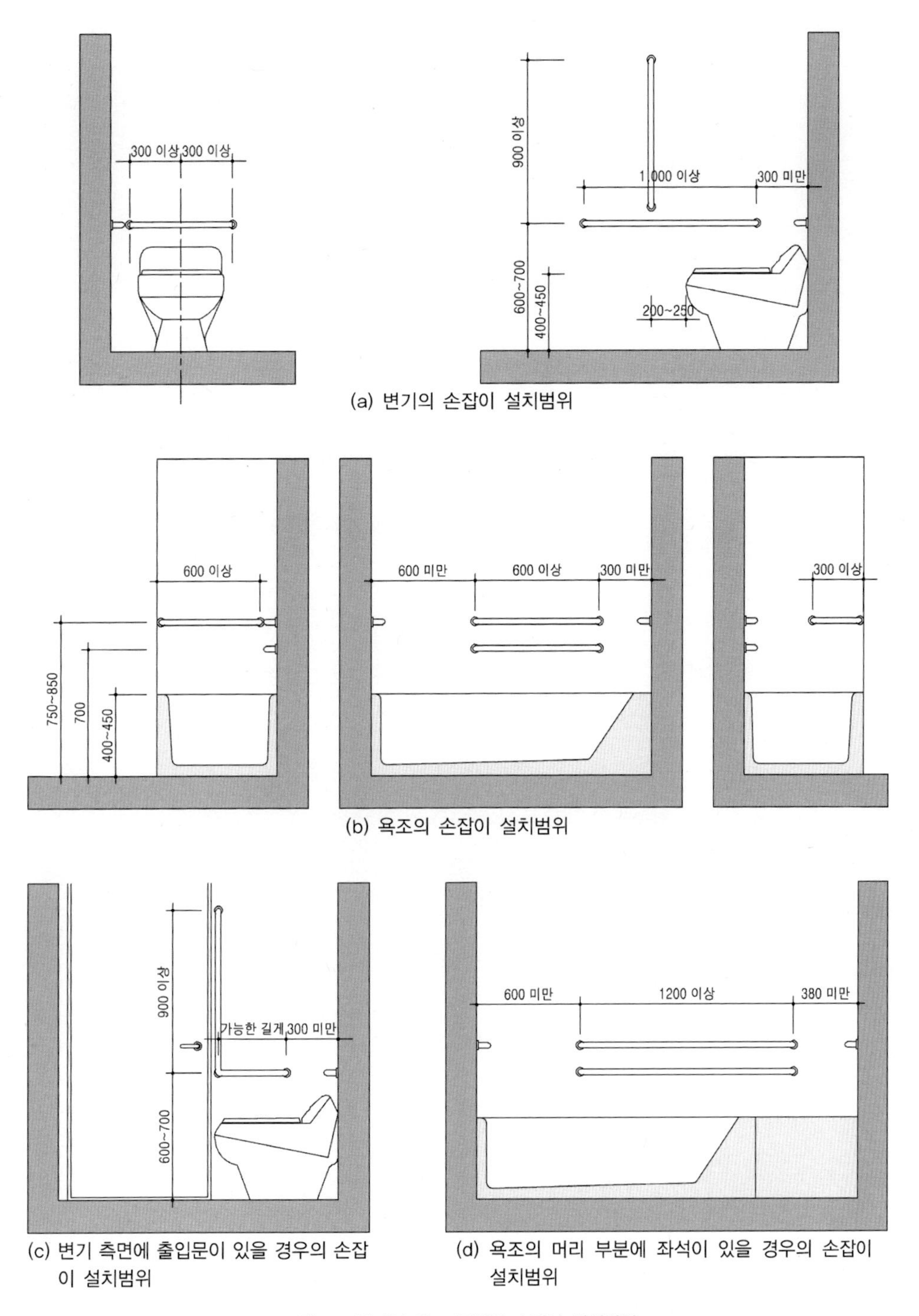

(a) 변기의 손잡이 설치범위

(b) 욕조의 손잡이 설치범위

(c) 변기 측면에 출입문이 있을 경우의 손잡이 설치범위

(d) 욕조의 머리 부분에 좌석이 있을 경우의 손잡이 설치범위

그림 15. 변기와 욕조 주변의 손잡이 설치범위

여 욕조 머리측 벽면으로부터 300㎜ 이내의 거리까지 길이 600㎜ 이상의 수평손잡이를 설치한다([그림 15(b)]).

- 욕조의 머리부분에 추가적인 좌석을 설치할 경우에는 수전 조작부가 설치된 벽면으로부터 600㎜ 이내의 거리에서 시작하여 욕조 머리측 벽면으로부터 380㎜ 이내의 거리까지 길이 1,200㎜ 이상의 수평손잡이를 설치한다([그림 15(d)]).
- 모든 손잡이는 바닥면에서 750~850㎜의 높이에 설치하며, 추가적인 수평손잡이는 높이 700㎜에 설치한다([그림 15(b)]).

마. 안전

- 욕실 바닥, 출입문의 문턱, 욕실 출입문에 접한 거실의 바닥은 물에 젖어도 미끄럽지 않은 재질로 마감한다.

세부내용) 욕실의 안전사고 중 빈도수가 높은 낙상을 예방하기 위해서는 미끄러지거나 걸려 넘어질 수 있는 요인을 제거해야 한다. 걸려 넘어지는 것은 시각적인 식별성과 관련이 있고 미끄러지는 것은 바닥면의 마찰계수와 관계가 있다. 마감재의 마찰계수를 고려함에 있어 욕실의 경우에는 물에 젖었을 때의 마찰계수도 중요하다. 또한 욕실 사용에 있어서는 욕실 사용을 마치고 나오는 경우에도 발이나 보행보조기구, 휠체어의 바퀴 등이 물에 젖어 있는 경우가 있으므로 욕실바닥, 출입문의 문턱, 욕실 출입문에 접한 거실의 바닥은 건조상태나 습윤상태에 관계없이 미끄럽지 않은 재질로 마감해야 한다. 물에 젖어도 미끄럽지 않은 마감재로는 휠스티커형, 매트형, 액체형, 논슬립 타일매트, 엠보싱 타일 등을 사용할 수 있다.

- 욕실 출입문 전면에 러그 등의 깔판을 설치할 경우에는 밀리거나 움직이지 않도록 바닥에 단단히 고정한다.
- 세면대 하부는 매끄럽게 마감하고 배관설비는 단열처리 하며, 가능한 경우 세면대 하부 전체를 판재 등으로 마감하여 접촉 자체를 방지할 수 있다.

세부내용) 세면대 하부에 확보된 여유공간은 휠체어사용자나 앉아서 사용하는 사람들의 편의를 증진시킨다. 그러나 하부의 마감이 매끄럽지 않은 경우에는 찰과상의 위험이 있으며, 배관이 단열처리되지 않은 경우에는 화상의 위험이 있다. 특히 휠체어사용자 중 하체의 감각이 무딘 경우에는 다치거나 화상을 입어도 그에 대한 인식이 늦어 그 위험이 더 크다고 할 수 있다. 따라서 작업면 하부의 거친 마감면이나, 뜨거운 배관 설비 등으로부터 보호될 수 있도록 세면대 하부의 마감을 매끄럽게 하고 배관설비는 단열처리를 하는 것이 바람직하다. 판재 등으로 세면대 하부의 마감과 배관을 모두 가릴 경우에는 접촉 자체를 방지할 수 있고 미적으로도 정리되어 보이는 효과를 가지며 반복적인 충격으로부터 설비도 보호할 수 있다는 측면에서 유용하다.

3. 색채계획

- 욕실 사용 중 식별이 필요한 부분에 다음과 같은 배색 원칙을 적용한다.
- 욕실의 전체적인 배색 이미지를 고려하여 벽, 바닥, 출입문, 위생도기의 색채를 결정하되, 각각의 색채는 노인에게 식별이 어렵지 않도록 계획한다.
- 욕실의 전체적인 배색이미지를 해치지 않는 범위 안에서 명확한 식별이 필요한 주요 설비나 시각적 단서 부분의 색채는 주변과 색상, 명도, 채도의 차이를 크게 하여 시각적으로 강조한다.

세부내용) 출입문 손잡이, 수전의 조작부 및 냉 · 온수 표시, 욕조나 세면대의 가장자리, 손잡이 설치범위 등의 색채는 주변과 명확히 대비를 이루어 식별이 용이하도록 계획한다.

- 유채색의 혼동구간 내에 있는 색채는 하나의 색채로 다룬다([그림 16]).

세부내용) [그림 16]은 수정체 황변화로 인해 노인이 유사하게 지각하여 혼동하는 색상구간을 나타낸다. 각 색조의 원형 띠 안에는 노인에게 유사하게 지각되는 색상들이 굵은 선으로 구획되어 있다. 예를 들면, L톤의 경우에는 RP-R-YR 구간, Y, GY, G-BG-B 구간, PB, P의 6개의 구간으로 구획되어 있다. 굵은 선으로 구획된 구간은 노안에 의한 혼동구간이므로, 이 구간 내의 색채는 동일한 색채로 취급하여 변별이 필요한 부분에 함께 사용하지 않는다. 특히 Vp, Lgr, Gr, Dk톤의 원형 띠에는 색상구간의 구별이 없이 모든 색상이 하나의 구간으로 표시되었는데, 이들 색조에 있어서는 색상환 상에서 연속적으로 인접한 모든 색상 간에 변별이 곤란하므로, 이러한 색조를 사용할 경우에는 색상환 상의 인접한 색상의 사용을 피한다.

- 색채 사이의 명도차를 크게 한다. 특히 무채색과 혼동되는 범위에 속한 색채와 무채색을 이용한 배색, 즉 N-N, Y-Y, PB-PB, N-Y, N-PB, Y-PB 사이의 배색에서는

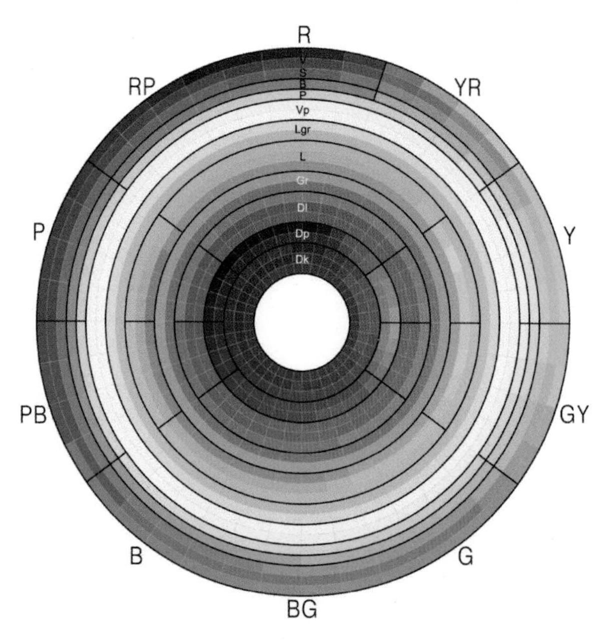

그림 16. 동일한 색조 사이의 색상 혼동구간

색채 사이의 명도차를 1 이상으로 한다([그림 17]).

세부내용) [그림 17]의 Y와 PB 계열의 색상을 중심으로 점선으로 둘러싸인 구간의 색채는 수정체의 황변화로 인해 색상정보가 감소하여 서로 변별이 곤란하고 무채색과도 혼동될 수 있으므로, 변별이 필요한 부분에 Y, PB 계열의 색이나 무채색을 함께 사용할 경우에는 유사한 명도의 색채의 사용을 피하고, 서로 명도의 차이를 두어 변별이 용이하도록 한다. 즉, Y 계열의 밝은 색채는 하얀색이나 밝은 회색과 혼동될 수 있으며, PB 계열의 어두운 색은 검정색이나 어두운 회색과 혼동될 수 있음을 의미한다. 특히 주택 내장재에 주로 사용되는 Y 계열의 고명도인 B, P, Vp톤의 색채는 N9.5(하얀색)와 혼동할 수 있으므로 인접하여 사용하지 않는다.

- Y－유채색, PB－유채색, 무채색－유채색 사이의 명도차가 1 미만일 경우에는 유채색의 채도를 3.5 이상으로 한다.

세부내용) Y와 PB 계열의 색상은 노안에 의해 색상정보가 상실되어 무채색으로 지각된다. 따라서 노안에 의해 무채색으로 지각되는 Y 계열, PB 계열, 무채색이 다른 유채색과 명도차가 1 미만인 배색으로 구성될 경우에는 색상과 채도의 차이에 의해 변별하게 된다. 따라서, 이와 같은 배색의 경우에는 유채색의 색상정보를 의미하는 채도를 3.5이상으로 하여 변별을 용이하게 한다. 각 색상의 톤별 명도와 채도값은 〈표 1〉과 같다.

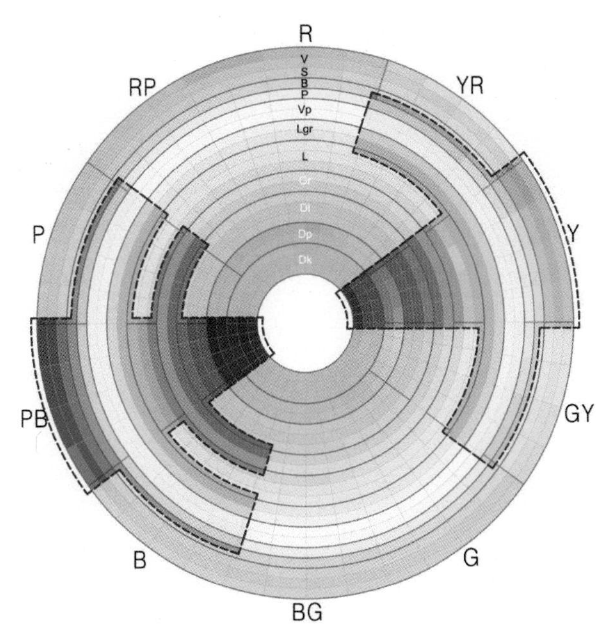

그림 17. 무채색과 혼동되는 유채색 구간

- 동일한 톤의 유사배색의 경우에는 모든 색채의 명도를 6 이상으로 한다.

세부내용) 동일한 톤의 유사배색의 경우에는 명도와 채도가 유사하여 색상의 차이로 두 색채를 변별하게 된다. 그러나 명도가 낮아질 경우에는 색상에 대한 정보가 작아지므로 명도를 6 이상으로 유지하여 변별을 용이하게 한다.

- 유사색이 아닌 색채 사이의 명도차가 1 미만일 경우, 파장이 짧은 색채의 채도를 높게 한다.

세부내용) 명도가 유사하고 파장이 다른 색채를 이용하여 배색을 한 경우, 노안의 색채지각 특성 상 보다 진하게 지각되며, 진해지는 정도는 단파장의 색이 더 심하다. 따라서 색채의 차이를 더 크게 지각할 수 있도록 단파장 색채의 채도를 높게 한다.

- 유사색이 아닌 색채 사이의 채도차가 1 미만일 경우, 파장이 짧은 색채의 명도를 낮게 한다.

세부내용) 채도가 유사하고 파장이 다른 색채를 이용하여 배색을 한 경우, 노안의 색채지각 특성 상 보다 어둡게 지각되며, 어두워지는 정도는 단파장의 색이 더 심하다. 따라서 색채의 차이를 더 크게 지각할 수 있도록 단파장 색채의 명도를 낮게 한다.

표 1. 노안에 의한 IRI 898 색상 & 색조 색체계의 혼동구간

색조		R 2.5	R 5	R 7.5	R 10	YR 2.5	YR 5	YR 7.5	YR 10	Y 2.5	Y 5	Y 7.5	Y 10	GY 2.5	GY 5	GY 7.5	GY 10
V		4 /14	4 /14	4.5 /16	4.5 /16	5.5 /16	6.5 /15	7/ 15	7.5 /15	7.5 /15	7.5 /14	7.5 /13	7.5 /13	7 /12	7 /12	6 /12	5.5 /12
S	2	4 /11	4 /10	4 /10	4.5 /11.5	5 /12	5 /12	5.5 /11.5	5.5 /11.5	6.5 /11	7 /11.5	7 /11.5	7 /11	7 /10.5	6.5 /10.5	6 /10	5.5 /10
S	1	5 /11.5	5 /11.5	5 /11.5	5.5 /12	6 /12	6 /12	6.5 /12	6.5 /12	7 /12	7.5 /12	7.5 /11	7.5 /10	7.5 /10	7 /10	6.5 /10	6.5 /10
B		6 /12	6 /12	6 /12	6 /12	7 /12	7 /12	7 /12	7.5 /12	8 /12	8.5 /12	8.5 /12	8.5 /12	8 /12	8 /11	7.5 /10	7.5 /10
P		8 /6	8 /6	8 /6	8 /6	8 /6	8 /6	8 /6	8.5 /6	8.5 /6	9 /6	9 /6	9 /6	9 /6	8.5 /6	8 /6	8 /6
Vp	2	9 /2	9 /2	9 /2	9 /2	9 /2	9 /2	9 /2	9 /2	9 /2	9 /2	9 /2	9 /2	9 /2	9 /2	9 /2	9 /2
Vp	1	9 /0.8	9 /0.8	9 /0.8	9 /0.8	9 /0.8	9 /0.8	9 /0.8	9 /0.8	9 /0.8	9 /0.8	9 /0.8	9 /0.8	9 /0.8	9 /0.8	9 /0.8	9 /0.8
Lgr	1	8 /2	8 /2	8 /2	8 /2	8 /2	8 /2	8 /2	8 /2	8 /2	8 /2	8 /2	8 /2	8 /2	8 /2	8 /2	8 /2
Lgr	2	7 /2	7 /2	7 /2	7 /2	7 /2	7 /2	7 /2	7 /2	7 /2	7 /2	7 /2	7 /2	7 /2	7 /2	7 /2	7 /2
L	1	7 /4	7 /4	7 /4	7 /4	7 /4	7 /4	7 /4	7 /4	7 /4	7 /4	7 /4	7 /4	7 /4	7 /4	7 /4	7 /4
L	3	7 /6	7 /6	7 /6	7 /6	7 /6	7 /6	7 /6	7.3 /6	7.5 /6	8 /6	7.5 /6	7.5 /6	7.5 /6	7.5 /6	7.3 /6	7 /6
L	2	6 /6.5	6 /6.5	6 /6.5	6 /6.5	6 /6.5	6 /6.5	6 /6.5	6 /6.5	6 /6.5	6 /6.5	6 /6.5	6 /6.5	6 /6.5	6 /6.5	6 /6.5	6 /6.5
Gr	1	6 /2	6 /2	6 /2	6 /2	6 /2	6 /2	6 /2	6 /2	6 /2	6 /2	6 /2	6 /2	6 /2	6 /2	6 /2	6 /2
Gr	2	4.5 /2	4.5 /2	4.5 /2	4.5 /2	4.5 /2	4.5 /2	4.5 /2	4.5 /2	4.5 /2	4.5 /2	4.5 /2	4.5 /2	4.5 /2	4.5 /2	4.5 /2	4.5 /2
Dl	1	5 /4.5	5 /4.5	5 /4.5	5 /4.5	5 /4.5	5 /4.5	5 /4.5	5 /4.5	5 /4.5	5 /4.5	5 /4.5	5 /4.5	5 /4.5	5 /4.5	5 /4.5	5 /4.5
Dl	3	4 /6	4 /6	4 /6	4 /6	4 /6	4 /6	4 /6	4 /6	4 /6	4 /6	4 /6	4 /6	4 /6	4 /6	4 /6	4 /6
Dl	2	4 /4	4 /4	4 /4	4 /4	4 /4	4 /4	4 /4	4 /4	4 /4	4 /4	4 /4	4 /4	4 /4	4 /4	4 /4	4 /4
Dp	2	3 /10	3 /10	3 /12	3 /11	3.5 /10	4 /9	4 /9	4.5 /9	5 /9	5.5 /9	5.5 /9	6 /10	6 /10	5.5 /10	5 /10	4.5 /10
Dp	1	3 /8	3 /8	3 /8	3 /8	3 /8	3.5 /8	4 /8	4 /8	5 /8	5 /8	5 /8	5 /8	5 /8	5 /8	4.5 /8	4 /8
Dk	2	2.3 /6	2.3 /6	2.3 /6	2.3 /6	2.8 /6	2.8 /6	3 /6	3 /6	3.5 /6	3.5 /6	3.5 /6	3.5 /6	3.5 /6	3 /6	3 /6	3 /6
Dk	1	2.3 /4	2.3 /4	2.3 /4	2.3 /4	2.3 /4	2.3 /4	2.8 /4	3.3 /4	3.3 /4	3.3 /4	3.3 /4	3.3 /4	3.3 /4	3.3 /4	3.3 /4	2.8 /4
Dk	3	2.3 /2.5	2.3 /2.5	2.3 /2.5	2.3 /2.5	2.3 /2.5	2.3 /2.5	2.3 /2.5	2.3 /2.5	2.3 /2.5	2.3 /2.5	2.3 /2.5	2.3 /2.5	2.3 /2.5	2.3 /2.5	2.3 /2.5	2.3 /2.5

색조		G 2.5	G 5	G 7.5	G 10	BG 2.5	BG 5	BG 7.5	BG 10	B 2.5	B 5	B 7.5	B 10
V		5 /12	5 /11	5 /11	5 /11	5 /11	5 /11	5 /11	5 /11	5 /11	5 /11	5 /11	5 /12
S	2	5 /10	4.5 /9	4.5 /9	4.5 /9	4.5 /9	4.5 /8	4.5 /8	4.5 /8	4.5 /8	4.5 /9	4.5 /9	4 /10
S	1	6 /10	5.5 /9	5.5 /9	5.5 /9	5.5 /9	5.5 /8.5	5.5 /8	5 /8	5 /8	5 /8.5	5 /9	5 /9.5
B		7 /10	7 /10	6.5 /10	6.5 /10	6.5 /10	6.5 /10	6 /9.5	6 /9.5	6 /9.5	6 /10	6 /10	6 /10
P		8 /6	8 /6	8 /6	8 /6	8 /6	8 /5	8 /5	8 /5	8 /5	8 /5	8 /5	8 /6
Vp	2	9 /2	9 /2	9 /2	9 /2	9 /2	9 /2	9 /2	9 /2	9 /2	9 /2	9 /2	9 /2
Vp	1	9 /0.8	9 /0.8	9 /0.8	9 /0.8	9 /0.8	9 /0.8	9 /0.8	9 /0.8	9 /0.8	9 /0.8	9 /0.8	9 /0.8
Lgr	1	8 /2	8 /2	8 /2	8 /2	8 /2	8 /2	8 /2	8 /2	8 /2	8 /2	8 /2	8 /2
Lgr	2	7 /2	7 /2	7 /2	7 /2	7 /2	7 /2	7 /2	7 /2	7 /2	7 /2	7 /2	7 /2
L	1	7 /4	7 /4	7 /4	7 /4	7 /4	7 /4	7 /4	7 /4	7 /4	7 /4	7 /4	7 /4
L	3	7 /6	7 /6	7 /6	7 /6	6.8 /6	6.5 /6	6.5 /6	6.5 /6	6.5 /6	6.5 /6	6.5 /6	6.5 /6
L	2	6 /6.5	6 /6.5	6 /6.5	6 /6.5	5.5 /6.5	5.3 /6.5	5.3 /6.5	5.3 /6.5	5.3 /6.5	5.3 /6.5	5.3 /6.5	5.3 /6.5
Gr	1	6 /2	6 /2	6 /2	6 /2	6 /2	6 /2	6 /2	6 /2	6 /2	6 /2	6 /2	6 /2
Gr	2	4.5 /2	4.5 /2	4.5 /2	4.5 /2	4.5 /2	4.5 /2	4.5 /2	4.5 /2	4.5 /2	4.5 /2	4.5 /2	4.5 /2
Dl	1	5 /4.5	5 /4.5	5 /4.5	5 /4.5	4.5 /4.5	4.5 /4.5	4.5 /4.5	4.5 /4.5	4.5 /4.5	4.5 /4.5	4.5 /4.5	4.5 /4.5
Dl	3	4 /6	4 /6	4 /6	4 /6	4 /6	4 /6	4 /6	4 /6	4 /6	4 /6	4 /6	4 /6
Dl	2	4 /4	4 /4	4 /4	4 /4	4 /4	4 /4	4 /4	4 /4	4 /4	4 /4	4 /4	4 /4
Dp	2	4 /10	3.5 /10	3.5 /10	3.5 /10	3.5 /9	3 /8	3 /8	3 /8	3 /8	3 /8	3 /9	3 /10
Dp	1	3.5 /8	3 /8	3 /8	3 /8	3 /7	3 /6.5	3 /6.5	3 /6.5	3 /6.5	3 /6.5	3 /7	3 /8
Dk	2	3 /5	3 /5.5	2.8 /6	2.8 /6	2.8 /6	2.8 /6	2.8 /6	2.8 /6	2.8 /6	2.8 /6	2.8 /6	2.8 /6
Dk	1	2.3 /4	2.3 /4	2.3 /4	2.3 /4	2.3 /4	2.3 /4	2.3 /4	2.3 /4	2.3 /4	2.3 /4	2.3 /4	2.3 /4
Dk	3	2.3 /2.5	2.3 /2.5	2.3 /2.5	2.3 /2.5	2.3 /2.5	2.3 /2.5	2.3 /2.5	2.3 /2.5	2.3 /2.5	2.3 /2.5	2.3 /2.5	2.3 /2.5

색조		PB 2.5	PB 5	PB 7.5	PB 10	P 2.5	P 5	P 7.5	P 10	RP 2.5	RP 5	RP 7.5	RP 10
V		5 /12	4 /12	4 /12	4 /12	4 /12	4 /12	4 /12	4 /12	4 /12	4 /12	4 /13	4 /14
S	2	4 /10	4 /10	4 /10	4 /10	4 /10	4 /10	4 /10	4 /10	4 /10	4 /10	4 /10	4 /10
S	1	5 /10	5 /10	5 /10	5 /10	5 /10	5 /10	5 /10	5 /10	5 /10	5 /10	5 /10	5 /10
B		6 /10	6 /10	6 /10	6 /10	6 /10	6 /10	6 /10	6 /11	6 /12	6 /12	6 /12	6 /12
P		8/ 6	8 /6	8 /6	8 /6	8 /6	8 /6	8 /6	8 /6	8 /6	8 /6	8 /6	8 /6
Vp	2	9 /2	9 /2	9 /2	9 /2	9 /2	9 /2	9 /2	9 /2	9 /2	9 /2	9 /2	9 /2
Vp	1	9 /0.8	9 /0.8	9 /0.8	9 /0.8	9 /0.8	9 /0.8	9 /0.8	9 /0.8	9 /0.8	9 /0.8	9 /0.8	9 /0.8
Lgr	1	8 /2	8 /2	8 /2	8 /2	8 /2	8 /2	8 /2	8 /2	8 /2	8 /2	8 /2	8 /2
Lgr	2	7 /2	7 /2	7 /2	7 /2	7 /2	7 /2	7 /2	7 /2	7 /2	7 /2	7 /2	7 /2
L	1	7 /4	7 /4	7 /4	7 /4	7 /4	7 /4	7 /4	7 /4	7 /4	7 /4	7 /4	7 /4
L	3	6.5 /6	6.5 /6	6.5 /6	6.5 /6	6.5 /6	6.5 /6	6.8 /6	7 /6	7 /6	7 /6	7 /6	7 /6
L	2	5.3 /6.5	5.3 /6.5	5.3 /6.5	5.3 /.6.5	5.3 /6.5	5.3 /6.5	5.3 /6.5	6 /6.5	6 /6.5	6 /6.5	6 /6.5	6 /6.5
Gr	1	6 /2	6 /2	6 /2	6 /2	6 /2	6 /2	6 /2	6 /2	6 /2	6 /2	6 /2	6 /2
Gr	2	4.5 /2	4.5 /2	4.5 /2	4.5 /2	4.5 /2	4.5 /2	4.5 /2	4.5 /2	4.5 /2	4.5 /2	4.5 /2	4.5 /2
Dl	1	4.5 /4.5	4.5 /4.5	4.5 /4.5	4.5 /4.5	5 /4.5	5 /4.5	5 /4.5	5 /4.5	5 /4.5	5 /4.5	5 /4.5	5 /4.5
Dl	3	4 /6	4 /6	4 /6	4 /6	4 /6	4 /6	4 /6	4 /6	4 /6	4 /6	4 /6	4 /6
Dl	2	4 /4	4 /4	4 /4	4 /4	4 /4	4 /4	4 /4	4 /4	4 /4	4 /4	4 /4	4 /4
Dp	2	3 /10	3 /10	3 /10	3 /10	3 /10	3 /10	3 /10	3 /10	3 /10	3 /10	3 /10	3 /10
Dp	1	3 /8	3 /8	3 /8	3 /8	3 /8	3 /8	3 /8	3 /8	3 /8	3 /8	3 /8	3 /8
Dk	2	2.8 /6	2.8 /6	2.8 /6	2.8 /6	2.8 /6.5	2.8 /6.5	2.8 /6.5	2.8 /6.5	2.8 /6	2.8 /6	2.8 /6	2.8 /6
Dk	1	2.3 /4	2.3 /4	2.3 /4	2.3 /4	2.3 /5	2.3 /5	2.3 /5	2.3 /5	2.3 /5	2.3 /5	2.3 /5	2.3 /5
Dk	3	2.3 /2.5	2.3 /2.5	2.3 /2.5	2.3 /2.5	2.3 /2.5	2.3 /2.5	2.3 /2.5	2.3 /2.5	2.3 /2.5	2.3 /2.5	2.3 /2.5	2.3 /2.5

무채색
N9.5
N9
N8.5
N8
N7.5
N7
N6.5
N6
N5.5
N5
N4.5
N4
N3.5
N3
N2.5
N2
N1.5
N1

* 굵은 선으로 구획된 구간은 각 색조별 혼동구간임. (모든 색조에 있어 양 끝의 RP와 R은 연속되는 색채로 하나의 혼동구간으로 취급함)
* 음영으로 표시된 부분은 유사한 명도의 무채색과 혼동되는 구간임

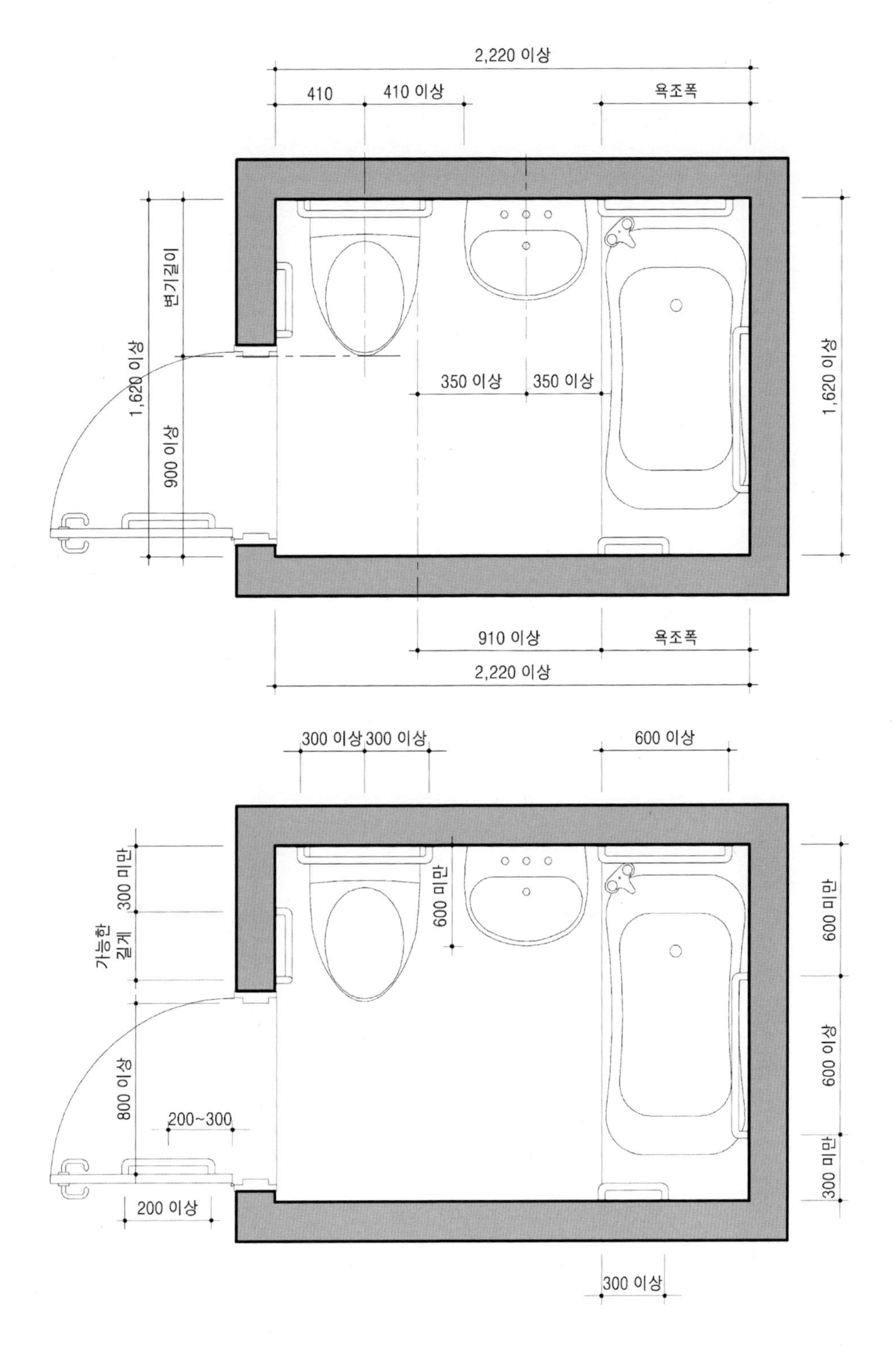

그림 18. 가이드라인 적용사례 (평면치수)

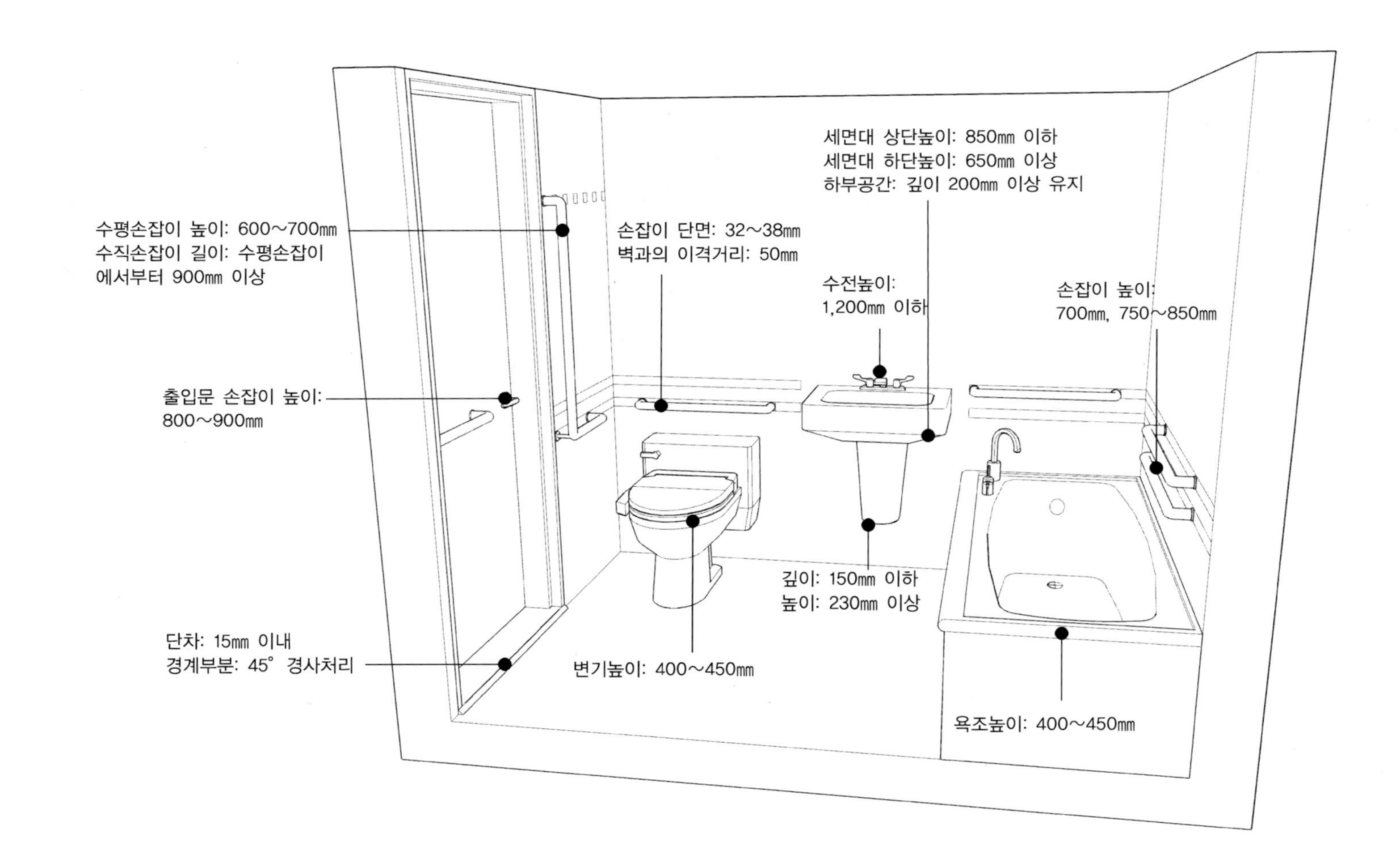

그림 19. 가이드라인 적용사례 (단면치수)

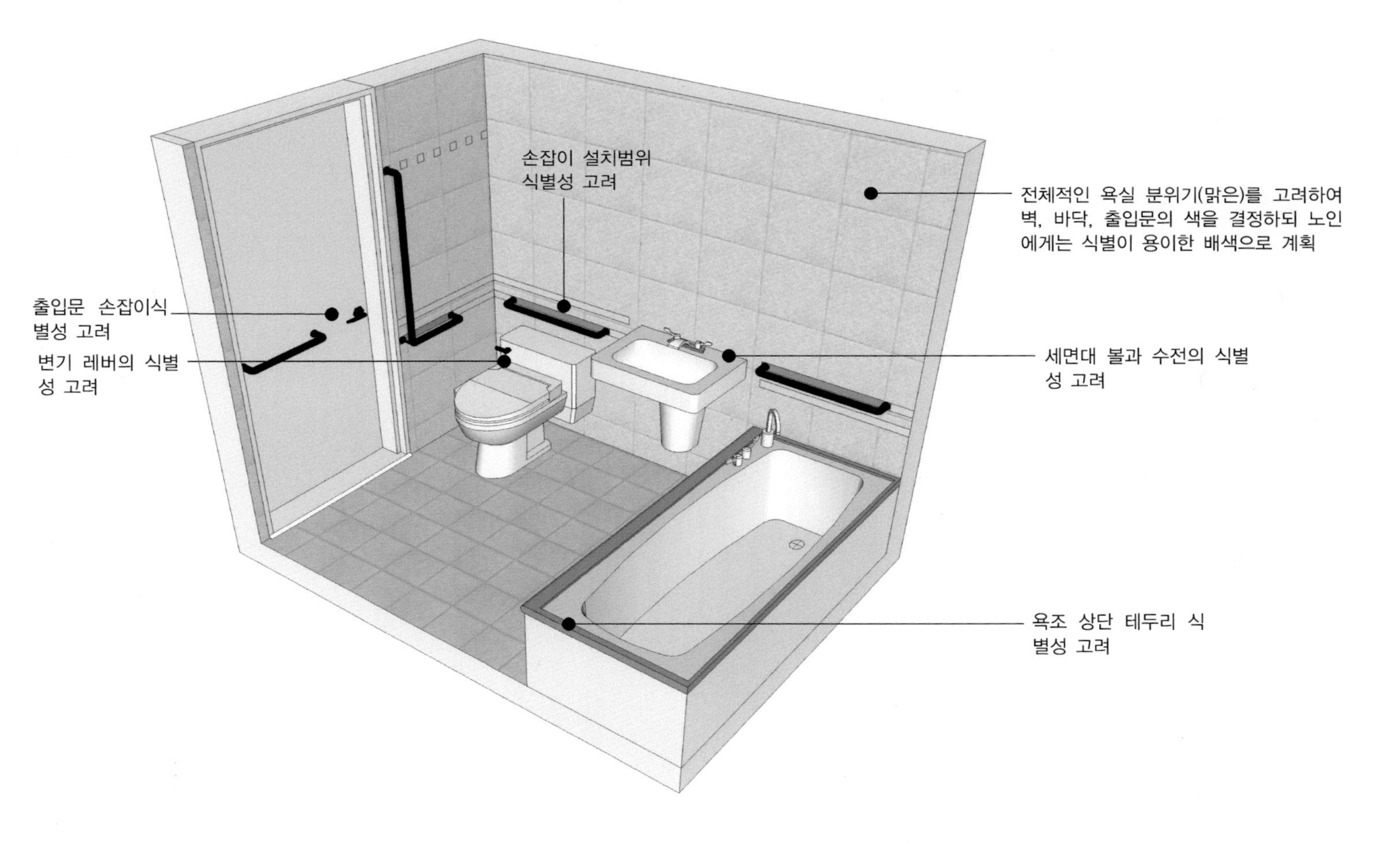

그림 20. 가이드라인 적용사례 (색채계획: 맑은 이미지)

참고문헌

규정 및 가이드라인

국토해양부. (2004). *국민임대주택 입주 장애인, 노약자를 위한 편의시설 설치기준.*

국토해양부. (2005). *노인가구 주택개조 기준.*

국토해양부. (2006a). *고령자를 위한 공동주택 신축기준.*

국토해양부. (2006b). *고령자용 국민임대주택 시설기준.*

국토해양부. (2006c). *주택성능등급 인정 및 관리기준.*

국토해양부. (2008). *장애물 없는 생활환경(Barrier-Free) 인증제도 시행지침.*

국토해양부, 한국주거학회. (2007). *노인가구 주택개조 매뉴얼.*

보건복지가족부. (2008). *장애인 · 노인 · 임산부 등의 편의증진보장에 관한 법률.*

보건복지가족부, 건국대학교. (1998). *장애인 편의시설 상세표준도*

서울특별시, 건국대학교. (2006). *장애인 편의시설 설치매뉴얼.*

한국장애인개발원. (2007). *장애물 없는 생활환경 인증제도 매뉴얼 건축물편.*

한국장애인복지진흥회. (2000). *장애인 주거환경개선 매뉴얼.*

한국토지공사, 건국대학교 장애물 없는 생활환경 만들기 연구소. (2007). *행정중심복합도시의 장애물 없는 도시 · 건축설계 매뉴얼.*

한국표준협회. (2003). *색의 3속성에 의한 표시방법, KS A 0062.*

한국표준협회. (2005). *표면색의 시감 비교 방법, KS A 0065.*

한국표준협회. (2006). *고령자 배려 주거 시설 설계 치수 원칙 및 기준, KS P 1509.*

한국표준협회. (2008). *휠체어－최대 전체 치수, KS P ISO 7193.*

Arditi, A. (2005). *Effective Color Contrast : Designing for People with Partial Sight and Color Deficiencies*. Lighthouse International.

B.C. Building Code. (1998). *The Building Access Handbook.*

United States Access Board. (2004). *Americans with Disabilities Act and Architectural Barriers Act Accessibility Guidelines.*

United States Department of Housing and Urban Development(HUD). (1998). *Fair Housing Act Design Manual: A Manual to Assist Designers and Builders in Meeting the Accessibility Requirements of the Fair Housing Act.*

World Health Organization. (2001). *International Classification of Functioning, Disability and Health.*

연구보고서

강병근, 박광재 외. (2003). *공동주택단지 무장애 설계 매뉴얼*. 대한주택공사 주택도시연구원.

강원대학교 산업기술연구소. (1998). *고령화 사회를 대비한 제품 및 환경디자인 방향설정 연구*. 산업자원부.

박준영, 최은희 외. (2006). *고령사회에 대응한 국민임대 노인주택 모델개발*. 대한주택공사 주택도시연구원.

소비자안전본부 생활안전팀. (2009). *미끄럼방지 타일 안전실태 조사*.

용인송담대학. (2002). *휠체어사용자의 주거환경디자인 지침에 관한 연구*. 산업자원부.

이영민, 이민석. (2007). *고령화시대에 대비한 고령자용주택 계획기준에 관한 연구*. SH공사 주택연구실.

정경숙, 임서환, 최정아. (1996). *노인거주자를 위한 주택형 및 설계지침연구*. 대한주택공사 주택연구소.

통계청. (2005a). *세계 및 한국의 인구현황*.

통계청. (2005b). *장래인구 특별추계 결과*.

한국소비자보호원. (2003). *가정 내 노인 안전 실태조사 결과*.

한국장애인고용촉진공단. (2008). *2008 장애인 통계*.

단행본

김정희, 남기덕 외. (1997). *심리학의 이해*. 서울: 학지사.

문은배. (2005). *색채의 이해와 활용*. 서울: 안그라픽스.

손광훈. (2005). *장애인복지론*. 서울: 학현사.

유근향. (2002). *인테리어 디자인과 색채*. 서울: 미진사.

홍철순, 양성용. (2005). *Universal Design: 바리아프리(barrier-free)에의 질문*. 서울: 도서출판 선인.

세진기획편집부. (2002). *서울특별시 아파트백과 상권(강남편)*. 서울: 세진기획.

Balandin, S. and Chapman, R. (2001). Aging with a developmental disability at home. In Preiser, W. F. E. and Ostroff, E. (Eds.), *Universal Design Handbook*. New York: McGraw-Hill, pp.38.1~38.16.

Carp, F. M. (1987). Environment and aging. In Stokols, D. and Altman, I. (Eds.), *Handbook of Environmental Psychology*. New York: John Wiley & Sons, pp.329 – 360.

Clarkson, J., Coleman, R. and et al. (2003). *Inclusive Design: Design for the Whole Population*. London: Springer.

Committee on Vision, National Research Council. (1981). *Procedure for Testing Color Vision*. Washington, D.C.: National Academy of Sciences.

Farnsworth, D. (1957). *The Farnsworth-Munsell 100-Hue Test*. New York: Munsell Color.

IRI. (2004). *The Color for Designer*. 서울: Youngjin.com.

Kahana, E. (1982). A congruence model of person-environment interaction. In Lawton, M. P., Windley, P. G. and Byerts, T. O. (Eds.), *Aging and the Environment*. New York: Springer, pp.97 – 121.

Keates, S. and Clarkson, J. (2003). *Countering Design Exclusion*. London: Springer.

Lawton, M. P. (1982). Competence, environmental press, and the adaptation of older people. In Lawton, M. P., Windley, P. G. and Byerts, T. O. (Eds.), *Aging and the Environment*. New York: Springer, pp.33 – 59.

Lawton, M. P. (1986). *Environment and Aging*. New York: Center for the Study of Aging.

Mullick, A. (2001). Universal bathroom. In Preiser, W. F. E. and Ostroff, E. (Eds.), *Universal Design Handbook*,

New York: McGraw-Hill, pp.42.1~42.24.

Ostroff, E. (2001). Universal design : The new paradigm. In Preiser, W. F. E. and Ostroff, E. (Eds.), *Universal Design Handbook*. New York: McGraw-Hill, pp.1.3~31.12.

Peterson, M. J. (1998). *Universal Kitchen and Bathroom Planning: Design that Adapts to People*. New York: McGraw-Hill.

Royal National Institute for the Blind. (1995). *Building Sight : A Handbook of Building and Interior Design Solutions to Include the Needs of Visually Impaired People*. London: HMSO.

The Center for Universal Design. (1998). *The Universal Design File*. Raleigh, NC: NC State University.

Wahl, H.W. (2001). Environmental influences on aging and behavior. In Birren, J. E. and Schaie, K. W. (Eds.), *Handbook of the Psychology of Aging*. San Diego: Academic Press, pp.215~237.

학술지

고영준, 박현철. (2003). 휠체어 사용자의 주거환경디자인 지침에 관한 연구. *디자인학연구*, 2권, 16호, pp.209~218.

권오정, 최재순, 하해화. (2001). 지체장애인의 특성에 따른 주택개조에 관한 연구. *대한건축학회논문집*, 17권, 11호, pp.19~28.

김미옥. (2002). 노령자 주거환경의 실내색채에 관한 연구. *디자인 과학 연구*, 5권, 2호, pp.1~10.

김재민, 성정섭 외. (2004). 노인성 변화에 따른 안구의 해부생리학적 고찰. *한국안광학회지*, 9권, 1호, pp.135~143.

김태일. (1998). 주택내에서의 고령자 안전사고에 관한 연구. *대한건축학회논문집*, 14권, 1호, pp.3~12.

김현진, 이경락, 안옥희. (2000). 노인주택의 평가항목 설정에 관한 연구. *한국주거학회지*, 11권, 3호, pp.75~86.

김혜정. (1995). 노인 건축환경의 색채계획을 위한 우리나라 노년층의 색채지각에 관한 연구. *대한건축학회논문집*, 11권, 2호, pp.19~33.

류숙희. (2007). 청주 지역 노인복지시설 실내 공간의 색채 현황 분석. *대한건축학회논문집 계획계*, 23권, 6호. pp.313~320.

박영순, 신인호 외. (1999). 주거공간에 사용된 실내마감재 활용색채에 관한 연구. *한국색채학회지*, 12호, pp.9~17.

박희진. (2000). 실내디자인 요소와 낙상에 대한 노인들의 위험인지에 관한 연구. *한국실내디자인학회논문집*, 25호, pp.130~134.

송충의, 김문덕. (2007). 노인의 색지각적 특성을 고려한 유료 노인주거 실내공간의 설계지침에 관한 연구. *디자인학연구*, 71호, pp.247~256.

신경주, 장상옥. (2000). 욕실을 위한 유니버셜 디자인. *한국생활과학연구*, 18호, pp.99~114.

신경주, 장상옥. (2001). 유니버셜 욕실로의 개조, *한국생활과학연구*, 19호, pp.53~69.

신경주, White, B. J. (2000). An American/Korean older consumers' perceptions of universally designed bathing fixtures. *한국주거학회지*, 11권, 2호, pp.149~163.

오찬옥. (2001). 공동주택 거주 지체장애인에게 불편함을 초래하는 주거환경특성요인. *대한건축학회논문집*, 17권, 2호, pp.29~36.

윤가현. (1993). 시각의 노화과정에 따른 행동특성의 변화. *한국노년학연구*, 2권, pp.25~32.

윤혜림. (2003). 고령자의 시각특성을 고려한 색채환경 계획. *한국생활환경학회지*, 10권, 2호, pp.83~89.
이경은. (2004). A study on the lighting for the elderly. *한국색채학회지*, 18권, 3호, pp.115~125.
이병욱, 박재승. (1997). 양로시설 환경적 요소로서의 색채계획에 관한 연구. *한국의료복지시설학회지*, 3권, 5호, pp.53~66.
이시웅, 안병두 외. (2000). 노인 복지시설의 색채 디자인에 관한 연구, *대한건축학회연합논문집*, 2권, 1호, pp.75~83.
이연숙, 이소영 외. (2006). 미국 유니버설 디자인 모델주택의 환경행태학적 분석. *한국생태환경건축학회 논문집*, 6권, 4호, pp.41~50.
이연숙, 이소영 외. (2007). 일본 주택의 유니버설디자인 특성에 관한 연구. *한국생태환경건축학회 논문집*, 7권, 1호, pp.5~13.
이지숙, 박정아. (2003). 대전시 거주 노인의 욕실 및 통로공간 디자인에 대한 중요도 평가. *한국실내디자인학회논문집*, 41호, pp.121~128.
이진숙, 조원덕 외. (1996). 수량화1류 분석을 이용한 실내색채의 이미지유형별 특성 연구. *한국실내디자인학회학회지*, 7호, pp.31~37.
이특구, 이호성(2009). 고령자주택 설계지침에 의한 아파트의 고령친화도 연구. *한국의료복지시설학회지*, 15권, 3호, pp.9~20.
전은정, 조성희. (2006). 노인수요계층의 아파트 실내 색채계획을 위한 색채선호 연구. *한국실내디자인학회논문집*, 15권, 6호, pp.221~228.
정길환, 신영진. (1976). HV/C와 색차의 삼속성 분해. *사대논문집*, 2집, pp.121~127.
정준수, 임환준 외. (2003). 시각의 노화를 고려한 노인종합복지관의 색채계획에 관한 연구. *대한건축학회논문집 계획계*, 19권, 7호, pp.33~40.
정현원, 이현수. (2003). 디지털 이미지 색채분석을 이용한 욕실공간 색채배색에 관한 연구. *한국실내디자인학회논문집*, 38호, pp.217~224.
조성희, 장경미. (2006). 실내색채계획을 위한 노인의 색지각 및 선호배색 특성에 관한 연구. *한국실내디자인학회논문집*, 15권, 1호, pp.147~157.
주서령, 이지예. (2005). 노인주거시설 단위주호의 욕실 계획 실태. *한국실내디자인학회논문집*, 14권, 4호, pp.45~53.
주서령, 이지예, 김민경. (2006). 한국 노인에게 적정한 욕실설비 치수에 대한 실험 조사. *한국주거학회 논문집*, 17권, 1호, pp.165~176.
천진희. (2003a). 고령자를 위한 실내환경의 색채적용 평가. *디자인학연구*, 16권, 4호, pp.313~322.
천진희. (2003b). 미국 양로시설 실내의 색채적용 평가. *한국실내디자인학회논문집*, 41호, pp.215~225.
최재순, 권오정, 이의정. (2001). 여성지체장애인 가정의 주택 개조 실태 및 거주자의 물리적 주거환경 평가에 관한 연구. *대한가정학회지*, 39권, 11호, pp.1~14.
한영호, 김태환, 이진영. (2000). 노인주거의 안전설계를 위한 실내디자인 설계지침 개발. *한국실내디자인학회논문집*, 25호, pp.49~60.
홍이경, 오혜경. (2005). 예비노인층의 노인공동생활주택 실내마감재 및 색채에 대한 선호. *한국실내디자인학회논문집*, 14권, 5호, pp.167~176.
황원경, 신경주. (2000). 한국 노인주택에서의 유니버설 디자인 적용을 위한 기초연구. *한국노년학*, 20권, 3호, pp.93~113.
황은경. (2008). 국내 노인주택 설계기준간 문제점 분석 연구. *대한건축학회논문집 계획계*, 24권, 9호, pp.19~26.
Brabyn, J., Schneck, M. and et al. (2004). Functioning vision: 'Real world' impairment examples from the SKI

study. *Visual Impairment Research*, Vol.6, No.1, pp.35~44.

Burmedi, D., Becker, S. and et al. (2002). Behavioral consequences of age-related low vision. *Visual Impairment Research*, Vol.4, No.1, pp.15~45.

Carter, S. E., Campbell, E. M. and et al. (1997). Environmental harzards in the homes of older people. *Age and Ageing*, No.26, pp.195~202.

Cooper, B. A. (1985). A model for implementing color contrast in the environment of the elderly. *The American Journal of Occupational Theraphy*, Vol.39, No.4, pp.253~258.

Cooper, B. A., Ward, M. and et al. (1991). The use of the Lanthony new color test in determining the effects of aging on color vision. *The Gerontological Society of America*, Vol.46, No.6, pp.320~324.

Cristarella, M. C. (1977). Visual function of the elderly. *The American Journal of Occupational Therapy*, Vol.31, No.7, pp.432~440.

Etchell, L., Yelding, D. (2004). Inclusive design: products for all consumers. *Consumer Policy Review*, Vol.144, No.6, pp.186~193.

Gitlin, L. N., Mann, W. and et al. (2001). Factors associated with home environmental problems among community-living older people. *Disability and Rehabilitation*, Vol.23, No.17, pp.777~787.

Haegerstorm-Portnoy, G. (2005). The Glenn A. Fry award lecture 2003: vision in elders-summary of findings of the SKI study. *Optometry and Vision Science*, Vol.82, No.2, pp.87~93.

Ishihara, K., Ishihara, S. and et al. (2001). Age-related decline in color perception and difficulties with daily activities-measurement, questionnaire, optical and computer-graphics simulation studies. *International journal of Industrial Ergonomics*, Vol.28, pp.153~163.

Kinnear, P. R., Sahraie, A. (2002). New Farnsworth-Munsell 100 hue test norms of normal observers for each year of age 5~22 and for age decades 30~70. *British Journal of Ophthalmology*, Vol.86, pp.1408~1411.

Knoblauch, K. and Saunders, F. and et al. (1987). Age and illuminance effects in the Farnsworth-Munsell 100-hue test. *Applied Optics*, Vol.26, No.8, pp.1441－1448.

Lanthony, P. (1978a). The desaturated panel D－15. *Documenta Ophthalmologica*, Vol.46, No.1, pp.185~189.

Lanthony, P. (1978b). The new color test. *Documenta Ophthalmologica*, Vol.46, No.1, pp.191~199.

Linksz, A. (1966). The Farnsworth panel D－15 test. *American Journal of Ophthalmology*, Vol.62, No.1, pp.27~37.

Smith, V. C., Pokorny, J. and Pass, A. S. (1985). Color-axis determination on the Farnsworth-Munsell 100-hue test. *American Journal of Ophthalmology*, Vol.100, No.1, pp.176~182.

Suzuki, T., Yi, Q. and et al. (2005). Comparing the visibility of low-contrast color Landolt-Cs: effect of aging human lens. *Color Research and Application*, Vol.30, No.1, pp.5~12.

Werner, J. S., Peterzell, D. H. and et al. (1990). Light, vision, and aging. *Optometry and Vision Science*, Vol.67, No.3, pp.214~229.

Woo, G. C., Lee, M. (2002). Are ethnic differences in the F－M 100 scores related to macular pigmentation?. *Clinical and Experimental Optometry*, Vol.85, No.6, pp.372~377.

학위논문

구민숙. (2005). *유니버셜 디자인 측면의 욕실환경 및 제품에 관한 연구.* 부경대학교 석사학위논문.

김민경. (2007). *국내 휠체어를 사용하는 장애인을 위한 주거환경 개선에 관한 건축계획적 연구.* 한양대학교 박사학위논문.
김상운. (2005). *휠체어를 사용하는 지체장애인 및 시각장애인을 고려한 주택계획 설계기준에 관한 연구.* 건국대학교 박사학위논문.
김성욱. (2009). *시각디자인을 고려한 노인시설의 실내 환경에 관한 연구.* 대구한의대학교 박사학위논문.
김유리. (2004). *노인 복지관 공간 기능성 향상을 위한 실내 색채 계획.* 동덕여자대학교 석사학위논문.
김현지. (2006). *노인전용 부엌·욕실공간의 계획 방향.* 경희대학교 석사학위논문.
김혜란. (2001). *노인단독세대를 위한 공동주택 단위평면의 요소공간 계획에 관한 연구.* 경상대학교 석사학위논문.
류숙희. (2008). *색채 이미지 선호에 의한 노인주거복지시설의 실내 색채계획 방법에 관한 연구.* 홍익대학교 박사학위논문.
문희정. (2003). *재가노인 단독세대의 주거환경 특성과 요구.* 전남대학교 박사학위논문.
박민진. (2004). *노인주거시설 공용공간의 실내색채 사례분석.* 경희대학교 석사학위논문.
박정아. (2000). *유니버설디자인 환경 및 제품의 디자인 특성 분석 연구.* 연세대학교 박사학위논문.
송충의. (2008). *유료노인 주거복지시설 공용공간의 실내 배색에 관한 연구.* 건국대학교 박사학위논문.
시영주. (1990). *아파트 주방 색채계획에 관한 제안.* 이화여자대학교 석사학위논문.
안소미. (1998). *유니버설 디자인의 적용에 관한 연구.* 연세대학교 석사학위논문.
오수영. (2002). *아파트 모델하우스를 중심으로 한 실내공간의 색채 특성 분석.* 연세대학교 석사학위논문.
유경두. (2005). *노인의 특성에 따른 주거환경 리모델링에 관한 연구.* 인제대학교 석사학위논문.
윤홍장. (2003). *지체장애인의 주거환경 개선에 관한 건축계획적 연구.* 한양대학교 석사학위논문.
이기훈. (2004). *노인전용주택의 유니버설 디자인 적용에 관한 계획적 연구.* 한양대학교 석사학위논문.
이민영. (2006). *고령화 사회에 있어서 Universal Design에 관한 연구.* 대구가톨릭대학교 석사학위논문.
이현수. (2008). *아파트 단위 주거 내 유니버설 디자인 적용 현황에 관한 연구.* 연세대학교 석사학위논문.
정선희. (2006). *노인특성을 고려한 노인전문병원의 실내디자인을 위한 색채계획에 관한 연구.* 건국대학교 석사학위논문.
정화숙. (2001). *노인 재택근무를 위한 유니버설 디자인 연구.* 연세대학교 석사학위논문.
채준섭. (2008). *노인주거 계획기준에 관한 연구.* 전북대학교 박사학위논문.
최향일. (2002). *이동성 장애인의 주택 사용실태와 개조요구.* 가톨릭대학교 석사학위논문.
하승아. (2000). *주거공간 실내이미지에 따른 색채팔레트 개발에 관한 연구.* 연세대학교 석사학위논문.
하해화. (1999). *유니버설 디자인 개념을 적용한 주택의 욕실계획.* 건국대학교 석사학위논문.
Guimaraes, L.B. (2005). *Problems in Apartment Accessibility*. University of Cincinnati.
Steeves, J. (2005). *Examination of Universal Design in Kitchens and Bathrooms of the Housing and Urban Development Demonstration Program.* Virginia Polytechnic Institute and State University.

강경연

제주대학교 건축공학과 공학사
고려대학교 대학원 공학석사
고려대학교 대학원 공학박사

전) 한양대학교 실내환경디자인학과 강사
현) 고려대학교 공학기술연구소 선임연구원
서울과학기술대학교 건축학부 강사
고려대학교 · 한남대학교 · 배재대학교 건축학과 강사

아파트 욕실 에서의
유니버설 디자인

초판인쇄 | 2011년 5월 23일
초판발행 | 2011년 5월 23일

지 은 이 | 강경연
펴 낸 이 | 채종준
펴 낸 곳 | 한국학술정보㈜
주　　소 | 경기도 파주시 교하읍 문발리 파주출판문화정보산업단지 513-5
전　　화 | 031) 908-3181(대표)
팩　　스 | 031) 908-3189
홈페이지 | http://ebook.kstudy.com
E-mail | 출판사업부 publish@kstudy.com
등　　록 | 제일산-115호(2000. 6. 19)

ISBN 978-89-268-2233-3 93540 (Paper Book)
978-89-268-2234-0 98540 (e-Book)

내일을여는지식 은 시대와 시대의 지식을 이어 갑니다.